基于 ArcGIS 的县级国土空间总体规划实用教程

吴宇华　沙鸥　李林　编著

中国建筑工业出版社

图书在版编目（CIP）数据

基于ArcGIS的县级国土空间总体规划实用教程 / 吴宇华，沙鸥，李林编著. —北京：中国建筑工业出版社，2023.10

ISBN 978-7-112-29137-3

Ⅰ.①基… Ⅱ.①吴… ②沙… ③李… Ⅲ.①国土规划—计算机辅助设计—应用软件—教材 Ⅳ.①TU98-39

中国国家版本馆CIP数据核字（2023）第174607号

责任编辑：杨晓　唐旭
书籍设计：锋尚设计
责任校对：王烨

基于ArcGIS的县级国土空间总体规划实用教程
吴宇华　沙鸥　李林　编著
*
中国建筑工业出版社出版、发行（北京海淀三里河路9号）
各地新华书店、建筑书店经销
北京锋尚制版有限公司制版
建工社（河北）印刷有限公司印刷
*
开本：880毫米×1230毫米　1/16　印张：12½　字数：317千字
2023年12月第一版　2023年12月第一次印刷
定价：**45.00**元
ISBN 978-7-112-29137-3
（41815）

编写说明

长期以来，城镇总体规划一直是城乡规划本科专业高年级的必修课。2019 年 5 月中共中央、国务院发布了《关于建立国土空间规划体系并监督实施的若干意见》(中发〔2019〕18 号)，明确要求国家、省、市县编制国土空间总体规划，随后自然资源部发布了《关于全面开展国土空间规划工作的通知》(自然资发〔2019〕87 号)，指出各地不再新编和报批城市(镇)总体规划，要按照新的规划编制要求，将既有规划成果融入新编制的同级国土空间规划。据此，原来的城市(镇)总体规划课转为市县国土空间总体规划课。

县和县级市是我国社会经济的空间基本单元。县级国土空间总体规划是基础性的总体规划，与市级和省级的总规相比，本科生和初级规划设计者较容易理解和把握，从现场调研、收集和阅读资料、分析和规划等方面看，学生都更容易进行操作。因此，本教程聚焦县级单元，适于高年级本科生学习，其特色有以下几个方面。第一，本教程由总规教学经验和实践经验极为丰富的三位专业人士联手编写，理论和实践相结合，重在介绍总规编制过程所需的方法、流程和绘图技能；第二，采用自然资源部要求和业界普遍使用的 ArcGIS 软件(版本为 10.7)进行制图，让学生在学习总规时也进一步学习该软件，利于学生今后的就业和深造，一举两得；第三，注重规划依据，列明某项规划内容所要遵循的技术规范。

本教程提纲由吴宇华、李林和沙鸥共同商定，吴宇华负责主笔、绘图和统稿，李林、杨荣庆负责资料和数据的收集，沙鸥、陈云莉、邓若璇负责部分章节的撰写。具体的章节责任人如下：第一章第一节、第四节、第五节由沙鸥撰写，第二节、第三节由邓若璇、吴宇华撰写；第二、三、四、六、八、九、十、十一、十二章由吴宇华撰写；第五章由沙鸥、陈云莉和吴宇华撰写；第七章由沙鸥和陈云莉撰写。

本书的出版得到了广西大学建筑与交通现代产业学院的全额资助，在此对广西大学和广西大学土木建筑工程学院致以衷心的感谢！杨晓编辑对本书进行了认真、细致、专业的编辑，在此对杨编辑表示衷心的感谢！

国土空间规划是新生事物，正在迅猛发展和变化当中，编者深感在很多方面还是新手，编写水平有限，因此诚挚希望读者不吝指正和赐教。

吴宇华

2023 年 7 月 31 日于广西大学

目录

01

第一章

县级国土空间总体规划概述

第一节
国土空间总体规划的概念

一、国土空间规划的背景和意义

2019年5月，中共中央、国务院下发了《关于建立国土空间规划体系并监督实施的若干意见》(中发〔2019〕18号)，要求建立国土空间规划体系并监督实施，将主体功能区规划、土地利用规划、城乡规划等空间规划融合为统一的国土空间规划，实现“多规合一”，强化国土空间规划对各专项规划的指导约束作用。

建立全国统一、责权清晰、科学高效的国土空间规划体系，整体谋划新时代国土空间开发保护格局，综合考虑人口分布、经济布局、国土利用、生态环境保护等因素，科学布局生产空间、生活空间、生态空间，是党中央、国务院作出的重大部署，是加快形成绿色生产方式和生活方式、推进生态文明建设、建设美丽中国的关键举措，是坚持以人民为中心、实现高质量发展和高品质生活、建设美好家园的重要手段，是保障国家战略有效实施、促进国家治理体系和治理能力现代化、实现“两个一百年”奋斗目标和中华民族伟大复兴中国梦的必然要求。

国土空间规划作为国家空间发展的指南、可持续发展的空间蓝图及各类开发保护建设活动的基本依据，由“五级三类四体系”构成总体框架。从规划层级来看，国土空间规划分为五个层级，纵向对应我国的行政管理体系，分别为国家级、省级、市级、县级、乡镇级；从规划内容来看，横向上包括总体规划、详细规划和相关专项规划三种类型；从规划运行方面来看，分为规划的编制审批体系、实施监督体系、法规政策体系和技术标准体系。

二、国土空间总体规划的概念

《关于建立国土空间规划体系并监督实施的若干意见》指出国家、省、市县编制国土空间总体规划。全国国土空间规划是对全国国土空间作出的全局安排，是全国国土空间保护、开发、利用、修复的政策和总纲，侧重战略性；省级国土空间规划是对全国国土空间规划的落实，指导市县国土空间规划编制，侧重协调性；市县和乡镇国土空间规划是本级政府对上级国土空间规划要求的细化落实，是对本行政区域开发保护作出的具体安排，侧重实施性。

国土空间总体规划强调的是规划的综合性，是行政辖区内国土空间保护、开发、利用、修复的总体部署和统筹安排，是各类开发保护建设活动的基本依据，是落实新发展理念、实施高效能空间治理、促进高质量发展和高品质生活的空间政策。

总体规划是详细规划的依据、相关专项规划的基础，在三类规划中发挥基础约束的作用，通过统筹和综合平衡各相关专项领域的空间需求，指导约束各专项规划。

三、县级国土空间总体规划的概念

县级国土空间总体规划是指在县域行政辖区范围内对国土空间保护、开发、利用、修复的总体安排和综合部署，是对省级、市级国土空间总体规划和相关专项规划的细化落实，侧重实施性和操作性，是编制乡（镇、片区）国土空间总体规划、相关专项规划、详细规划以及实施国土空间规划用途管制的重要依据。

县级国土空间总体规划作为空间规划体系重要组成部分，是从战略性规划到实施性规划的重要节点，在五级体系中发挥承上启下的作用：向上，要落实党和国家意志，确保国家和省重大战略空间落位，衔接落实上位规划明确的发展战略定位和开发管控相关要求；向下，要对乡（镇、片区）国土空间总体规划、相关专项规划、详细规划等提出约束性和指导性要求。

县级国土空间总体规划对应县级事权及发展战略，是制定本县国土空间发展政策、开展国土空间资源保护利用修复和实施国土空间规划管理的蓝图，发挥施政纲领的作用。按照"多规合一"要求统筹全域全要素空间管控，注重区域协调、城乡融合、陆海统筹、地上地下空间一体化等方面内容，强化指标约束和边界管控要求。

四、县级国土空间总体规划的特征和层次

（一）特征

县级国土空间总体规划具有战略性、科学性、协调性和操作性等特征。

战略性。全面落实党中央、国务院重大决策部署，落实国家安全战略、区域协调发展战略和主体功能区战略，围绕"两个一百年"奋斗目标，深入实施省市发展战略，对县域空间发展作出战略性系统性安排，明确空间发展目标，确定空间发展策略，优化空间格局，注重国土空间开发保护，提升国土空间开发保护的质量和效率。

科学性。以生态优先、绿色发展为原则，尊重自然规律、经济规律、社会规律和城乡发展规律，因地制宜开展规划编制工作。坚持节约优先、保护优先、自然恢复为主的方针，在资源环境承载能力和国土空间开发适宜性评价（简称"双评价"）的基础上，落实和优化生态保护红线、永久基本农田、城镇开发边界等空间管控边界以及各类海域保护线，科学有序统筹布局生态、农业、城镇等功能空间。坚持山水林田湖草生命共同体理念，强化陆海统筹、区域协调和城乡融合，优化国土空间结构和布局，统筹地上地下空间综合利用。

协调性。严格遵守国家和省有关法律法规，强化发展规划的统领作用，强化国土空间规划的基础作用，统筹和综合平衡各相关专项领域的空间需求。充分吸收原土地利用总体规划、城市总体规划、"多规合一"试点、海洋功能区划等空间类规划先进工作经验，形成"一本规划、一张蓝图"，实现国土空间规划管理全域覆盖、全要素管控。

操作性。立足地方自然禀赋、地方特色和发展阶段，突出问题和目标导向，合理确定规划目标。明确规划约束性指标和刚性管控要求，同时提出指导性要求。探索规划"留白"机制，协调好保护与发展、刚性与弹

性、存量与增量、政府与市场、近期与远期关系。强化规划实施的政策措施，提出乡镇国土空间总体规划和相关专项规划、详细规划等的落实要求，健全规划实施传导机制，确保规划能用、管用、好用。

（二）规划层次

县级规划一般包括县域和中心城区两个空间层次。

县域层面应突出全域统筹，整体谋划县域国土空间格局优化方向，划定生态保护红线、永久基本农田和城镇开发边界等控制线，促进资源保护利用与生态修复，合理配置县域空间要素，协调安排重大基础设施布局，明确城镇体系布局和村庄分类，提出对乡镇规划的控制要求，引导乡村建设与发展。

中心城区是县城所在的某个范围，其规划应突出对城镇空间重点内容的细化安排，侧重底线管控和功能布局细化，合理确定功能结构、用地布局、重大基础设施布局，明确城镇开发强度分区和强度指引，对空间形态提出管控要求。

第二节 县级国土空间总体规划的基础理论

一、发展理念

国土空间规划要遵循可持续发展、人地关系和谐、绿色低碳发展、国土空间安全等理念。

可持续发展是指既满足当代人的需要，又不对后代人满足其需要的能力构成危害的发展，以公平性、持续性、共同性为三大基本原则。区域可持续发展通常指能够在社会、经济、生态三个方面获得较为稳定支撑调节的发展模式。

人地关系是人类系统与自然环境系统动态关系的简称。人类和自然环境是相互依存和相互制约的，在人类系统的演进和维持中，自然环境各要素与人类生活、行为、社会、经济、文化之间存在着互动关系。人地关系的表现形式主要为人口与土地利用之间的冲突与平衡，节约和保护土地资源是人地关系和谐的重要准则。

绿色低碳发展是以效率、和谐、持续为目标的经济增长和社会发展方式。绿色低碳发展与可持续发展在思想上是一脉相承的。绿色低碳的发展建立在生态环境容量和资源承载力的约束条件下，将环境保护作为发展重要支柱，它包括三个要点：一是要将环境资源作为社会经济发展的内在要素；二是要把实现经济、社会和环境的可持续发展作为发展的目标；三是要把经济活动过程和结果的“绿色化”“生态化”“低碳化”作为发展的主要内容和途径。

国土空间安全包括水安全、粮食安全、生态安全、文化安全（文化遗产保护）、人的生命财产安全（面对灾害的韧性），国土安全理念或发展观要落实在国土空间规划中，要体现在底线规划和管控中，体现在三区三线的划定中，体现在资源保护与利用、历史文化遗产保护、防灾减灾等规划中。

二、基础理论

国土空间总体规划涉及自然地理、生态、经济、社会、土地利用等诸多方面，因此涉及的基础理论也是多种多样的。

在自然地理方面，基础理论有地域分异规律和自然地理区划理论。经纬度、海拔高度和海陆位置等的差异会导致地表形态具有地域或地带分异的规律，这种地域分异规律一般体现在大尺度的地域范围。在中小尺度的地域范围，各种自然地理要素会造成局部地域自然地理特征的明显差异。根据地域自然地理特征的异同，可以把不同的地域划分为不同的自然地理区，采取不同的适应和管控措施，从而更好地协调人地关系。例如在县域这种尺度的空间范围里，地形、水文、土壤、植被乃至自然灾害往往是影响人类活动的重要自然因素，应该根据它们划分不同的地域单元进行管控和发展。

在生态方面，维护生态系统的原生性、多样性、完整性、稳健性、连通性等是人类发展的前提，景观生态学和生态安全格局理论也就成为国土空间规划的基础理论，用它们的方法来识别重要的生态系统斑块和廊道，构建生态保护红线是国土空间总体规划的核心任务之一。

在经济、社会方面，首当其冲的是产业布局理论，例如比较优势理论、区位论，据此划分不同的产业或功能分区；其次是综合效率和效益理论，例如集聚效益、循环经济、低碳经济的理念和方法；最后是以人为本、以人民为中心，生活圈理论、基本需求理论等要运用于公共服务设施的配置和布局。

在土地利用方面，土地用途管制是核心理论。土地用途管制是根据规划所划定的土地用途分区，确定土地使用条件，实行用途变更许可的一项强制性制度。它包括两方面的内涵：一是土地使用分区，指对由自然、经济、社会和生态等要素决定的土地使用功能的地域空间划分；二是管制规则，指对土地用途区内开发利用行为进行规范的细则，包括用途区内允许的、限制的和禁止的土地用途和开发利用方式的规定以及违反规定的处理办法。

第三节
县级国土空间总体规划法规和技术规范

国土空间规划要在法规和技术规范的约束下编制，涉及繁多的法规、技术规范标准、党委和政府文件，而且它们分为国家、行业和地方几个层级，因此在编制规划时要随时在官方网站、权威网站和专业网站上搜索和学习适用的法规和规范。在规划说明书的编制依据中列出主要的法规、技术规范和文件，在具体的章节中列出具体适用的法规、技术规范和文件，可具体到适用的条款或段落。

下面举例说明一些重要的法规、技术规范和党政文件。

一、法律

国土空间规划需要依据生态环境保护、土地及其他自然资源保护与开发利用、防灾减灾、公共服务、交通等诸多领域的法规，例如：

（1）《中华人民共和国国家安全法》；

（2）《中华人民共和国环境保护法》；

（3）《中华人民共和国文物保护法》；

（4）《中华人民共和国城乡规划法》；

（5）《中华人民共和国土地管理法》；

（6）《中华人民共和国防震减灾法》。

二、行政法规和规章

行政法规和规章是对法律的细化和补充完善，对指导法律的实施具有重要作用，因此国土空间规划也必须把相关的行政法规和规章列入编制依据，例如：

（1）《中华人民共和国土地管理法实施条例》；

（2）《基本农田保护条例》；

（3）《历史文化名城名镇名村保护条例》；

（4）《中华人民共和国自然保护区条例》；

（5）《城镇排水与污水处理条例》；

（6）《公共文化体育设施条例》；

（7）《规划环境影响评价条例》；

（8）《城市紫线管理办法》；

（9）《城市绿线管理办法》；

（10）《城市蓝线管理办法》；

（11）《城市黄线管理办法》。

三、技术规范

必须要依据技术规范（包括标准、规范、指南、导则、规程等）绘制和编写规划内容，技术规范名目繁多，例如：

（1）《县级国土空间总体规划编制指南（试行）》（地方性的标准）；

（2）《资源环境承载能力和国土空间开发适宜性评价指南（试行）》；

（3）《国土空间调查、规划、用途管制用地用海分类指南（试行）》；

（4）《生态保护红线划定指南》；

（5）《社区生活圈规划技术指南》（TD/T 1062-2021）；

（6）《国土空间规划城市体检评估规程》（TD/T 1063-2021）；

（7）《城区范围确定规程》（TD/T 1064-2021）；

（8）《国土空间规划城市设计指南》（TD/T 1065-2021）；

（9）《国土空间生态保护修复工程实施方案编制规程》（TD/T 1068-2022）；

（10）《防洪标准》（GB 50201-2014）；

（11）《镇（乡）村给水工程规划规范》（CJJ 246-2016）；

（12）《室外排水设计标准》（GB 50014-2021）；

（13）《生活垃圾处理处置工程项目规范》（GB 55012-2021）；

（14）《城乡规划工程地质勘察规范》（CJJ 57-2012）；

（15）《城市规划数据标准》（CJJ/T 199-2013）。

四、党政文件

（1）中共中央 国务院关于建立国土空间规划体系并监督实施的若干意见（中发〔2019〕18号）；

（2）自然资源部关于全面开展国土空间规划工作的通知（自然资发〔2019〕87号）；

（3）自然资源部关于进一步加强国土空间规划编制和实施管理的通知（自然资发〔2022〕186号）。

第四节 县级国土空间总体规划编制的主要内容

一、现状分析

分析自然地理格局、民族与历史文化、国土空间开发保护、区域经济发展、人口及城镇化、城市发展等基本特征和演变规律，总结国土空间开发保护存在的现状问题，识别气候变化、生态安全、粮食安全、水安全、地质安全等方面的风险和隐患，系统研究国家战略、区域发展带来的机遇和挑战，明确规划重点任务。

二、重大专题研究

资源环境承载能力和国土空间开发适宜性评价。根据更高精度数据和县域实际对省级、市级“双评价”内容进行边界校核和局部修正，识别生态保护极重要区，明确农业生产、城镇建设的最大合理规模和适宜空间，提出国土空间优化导向，为划定三条控制线提供基础性依据。

国土空间开发保护现状评估与规划实施评估。开展现行城市总体规划、土地利用总体规划等空间类规划及相关政策实施的评估，评估自然生态和历史文化保护、基础设施和公共服务设施、节约集约用地等规划实施情况，总结规划实施成效，找出资源保护利用和国土空间开发保护等方面存在的问题。

其他重大专题研究。根据县域特点、发展阶段和发展要求，开展国土空间发展战略、人地关系、城镇体系与城乡国土空间格局、村庄布局与乡村振兴、综合交通体系、历史文化传承和风貌保护、国土综合整治和生态保护修复、存量和低效用地盘活等重大专题研究。

三、城市性质、发展目标与战略

城市性质（发展定位）。落实国家、省、市重大战略决策部署，结合主体功能区战略，突出县域特色和优势，合理确定总体发展愿景和战略定位，明确县域在区域政治、经济、社会和文化等方面所处的地位、作用及承担的主要职能。

发展目标（规划目标）。落实上位国土空间规划确定的主要目标、管控方向和重大任务等，制定国土空间开发保护总体目标和城市分阶段发展目标，从底线管控、结构效率和生活品质等方面提出实现目标的指标值。国土空间总体规划的时限一般是未来的20年，时间比较长，因此目标一般要分为近期、中期、远期，明确各时期的约束性指标、预期性指标、建议性指标和增设的特色指标等量化指标。

发展战略。按照城市性质、发展阶段特点和未来趋势，立足于经济社会发展需求、国土空间发展目标和资源环境禀赋条件，针对存在的问题和风险挑战，提出国土空间开发保护和发展战略。

四、区域协同发展

落实上位国土空间规划对本县提出的区域协同发展要求，加强与周边行政区域在自然资源保护利用、生态环境治理、跨区域基础设施廊道等方面的协调，在产业导向、城镇布局、交通市政等重要基础设施，特别是邻避设施等方面加强区域协同。

五、国土空间开发保护总体格局

以区域内地形地貌的基本特征为基础，以国土空间开发战略与目标为导向，结合主体功能区定位，统筹山水林田湖草等保护要素和城乡、产业、交通等发展类要素布局，合理构建生态屏障、生态廊道、交通网络、城镇体系，优化形成主体功能明显、优势互补、高质量发展的国土空间开发保护新格局。

首先，以“双评价”为基础，落实上位规划中的永久基本农田、生态保护红线和城镇开发边界等三线，必要时加以调整和优化，明确三条控制线空间范围的管控要求；其次，在三线基础上进一步明确国土空间保护和发展的重要节点和地带，形成国土空间结构，为县域的保护与发展提供框架性的指引。在空间结构基础上进一步划分主要的功能区域，明确功能分区规模、用途和管制规则。

六、国土空间用途结构优化

参照自然资源部《国土空间调查、规划、用途管制用地用海分类指南（试行）》，落实上位规划指标，按照保护优先、集约节约的原则，统筹考虑各类国土空间资源保护和开发利用需求，制定用途结构优化调整方向，明确主要用地的约束性和预期性指标。依次考虑满足农业保障、生态保护、基础设施建设需求，严格控制各类建设占用生态和农业用地，以盘活存量为重点，提出县域范围内国土空间结构调整优化的重点、方向及时序安排，制定国土空间功能结构调整表。

七、资源统筹保护与利用

（一）水资源保护与利用

分析水资源承载力，明确水资源利用上线，明确可承载的城镇人口和城镇用地最大规模，提出农业、生态、生产、城镇等用水结构和水平衡方案。统筹配置地表水、地下水、外调水和其他水源，实施引调水、区域水资源配置工程，建设重点水源工程，推进大中型重点灌区建设及现代化改造，提出雨水和再生水等资源利用措施。明确水资源高效利用目标，提出工农业节约用水方案及高效利用措施。

（二）建设用地资源高效配置

明确建设用地总量及存量、增量、流量，提出统筹用好存量、增量及流量建设用地的措施，合理把控建设用地强度，明确建设用地配置方案。

（三）矿产资源保护与利用

明确矿产勘查方向，划定重点勘查区。明确主要矿产资源分布及开采总量，划定禁止、限制矿产资源开采区，确定重要矿产资源保护和开发的重要区域，提出提高矿产资源开发利用“三率”水平、建设绿色矿山的方案与措施。提出矿产资源与地下空间开发保护矛盾冲突协调原则，明确矿产资源开发与生态保护红线、永久基本农田、城镇开发边界的协调措施。

（四）林地资源保护与利用

明确林地保有量、森林覆盖率等保护任务，明确重点保护区域及范围。明确林地资源开发利用方向，优化调整林地结构，提高林地综合效益，明确重点开发利用区域及范围。严格控制林地转化为其他用途土地，实行林地分级分类管理，提出天然林、生态公益林和商品林的具体管控措施。

（五）海洋资源保护与利用

根据海岛的实际情况进行分类管理，科学保护海岛及其周边海域生态系统。对无居民海岛逐岛明确功能、管控要求和保护措施，对有居民海岛划定保护范围，明确保护要求，提出开发利用规模和强度等管控要求。将海岸线划分为严格保护、限制开发和优化利用三个类别，实施分类管控。落实上位规划确定的自然岸线保有率等约束指标，明确需要保护的自然岸线。

（六）其他重要资源保护与利用

明确湿地等其他重要资源保护与利用规模、范围及管控措施等。提升森林、河湖、湿地、岩溶等陆域生态系统碳汇、海洋蓝碳增汇、农业碳汇。

八、县域魅力空间规划

明确县级及以上文物保护单位、历史文化名城名镇名村、历史文化街区、传统村落等历史文化遗存的保护范围，以及开发利用控制范围。

落实上位规划有关魅力空间协调和管控要求，摸清县域历史文化和自然景观资源的价值和分布特征，针对资源富集、空间分布集中的地域、廊道和节点，构建具有地域特色、自然与人文相结合的魅力空间，对魅力空间进行系统性、整体性保护。从科学保护利用资源、发展全域旅游、彰显地域文化特征的角度，提出魅力空间保护与利用的管控要求。

确定风貌分区和特色定位，对乡村地区分类分区提出特色保护、风貌塑造和高度控制等空间形态管控要求，发挥田野的生态、景观和空间间隔作用，营造体现地域特色的田园山水风光。

九、县域基础设施支撑体系规划

（一）综合交通体系

贯彻落实重大战略及上位规划对交通体系布局的要求，提出综合交通目标和发展策略，明确区域交通衔接关系，统筹安排高速公路、普通干线公路、铁路、三级及以上等级航道等重要线性交通廊道的空间布局和控制要求，明确机场、铁路枢纽、港口码头及海港、公路枢纽等重大交通枢纽的空间布局。

（二）公共服务设施体系

基于人口流动趋势和人口结构变化特征，将实现基本公共服务均等化的要求落到县域国土空间，提出覆盖全县的共享性公共服务设施体系规划，尤其是教育、卫生、养老、文化、体育等城乡公共服务设施布局原则和配置标准。

（三）公用设施规划体系

给水排水工程规划。预测城乡供水需求，划定水源保护区，确定水厂的规模、位置和输水主干网布局。预测城乡雨污排放量，确定排放体制和排放标准，合理布局雨污处理设施及其主干管网。

电力电信工程规划。预测用电量和用电负荷，确定电源、110kV及以上变电站的规模和布局，明确110kV及以上高压线及其两侧控制线布局。明确电信、广播电视等基础设施布局和规模。

燃气工程规划。预测用气量，布局储气站、燃气门站、高压调压站等燃气供应设施及其管网布局，提出高压和次高压廊道的控制要求。

环卫工程规划。预测县域垃圾量，明确垃圾收集及处理方式、生活垃圾处理设施、建筑垃圾处置场、工业固体废弃物处置场、工业危险废物和医疗废物处置设施布局和规模。

（四）公共安全防灾体系

明确县域防洪（潮）、排涝、抗震、消防、防疫等各类重大防灾设施标准、布局要求与防灾减灾措施，适度提高生命线工程的冗余度。优化防洪排涝通道和蓄滞洪区，划定洪涝风险控制线，修复自然生态系统。沿海城市应强化因气候变化造成海平面上升的灾害应对措施。有大型危险品存储用地城市应预留应急用地并划定安全防护和缓冲空间。

十、中心城区规划

（一）划定中心城区范围

结合城区现状范围和城镇开发边界划定结果，根据未来建设用地的需求，确定中心城区规划范围。

（二）规划中心城区空间结构

根据上位规划及本县发展战略、城市性质，结合中心城区演变拓展规律、发展方向、用地条件等情况，确定城区综合服务中心、重要发展轴线、重要开敞空间节点和廊道等，构建中心城区空间结构，因地制宜推动城区多中心、网络化、组团式发展，防止“摊大饼”式扩张。

（三）划分中心城区

将中心城区划分为多个功能分区，提出各分区功能导向和管控要求，提出鼓励土地混合使用的措施。

（四）划定中心城区安全底线

划定中心城区洪涝风险控制线、地质灾害风险区、蓄滞洪区等安全风险底线，并明确管制要求。

（五）合理布局中心城区建设用地

结合城市性质和定位，根据相关法规、技术规范和政策要求，确定中心城区各类建设用地规模和结构，合理布局各项建设用地，构建交通便捷、设施齐全、职住平衡、安全舒适的生活圈和魅力空间。

（六）更新中心城区、盘活存量用地

以提升功能、品质和活力为重点，明确城市更新重点区域、空间单元，提出盘活存量用地的规模、布局和时序安排，对相应空间的开发利用保护提出具体措施。

（七）规划中心城区地下空间

提出地下空间的开发目标、规模、重点区域、分层分区和协调连通的管控要求，明确重点地下公共活动空间、重点地下市政基础设施、地下文物埋藏区及管控要求。

（八）中心城区城市设计

提出城区空间秩序控制引导方案，明确空间形态重点管控地区；划分开发强度分区并明确各分区容积率、密度等控制指标，以及高度、风貌、天际线等空间形态控制要求；明确有景观价值的制高点、山水轴线、视线通廊等，严格控制新建超高层建筑；加强对河口、沿江地带、海岸等滨水地区和山麓地区等城市特色景观的管控引导，提高空间舒适性、艺术性，提升空间品质、空间价值。

（九）划定中心城区控制线

按照相关法律法规的要求，合理划定中心城区城市绿线、蓝线、紫线、黄线，明确各类控制线的管控要求。

十一、国土整治与生态修复

按照山水林田湖草沙系统治理的要求，识别国土整治与生态修复的范围，针对整治修复对象存在的突出问题，以问题为导向，明确国土综合整治、生态修复的目标任务、重点区域、重点工程、主要措施和时序安排。

十二、规划传导与实施保障

以图表为主的方式提出向详细规划和乡镇国土空间规划传导的内容和要求，从制度、政策、财政、重大项目、监督等诸多方面提出实施本规划的有力措施，提出制定实施规划的行动计划、重点任务和项目空间布局。

第五节 县级国土空间总体规划编制流程

县级国土空间总体规划编制流程包括：基础准备、专题研究、方案编制、论证审查、成果报批、公示公告。

一、基础准备

收集行政区划、自然环境、经济社会、人文历史、土地利用、城乡建设、设施等方面的基础资料和调查评价数据，以及各行业、各部门的空间类规划、行政审批等数据，夯实规划底数与底图。通过现场踏勘、部门走访、座谈交流、问卷调查等方式，深入了解当地发展实际与诉求，掌握各部门有关政策要求、各行业发展趋势与目标等。（表1.5.1-1）

县级国土空间总体规划基础资料收集清单　表1.5.1-1

基础资料分类	主要内容
行政区划与区位条件	1. 行政建制与区划、辖区面积、城镇村数量分布、毗邻地区等情况； 2. 区位优势、所处地域优势和产业优势情况
自然条件与自然资源	1. 气候气象、地貌、土壤、植被、水文、地质、自然灾害（如洪涝、地震、地质灾害）等情况； 2. 水资源、森林资源、矿产资源（含已设矿业权范围）、生物资源、景观资源等情况

续表

基础资料分类	主要内容
人口情况	1. 历年总人口、总户数、人口密度、城镇人口、乡村人口、人口自然增长、人口机械增长等情况； 2. 户籍人口、常住人口、暂住人口、农民工进城落户人口、劳动力就业构成、剩余劳动力流向、外来劳动力从业等情况
经济社会 历史文化 生态环境	1. 经济社会综合发展状况、历年国内生产总值、财政收入、固定资产投资、人均产值、人均收入、农民纯收入、贫困人口脱贫等情况； 2. 产业结构、主导产业状况及发展趋势，城镇化水平、城镇村建设状况； 3. 城乡建设及基础设施，能源、采矿业发展，对外交通、通信、邮电、商业、医疗、卫生、文化教育、风景名胜、古迹文物保护、旅游发展、民族文化等情况； 4. 自然保护地、农田基本建设、水利建设、防护林建设等情况； 5. 生态环境状况（土地退化、土地污染、水土流失等），生态环境保护，污染防治，环境卫生建设等情况
自然资源利用状况	1. 第三次全国国土调查成果； 2. 土地、水、森林、草原、湿地、矿产、地质环境等专项调查成果； 3. 土壤普查、后备耕地调查评价、农用地分等定级调查评价、土地执法检查、土地督察、土地动态遥感监测等成果
相关调查、评价、 规划成果	1. 地形图、遥感影像图； 2. 上一轮县级土地利用总体规划、城市总体规划，上级土地利用总体规划、城市总体规划、城镇（村）体系规划； 3. 已有的永久基本农田、自然保护地、交通、水利、环保、旅游、地质环境、能源矿产、防灾减灾、土地整治等专项规划成果资料、图件及其实施情况

县级国土空间总体规划编制应以第三次全国国土调查数据（以下简称“三调”）为基础，按照规划基数转换要求，补充地理国情普查、地质环境调查和森林、草原、湿地、矿产等专项自然资源调查成果、遥感影像、地形数据。规划统一采用2000国家大地坐标系和1985国家高程基准作为空间定位基础，涉海的县应以最新的海岸修测成果（平均大潮高潮线）为标准确定海陆分界线。

按照《国土空间调查、规划、用途管制用地用海分类指南（试行）》，对“三调”数据进行归并、细化，制定国土空间功能结构调整表。国土空间总体规划原则上以一级地类为主，可细分至二级地类。在开展国土空间规划编制过程中，需要以“三调”成果为基础，结合规划许可、土地供应、确权登记、详细规划、遥感影像、地名地址和POI等数据，将用地分类转换为规划用地分类。

县级国土空间总体规划数据库内容包括基础地理信息要素、分析评价信息要素和国土空间规划信息要素。按照“一数一源、分级治理”的数据治理理念，统一数据标准、统一坐标、统一格式、统一比例尺，实现数据库的四个统一。建库标准可参照《市级国土空间总体规划数据库规范（试行）》（自然资办发〔2021〕31号）及各省、自治区、直辖市印发的县级国土空间总体规划数据库标准执行。并与规划编制工作同步进行，相关成果依据规定逐级报部备案，形成国土空间规划一张图。

二、专题研究

开展资源环境承载能力和国土空间开发适宜性评价（“双评价”）、国土空间开发保护现状评估和规划实施评估、灾害风险评估、产业发展、人口预测等相关专题研究，为规划编制提供方向性、基础性支撑。

对于“双评价”，可以不再进行完整的评价，可根据更高精度数据和地方实际进行边界校核以及局部修正上位规划所做的涉及本县的“双评价”。

三、方案编制

以重大专题研究结论为基础，围绕目标战略、区域协同发展、国土空间格局优化、资源统筹利用、中心城区等编制内容，按照国家相关的法规和技术规范要求，编制规划方案。必要时，可编制多个规划方案并进行比选。

四、论证审查

县级联席审查，由规划组织编制机关组织专家和相关部门对规划进行技术性论证和审查。

市级联席审查，由市自然资源局组织专家和相关部门开展市级技术监督性审查。

省级技术审查，由省自然资源厅组织开展省级技术预审。

五、成果报批

针对审查结果，对规划方案进行修改完善，形成最终规划成果，经本级人大常委会审议和所在地设区市人民政府同意后，逐级上报省人民政府审批。

六、公示公告

规划方案编制完成后，提请本级人大常委会审议之前，应向社会公示，充分听取社会各界、企事业单位和公众意见。公示渠道包括政府信息网站和当地主要新闻媒体，公示时间不少于30日。

规划成果批复后20个工作日内，应对规划目标、规划期限、规划范围、规划主要内容、批准机关和批准时间、违反规划的法律责任等内容依法公告。

02

第二章

国土空间规划的数据预处理

第一节
坐标系的变换

编制国土空间规划时需要使用地理信息系统（GIS）软件，尤其是ArcGIS。由于数据来源多样，有些没有坐标系或不知道坐标系，有些坐标系不符合要求（国土空间规划要求使用2000国家大地坐标系和基于它的高斯-克吕格投影坐标系），有些是属性数据，对于这样的数据，需要在ArcGIS中赋予坐标系China Geodetic Coordinate System 2000，即2000国家大地坐标系，简写为CGCS2000，以及赋予基于这个地理坐标系的高斯-克吕格投影坐标系。赋予的方法或工具为定义投影、投影或投影栅格、创建自定义地理（坐标）变换后再投影或投影栅格、地理配准或空间校正。

一、文件和文件夹的命名

在ArcGIS中创建和使用文件（包括文件夹）时，要遵从它对文件命名的要求，实际上是文件附带的属性表的命名规范。初学者对此要谨记，否则有可能因为文件及文件夹命名不合规而导致地理工具运行出错。严格地说，不合规的命名不会导致使用任一工具都会出错，而是使用某一个工具时会出错。

ArcGIS对文件（属性表）命名的规范要求如下（复制自ArcGIS帮助文档）:

（1）文件名称必须以字母开头，不能是数字或者星号(*)或百分号（%）等特殊字符。

（2）名称不应包含空格。

（3）如果表或要素类的名称包含两部分，则用下划线(_)连接各单词，如garbage_routes。

（4）名称中不应包含保留字，如select或add。有关其他保留字，请查阅DBMS文档。

（5）名称最多包含160 个字符。

二、地理处理工具的查找

ArcGIS中的ArcMap有近千个地理处理工具，难以记住，也不必记住它们在何处，可通过搜索工具来查找。例如查找【定义投影】工具的操作如下：在工具栏里点击【搜索】按钮，弹出【搜索窗口】，在搜索栏里输入“定义投影”，回车或点击其右侧搜索键，即出现搜索结果（图2.1.2-1）。

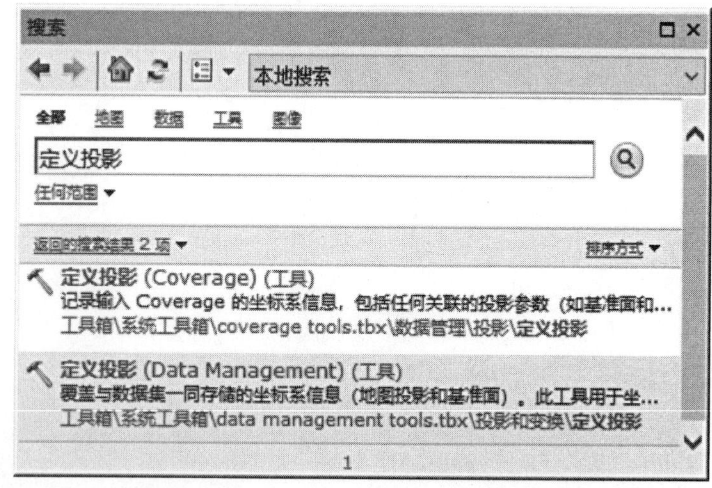

图2.1.2-1　搜索工具

点击“工具箱\系统工具箱……定义投影”，来到【定义投影】所在的位置，双击它即可打开工具对话框，然后进行输入和输出的设置。

关于地理处理工具的概念、原理、参数、操作步骤等内容，可查阅ArcGIS的帮助文档，在ArcMap的第一行菜单栏中点击【帮助】，搜索所需的内容即可，本书因限于篇幅不再介绍。

三、定义投影工具的正确使用

【定义投影】工具经常被初学者误用。请记住，使用这个工具有前提条件，那就是：图层没有坐标系（或坐标系错误）且已经知道正确的坐标系！绝对不能拿一张没有坐标系的图，然后随便选个坐标系赋予它，这样做表面看没问题，图层属性也显示了所定义的坐标系，但使用图层时会出现异常，例如看不到图、运算错误。

因此，从别人那里接收数据时，应该问清楚每个图层的坐标系。如果不知道正确的坐标系，那只能通过地理配准或空间校正来赋予所需要的坐标系。

四、创建自定义地理（坐标）变换

有些数据虽然有坐标系，但其地理坐标系不是CGCS2000，这意味着需要变换基准面，把数据原有的基准面转为CGCS2000基准面，这时需要使用【创建自定义地理（坐标）变换】工具。

例如很多数据的地理坐标系是WGS1984，它的基准面（Datum）是 D_WGS_1984，需要把它转为CGCS2000的基准面D_China_2000。

通过搜索找到【创建自定义地理（坐标）变换】工具，打开它，按图2.1.4-1进行设置。【地理（坐标）

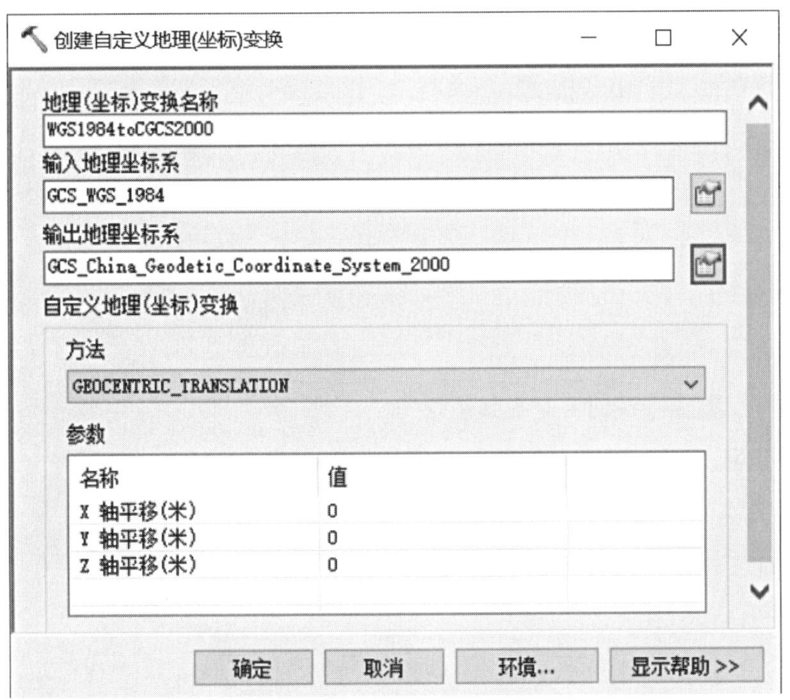

图2.1.4-1 创建自定义地理（坐标）变化工具设置

变换名称】需要输入一个名称。在ArcGIS中，文件命名除满足上述规范要求外，还应该提示文件的内容。【输入地理坐标系】和【输出地理坐标系】两栏千万不要选择投影坐标系，只能选择地理坐标系！【方法】选择第一个“GEOCENTRIC_TRANSLATION”。至于【参数】，做实际项目时需要从当地测绘部门获取，或用参数转换软件计算，作为练习，都默认为0即可。

使用地理处理工具时最好先点开右下角的【显示帮助】，了解工具的作用和各个参数的使用方法，这对正确使用地理处理工具很有帮助。

进行地理变换后就可以使用【投影】或【投影栅格】工具来变换成所需的投影坐标系了，此时在【投影】或【投影栅格】工具中的【地理（坐标）变换（可选）】下方会出现地理（坐标）名称，如果没有，则点开该栏查找，如果找不到，则说明【创建自定义地理（坐标）变换】没有成功，需要重新创建。

在使用【投影栅格】工具时，需要选对【重采样技术（可选）】参数，如果图层是离散数据（例如土地利用现状图）则选“NEAREST”，或根据需要选“MAJORITY”；对于连续数据（例如数字高程模型DEM），则需选择另外两个参数之一。

第二节 地理配准

对于没有坐标系且不知道正确坐标系的栅格数据（JPG格式图片等）和CAD矢量数据，需要使用【地理配准】工具条来给它赋予正确的坐标系。如果是shapefile矢量数据，则使用【空间校正】工具条。

一、示例原图

图2.2.1-1是没有坐标系的JPG图片，图2.2.1-2为已经转换好投影坐标系的卫星影像图（简称“卫图”）。上述两张图片有重叠（坐标值一致）的范围，现在要用【地理配准】把JPG图片配准到卫图，使其具有卫图的坐标系。

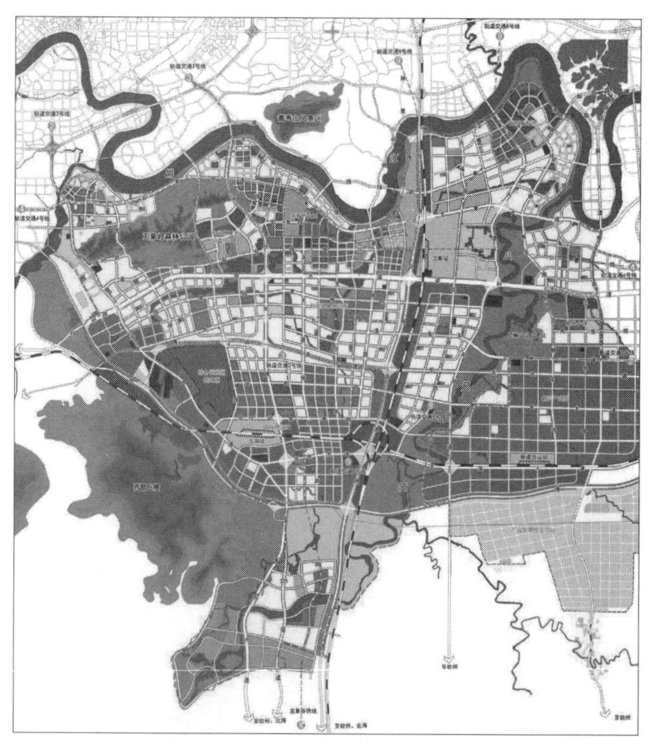

图2.2.1-1　没有坐标系的JPG图片

二、地理配准过程

打开ArcMAP，把卫图拉到地图窗口（第一

图2.2.1-2　有坐标系的卫图

张拉进去的图的坐标系就是地图窗口或数据框的坐标系)。以鼠标右键点击(下称“右击”)菜单区域，选中【地理配准】工具条(图2.2.2-1)，即可调用它。

在【目录】窗口中将JPG图片复制粘贴，保留原始JPG图片，使用复制的图片。万一操作中图片被弄坏了(常见的是变形)，则删去它，再从原始图片中复制，再使用复制的图片进行地理配准。当然也可以去Windows资源管理器中删掉错误的坐标信息，让图片恢复原样。

把复制的图片拉到地图窗口，出现“是否要创建金字塔”时选择“否”，这时出现“未知的空间参考警告”。忽略警告，点击【确定】,【内容列表】里有JPG图片图层了，而且位于绘制顺序的最上方，理应显示在地图窗口中，但地图窗口里没有JPG图片(图2.2.2-2)，这是因为它还没有坐标系，所以显示是异常的。

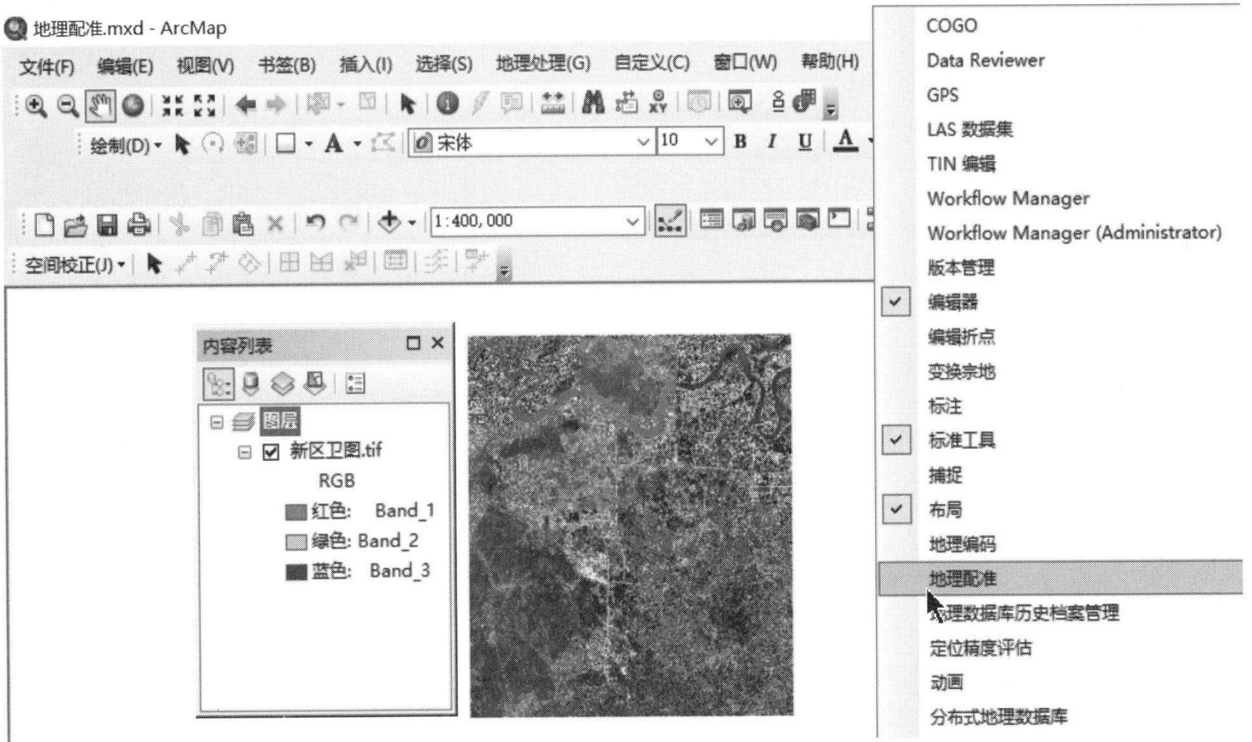

图2.2.2-1　调用【地理配准】工具条

图2.2.2-2　JPG图片没显示

点击【地理配准】右边的图层栏箭头，选择JPG图片（图2.2.2-3）。点击【地理配准】的选项箭头，点击【适应显示范围】（图2.2.2-4）。图片和卫图就同时显示出来了（图2.2.2-5）。

但是JPG图片遮挡了卫图，需要把JPG图片挪开。点击【地理配准】右边工具条的旋转按钮，点击【平移】（图2.2.2-6）。

按住JPG图片把它平移到旁边，让两张图同时并排显示（图2.2.2-7）。

现在要寻找控制点对，即两张图上都能显示清晰且地理位置相同的点，比如同一栋建筑，同一个道路交叉口。通常需要不断放大和缩小两张图来寻找合适的点对。一般至少寻找3个点对，它们的距离彼此要拉开，比如位于地图的东、南、西、北、中，不要挤在一起。这些点对位置越精准，则地理配准也就越精准。

为了避免自动校正过早，先把它关掉。点击【地理配准】箭头，去掉【自动校正】的勾选（图2.2.2-8）。

从这两张图来看，路网比较醒目好找，所以可选择小路的交叉口作为控制点对（图2.2.2-9、图2.2.2-10）。为什么不选大路？因为大路交叉口面积大，选时容易导致点对的位置偏差大（一个点选在交叉口中心，另一个可能偏离交叉口中心），导致坐标不精准。

图2.2.2-3　选择JPG图片

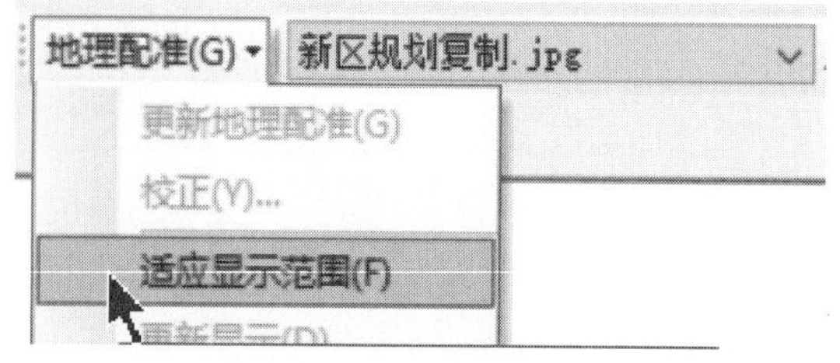

图2.2.2-4　点击【适应显示范围】

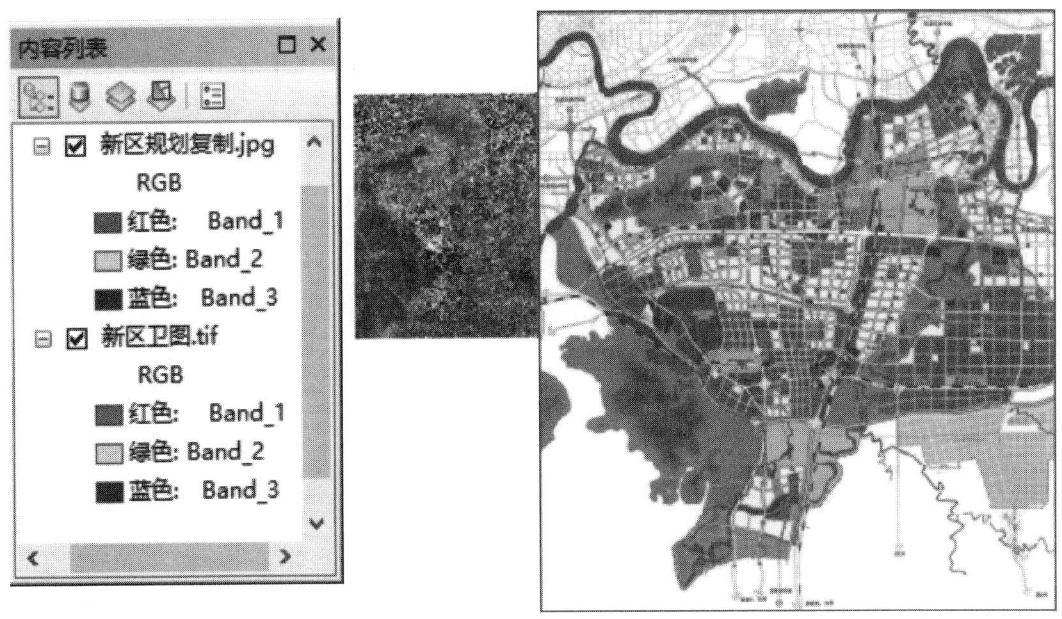

图2.2.2-5 两张图同时显示但有遮挡

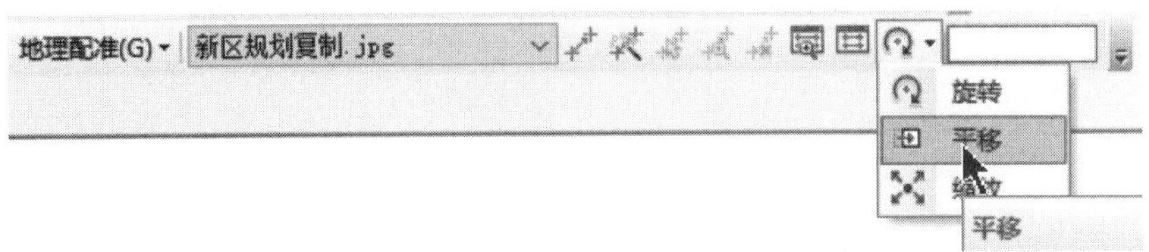

图2.2.2-6 点击【平移】

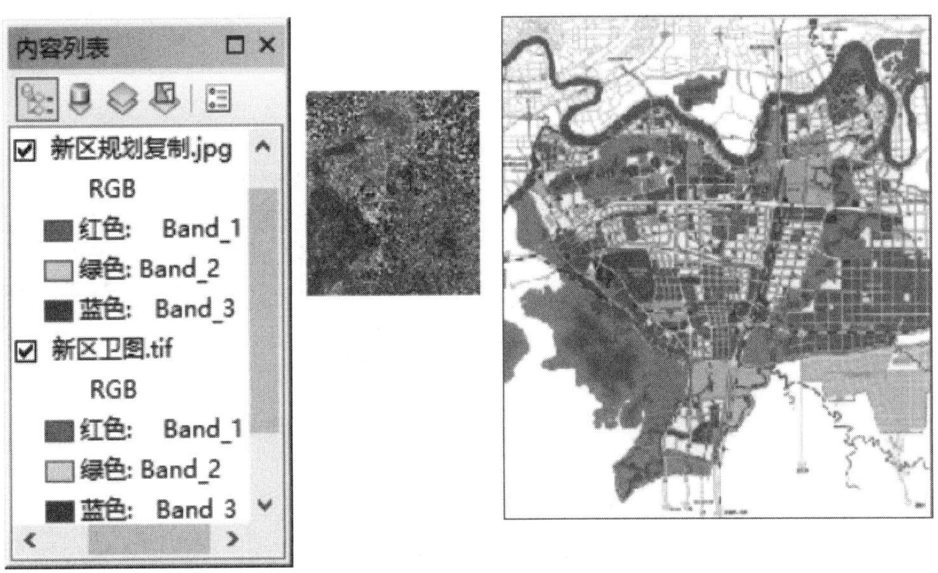

图2.2.2-7 两张图并排显示

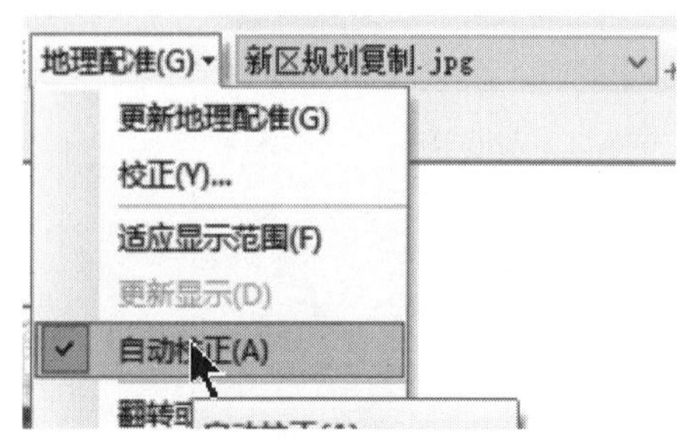

图2.2.2-8　关闭自动校正

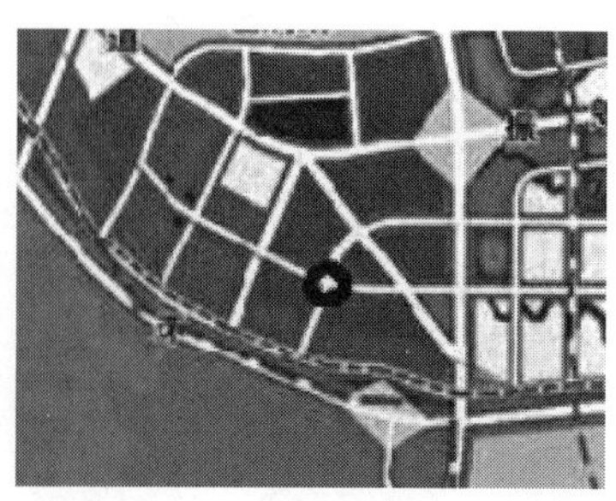
图2.2.2-9　在JPG图片上选择小路口

图2.2.2-10　在卫图上识别出同一个路口

选择好点对后，就可以进行点对的配准了。点击【地理配准】工具条上的【添加控制点】按钮(图2.2.2-11)。

放大要配准的JPG图片，点击配准点的位置（道路交叉口中心），然后再点击卫图上的对应点（图2.2.2-12）。记住，先点要配准的JPG图片，不能先点已有坐标系的卫图，也就是要把JPG的点配准到已有坐标系的卫图去。

点击【查看链接表】，可以查阅点对的坐标（图2.2.2-13、图2.2.2-14）。此时X源、Y源的坐标是不对的，要配准到X地图、Y地图的坐标。如果点击位置时操作错了，想删去点击的位置及其坐标，则在表里选择该点所在行后点击删除键即可，再重新点选位置。

图2.2.2-15、图2.2.2-16是完成3个点对链接后的表格，两张图上也出现了1、2、3点对标记。

确定点击位置的精确性后，可以校正了。点击【地理配准】-【自动校正】(图2.2.2-17)。

图2.2.2-11　点击【添加控制点】按钮

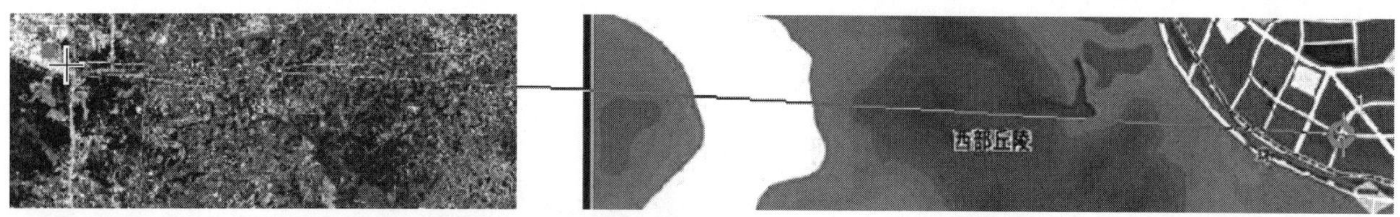

图2.2.2-12　从JPG图片的点拉线到卫图上的对应点

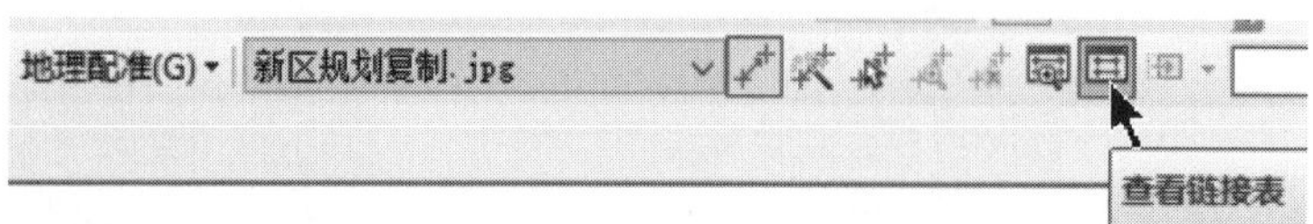

图2.2.2-13　点击【查看链接表】

链接

RMS 总误差(E): Forward:0

	链接	X 源	Y 源	X 地图	Y 地图
☑	1	469.84485252	-853.70107276	12064721.512...	2593131.2394...

图2.2.2-14　链接表

链接

RMS 总误差(E): Forward:0

	链接	X 源	Y 源	X 地图	Y 地图
☑	1	469.84485252	-853.70107276	12064721.512...	2593131.2394...
☑	2	370.75502559	-458.85257378	12062725.100...	2601229.0263...
☑	3	962.42206813	-451.22309171	12074758.937...	2601369.9698...

图2.2.2-15　三个点对的链接表

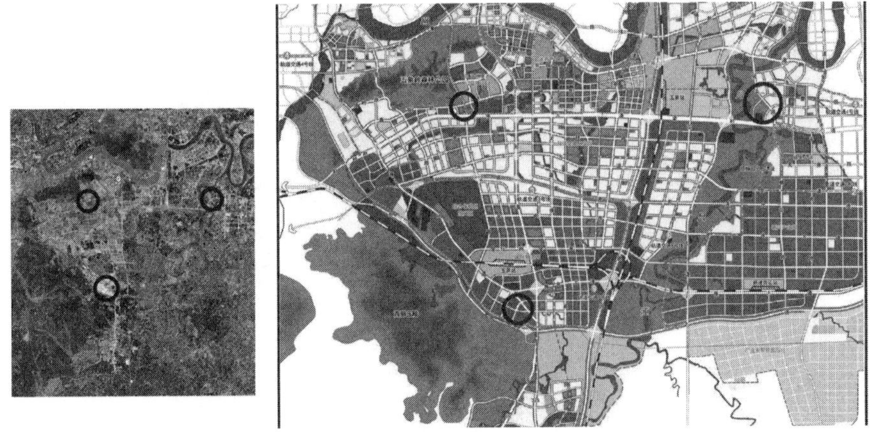

图2.2.2-16　三个点对的位置标记

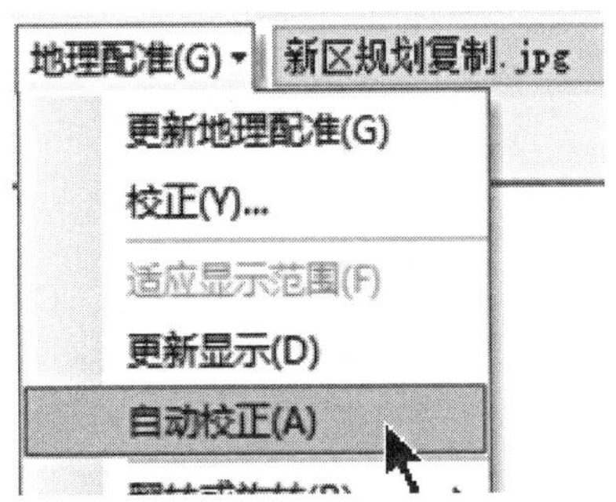

图2.2.2-17　点击【自动校正】

JPG自动校正到卫图上去了。可以通过调整叠在上面的图层（这里是JPG图片）的透明度（图2.2.2-18）来查看两张图是否配准了（图2.2.2-19）。

若目测配准效果很好，则一次成功。如果两者偏差较大，则需要删去偏差大的点再重新配准，直到对配准结果满意。如果越配越乱，则只能到链接表去删除所有链接点，推倒重来。

确定配准满意后，就可以保存JPG图片为具有坐标系的空间数据图层了。点击【地理配准】-【校正】，保存（图2.2.2-20、图2.2.2-21）。

可以右击保存后的图层，查看其是否有与卫图一致的坐标系。

上述是手动操作过程，无法完全精准配准。在实际项目中，需要知道JPG图片的几个点的对应坐标值，通过坐标值配准才是完全精准的配准，才能满足工程要求。在【链接表】中的【X源】和【Y源】下输入正确的坐标值，这样的配准操作既简单又精确，比手动拉点配准效果好很多。

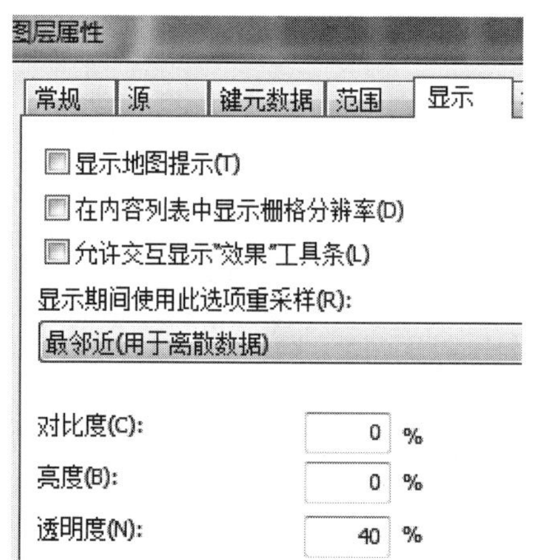

图2.2.2-18　调整图层透明度

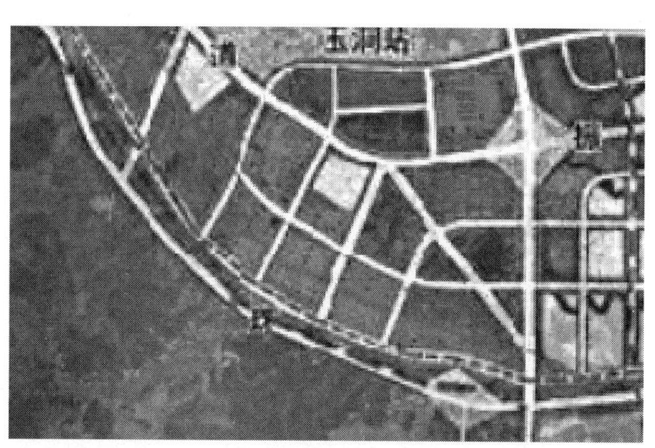

图2.2.2-19　底图卫图的道路与JPG图片吻合

图2.2.2-20　点击【校正】

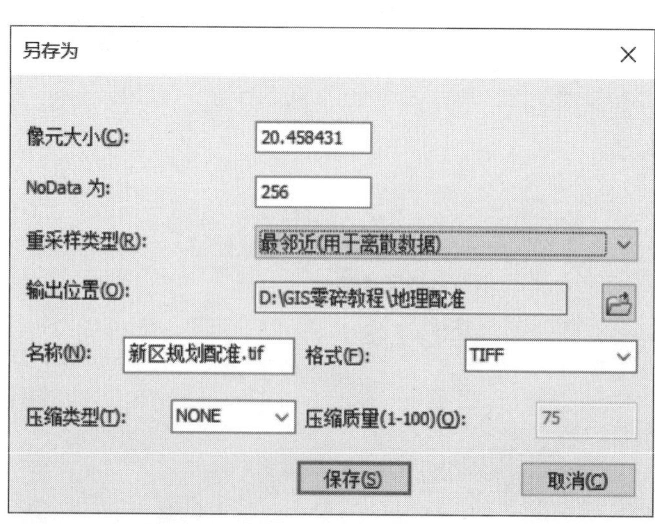

图2.2.2-21　保存配准图片

第三节
属性数据与空间数据的连接

规划离不开属性数据，也就是国民经济统计数据、各个政府部门的统计表格数据，等等，它们一般是xls（EXCEL）、csv、txt、dbf、doc、pdf、tab等格式。有时需要把这样的属性数据导入ArcMap中，与空间数据（地理数据）连接在一起，以便进行分析和制图。ArcMap只接受xls、csv、txt、dbf、tab等格式，其中EXCEL必须是97-2003格式的，即xls，不能是xlsx。

一、属性数据表格的整理

（一）字段命名的规范要求

ArcGIS不仅对文件的命名有要求，对空间数据（图层）所带的属性表的字段命名也有一定的要求。ArcGIS属性表中字段命名的完整规则如下（复制自ArcGIS帮助文档）:

（1）字段名称需要符合一些约定才有效。命名字段时请牢记以下原则：字段名称中不支持空格和某些特殊字符。这些特殊字符包括连字符（如 x-coordinate 和 y-coordinate）、圆括号、方括号以及 $、% 和 # 等符号。实际上，是排除了字母数字和下划线之外的所有符号。

无效的起始字符：`~@#$%^&*()-+=|\\,<>?/{}.!’ []:;_0123456789

无效的包含字符：`~@#$%^&*()-+=|\\,<>?/{}.!’ []:;

（2）必须先对分隔文本文件或其他表中的字段名称进行编辑，以删除不支持的字符，然后再在 ArcGIS 中使用这些文件。

（3）避免字段名称以数字或下划线开头。

（4）避免使用的字段名称中包含被视为保留关键字的单词，例如 date、day、month、table、text、user、when、where、year 和 zone 等。每个基础 DBMS 都可以有各自的一组保留关键字。要获取 MS Access 的关键字列表，请参阅 Microsoft 支持文档。

（5）地理数据库的要素类、表和字段的最大名称长度为 64 个字符（更具体地说，最多只能为个人地理数据库的要素类名称输入 52 个字符，因为系统会将字符总数追加到 64 个）。Shapefile 和 .dbf 字段的最大名称长度为 10 个字符。对于 INFO 表，最多使用 16 个字母或数字。此外，基础 DBMS 还可能对字段名称设有其他限制。

因此，要先检查数据表格中字段以及字段值是否符合上述规则。

（二）公共字段和字段值的检查

除了命名规范外，表格与ArcGIS地理数据属性表必须有公共字段（公共属性、键），也就是两个表要有数据类型一样的字段，数据类型指短整型、长整型、浮点型、双精度、文本、日期等。国土空间规划一般是通过地名将属性数据表格与地理数据属性表相连接的，地名属于文本型数据，也就是说两个表格应该有文本型字段才能连接。例如EXCEL表格里有文本型的“乡镇名称”字段，图层的乡镇行政区划属性表里有“name”文本型字段，它们都是文本类型，所以是公共字段（各自的字段名称可以不一样），可以通过它把两个表格连接起来。

光有相同类型的字段还不够，字段值也应该相同才行。例如张三是一个镇的名称，但在一个表里它写为“张三镇”，而另一个表里写为“张三”，则ArcGIS认为它们不是同一个镇，无法匹配在一起，也就是连接后会空出一行，没有张三镇的数据。因此必须仔细检查两个表格的每一个字段值（每一个单元格的值）是否符合上述规范要求，是否完全相同，差一个字、多一个空格都不行。

二、连接属性数据表到空间数据表

（一）连接

连接是指把表格（EXCEL97- 2003、csv、txt、dbf 等格式之一）数据与图层的属性表通过一对公共字段连接起来，以便ArcMap能根据连接后的新属性表进行计算和绘图。下面以乡镇人口经济的EXCEL表格举例说明。

第一步，整理表格。按文件命名、字段名、字段值规范整理好乡镇人口经济的EXCEL表格（确保它是97-2003格式的，即扩展名是xls，不能是xlsx），该表有乡镇名称字段，字段类型为文本型，其他人口、产业等字段为数值型。记住要使用表格里的哪个工作簿（例如是Sheet1），关闭该表，连接操作时不能打开它。

第二步，连接表格。把乡镇行政区划的矢量shapefile图层拉进【内容列表】，右击该图层，点击【连接和关联】-【连接】（图2.3.2-1），在【连接数据】对话框中进行选择（图2.3.2-2），再点击加载表按钮，选择所需的工作簿（图2.3.2-3）。最终的连接选择见图2.3.2-4。

然后点击【验证连接】，看看有无错误。如果有错，则根据错误提示返回EXCEL表格进行修改，一般的错误是表格里有无效字符，需要修改。验证正确时会有正确的提示（图2.3.2-5）。

第三步，保存为另一图层。连接后就可以计算和绘图了，但一般都是先把连接后的图层导出、保存为新图层，以便把连接后的新属性表保存下来，因为关闭地图文档后连接就失效，图层的属性表就跟没连接时一样了。在【内容列表】里右击连接后的图层，点击【数据】-【导出数据】，将它另存为新的shapefile图层，例如存为“乡镇人口经济”（图2.3.2-6、图2.3.2-7）。然后在【内容列表】里移除原来的图层，使用“乡镇人口经济”图层。

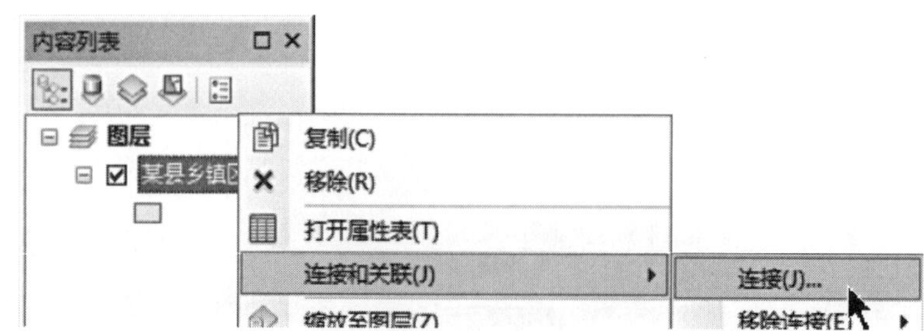

图2.3.2-1　连接

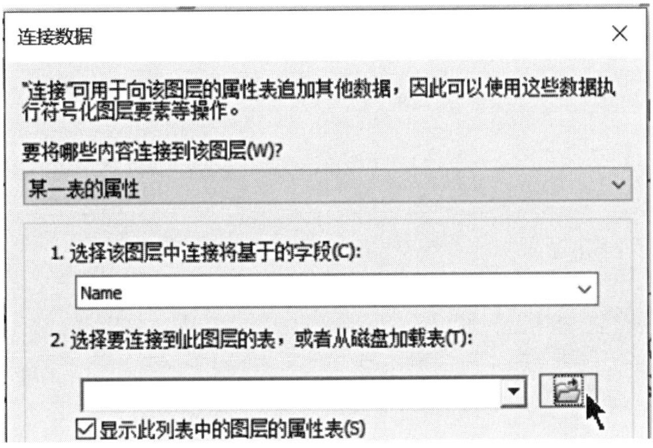

图2.3.2-2　连接表格的选择

图2.3.2-3　连接需要的表格工作簿

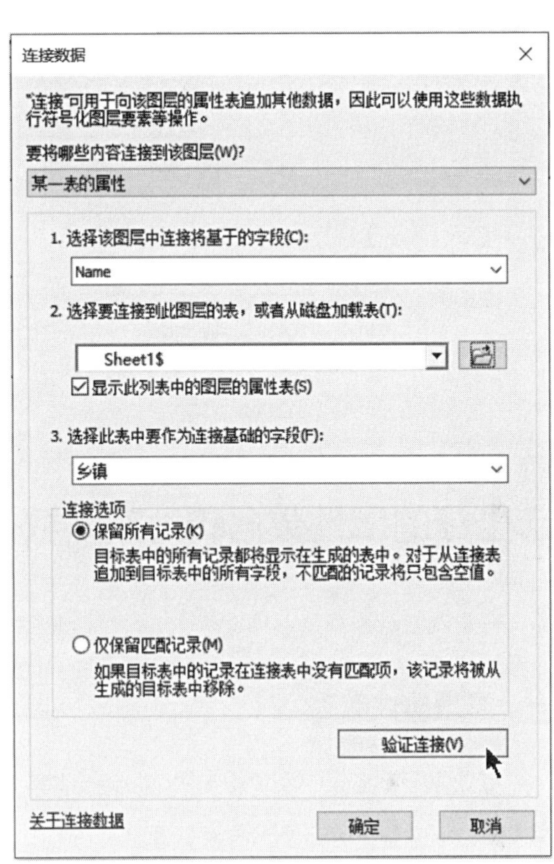

图2.3.2-4　完整的连接选择

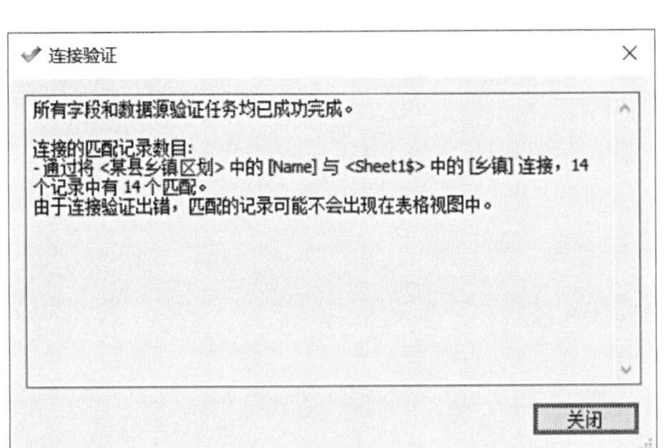

图2.3.2-5　连接验证正确的提示

图2.3.2-6　导出数据

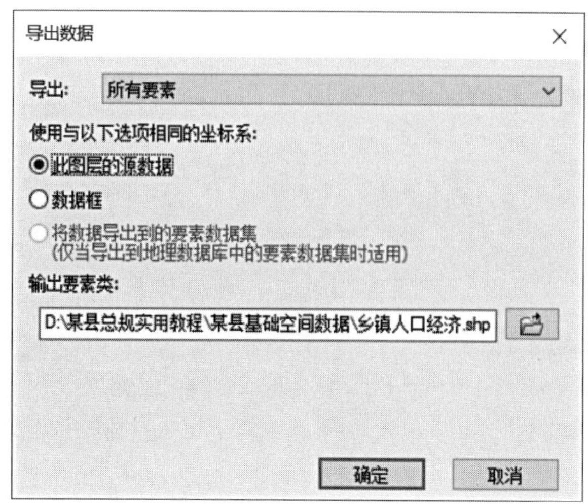

图2.3.2-7　保存图层为shapefile（*.shp）矢量数据

第四节 带坐标的属性数据转为空间数据

有些属性数据表格自身带有坐标，可以在ArcGIS中把它们转为空间数据。

一、整理属性数据

首先要把带坐标（地理坐标或投影坐标均可）的属性数据表格按照命名规范整理好，坐标如果是经纬度，则需换算为十进制（实际是60进制）（图2.4.1-1），不能是度、分、秒。如果是EXCEL表格，则要存为97-2003版本，记住它是哪个sheet，例如是sheet1，然后关闭它。初学者在把EXCEL表格导入ArcGIS有时总是出错，这主要是EXCEL表格有些格式符不被ArcGIS接受，如果找不出这些格式符，删除不了的话，可以把EXCEL表格另存为txt纯文本文件，问题就会解决。

把坐标属性数据转为空间数据前需要知道它是什么地理坐标系或投影坐标系。如果是经纬度，则是地理坐标系，目前从网上或政府部门得到的经纬度多属于WGS1984；如果是投影坐标系，则需要坐标系基础知识才好判断。

二、转为空间数据

把带坐标的属性数据变为空间数据有两种方法，一是【添加XY数据】，二是使用【创建XY事件图层】地理处理工具。

（一）添加XY数据

点击【文件】-【添加数据】-【添加XY数据】（图2.4.2-1）。按照图2.4.2-1进行设置，依照上述对坐标系的分析，点击【编辑】，选择WGS 1984（图2.4.2-2）。

点击【确定】，弹出“表没有Object-ID字段”，点击【确定】，得到【Sheet1$个事件】图层（图2.4.2-3），这是图层，是不可编辑的，而且是临时的，关掉软件后它就没了，因此要把它另存为shapefile文件才行。右击【Sheet1$个事件】，点击【数据】-【导出数据】，将其另存即可，它就变成了常规的要素类shapefile图层了，然后再把它转为CGCS2000。【Sheet1$个事件】图层则可以移除了。

（二）创建XY事件图层

打开【创建XY事件图层】进行设置（图2.4.2-4），点击【确定】，得到【Sheet1$_Layer】，它也是临时的，需要采用上述的方法把它另存为shapefile图层。

	A	B	C
1	乡镇名称	经度	纬度
2	乡镇1	109.05443	21.68406
3	乡镇2	109.48967	21.71406
4	乡镇3	109.69594	21.70768

图2.4.1-1　带坐标的EXCEL表

图2.4.2-1　添加XY数据

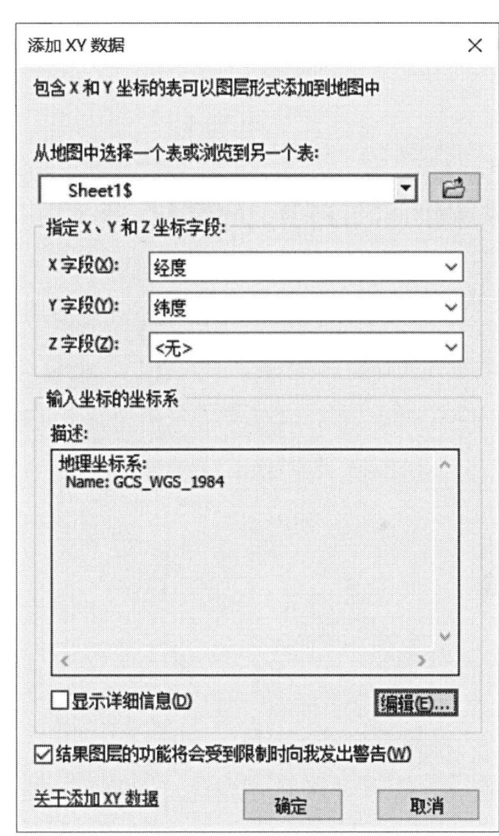

图2.4.2-2　添加XY数据的设置

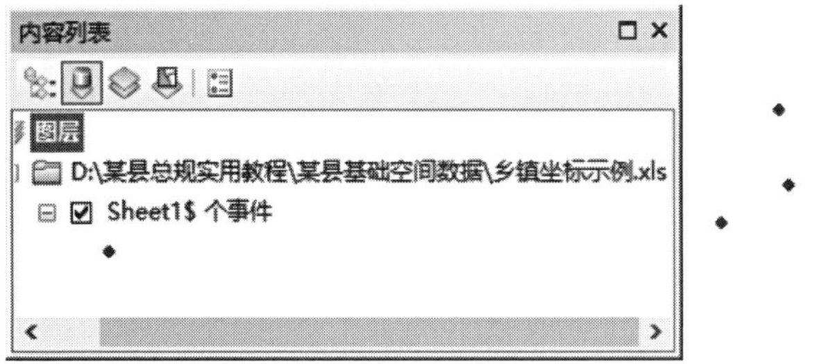

图2.4.2-3　【Sheet1$个事件】图层

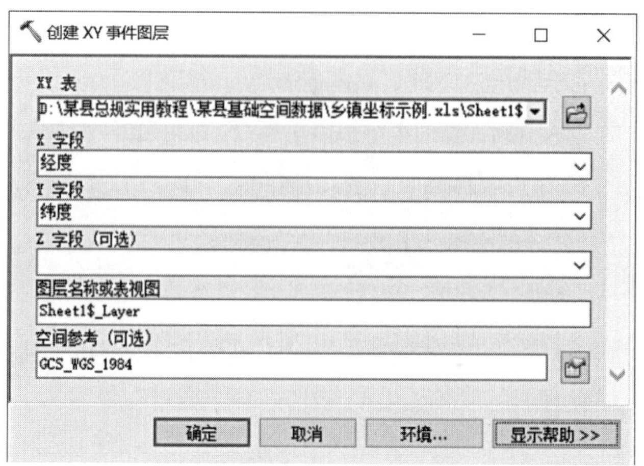

图2.4.2-4　创建XY事件图层

第五节
简单栅格图片的矢量化

在进行部门调研和收集数据或下载免费数据时，有时候得到的是彩色或线条等比较简单的栅格数据，例如，从水利局收集到纸质书拍照的水系图（图2.5.0-1），需要从图中提取出面状的水系（那条大河是面状）。

用它们做规划时可能需要将它们矢量化，转为矢量数据，但使用栅格转点、折线、面的工具转了之后很零乱，无法使用，也很难编辑。这时需要用矢量化工具来转换，首先要进行地理配准，请参照本章第二节的操作。配准后进行以下操作。

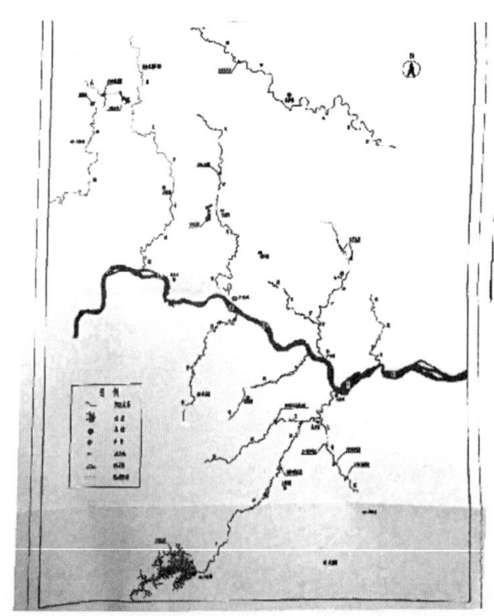

图2.5.0-1　原始栅格图片

一、按掩膜提取所需的范围

打开【按掩膜提取】工具进行设置（图2.5.1-1），得到图2.5.1-2。

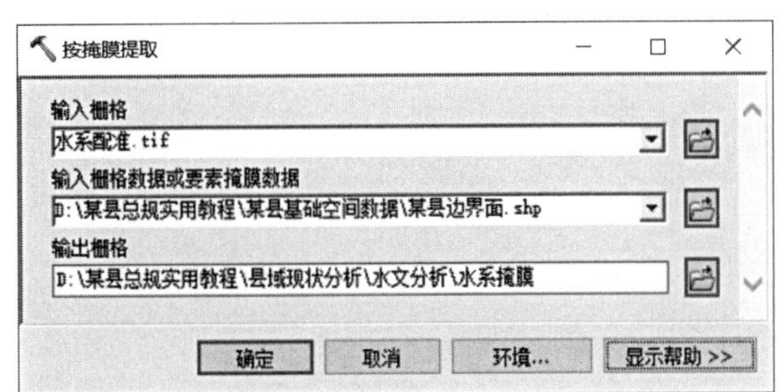

图2.5.1-1　按掩膜提取的设置

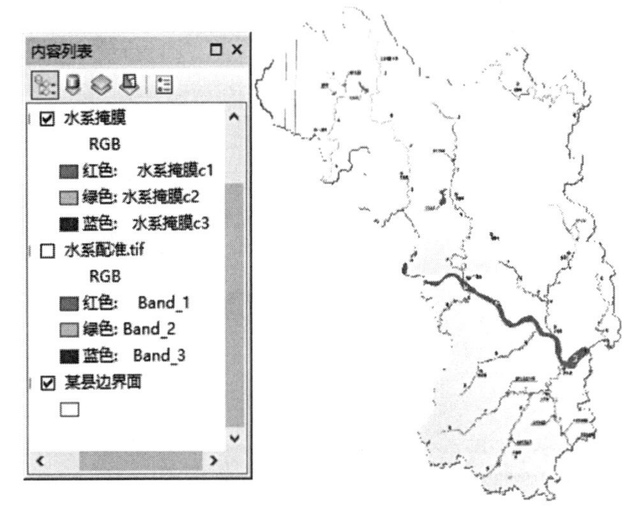

图2.5.1-2　所需范围的水系

二、重分类

用【重分类】工具将栅格图的值进行默认分类，即不改动默认的新值（图2.5.2-1），得到分类图2.5.2-2。

打开属性表，逐行核查各个值是否代表水系。值为8、9的像元显然不是水系，要删除它们。其他值是水系，保留。为此要再次进行重分类，把8、9赋予新值0，其他值赋予新值1（图2.5.2-3），得到0-1矢量化图（图2.5.2-4）。

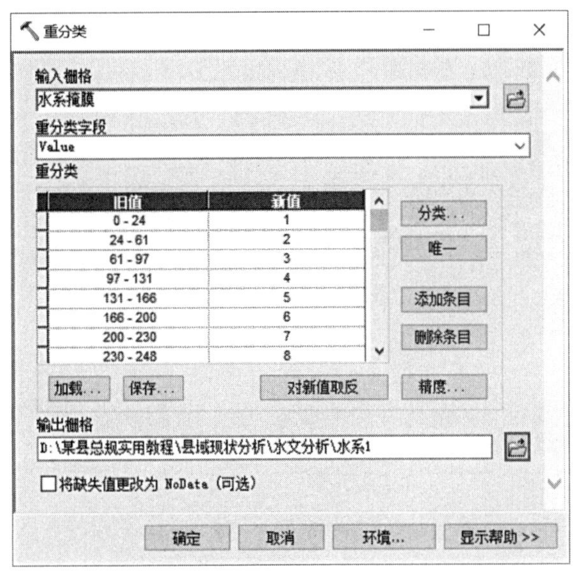

图2.5.2-1　默认重分类设置

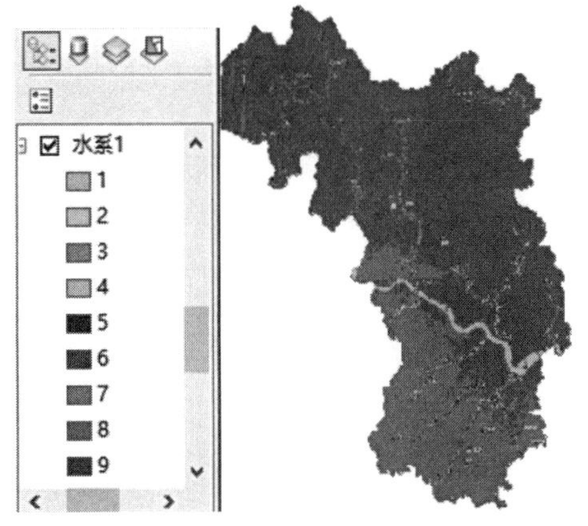

图2.5.2-2　默认的重分类图

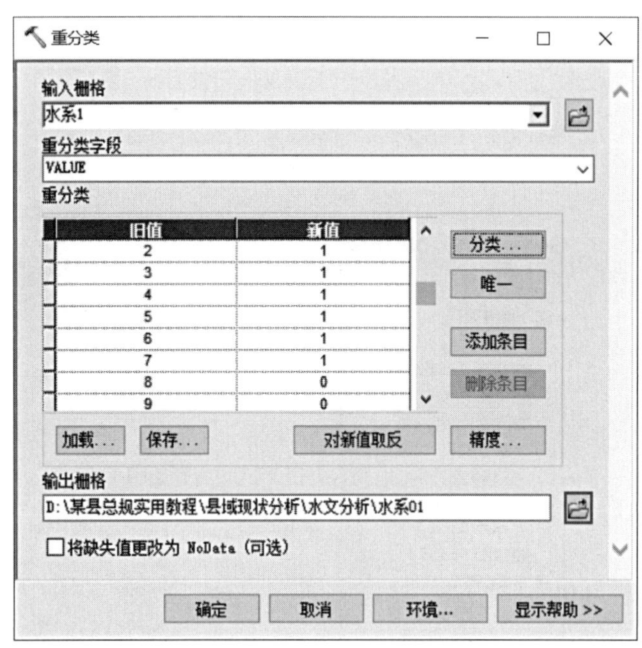

图2.5.2-3　再次重分类，只有0和1两类

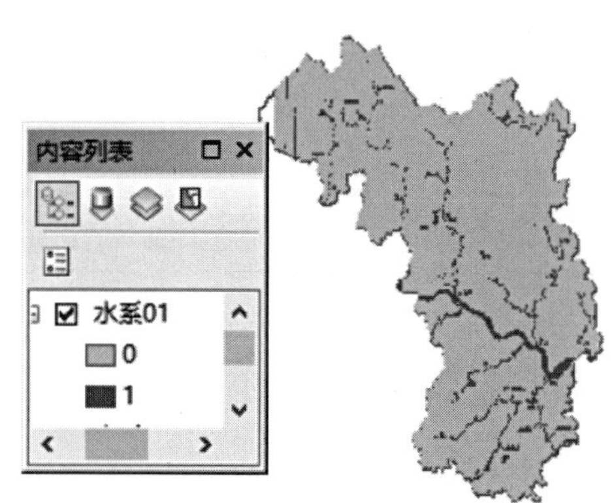

图2.5.2-4　再次重分类的结果图

三、新建要素

右击【目录】窗口里的文件夹，点击【新建】-【Shapefile】(图2.5.3-1)，在后面出现的设置中选择线，选择与上述地理配准相同的坐标系，由此创建一个线要素。以同样的方法再新建一个面要素。

四、矢量化

打开【编辑器】。如果工具栏里没有编辑器，则像调用【地理配准】工具一样调用它(图2.5.4-1)。

点击【矢量化】-【选项】，在弹出的【矢量化选项】中选中【轮廓】(图2.5.4-2、图2.5.3-3)。

点击【矢量化】-【生成要素】(图2.5.4-4、图2.5.4-5)。点击【确定】，得到初步的矢量图(图2.5.4-6)。

图2.5.3-1　新建要素

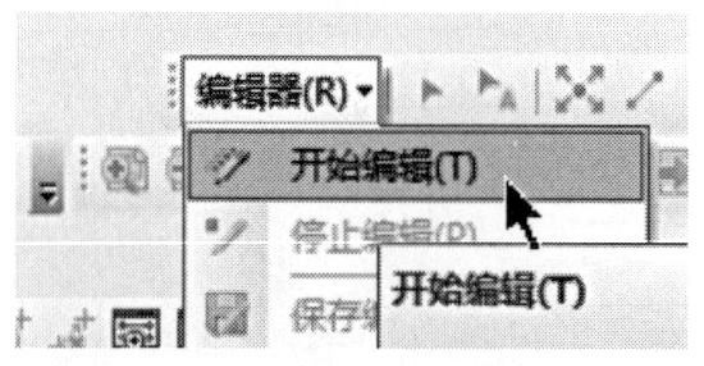

图2.5.4-1　打开【编辑器】

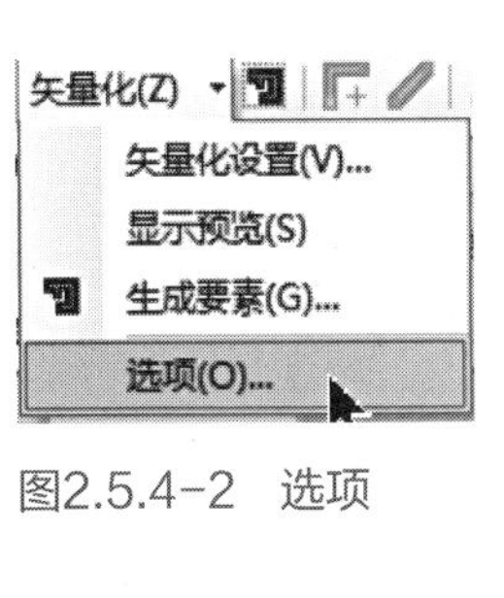

图2.5.4-2　选项

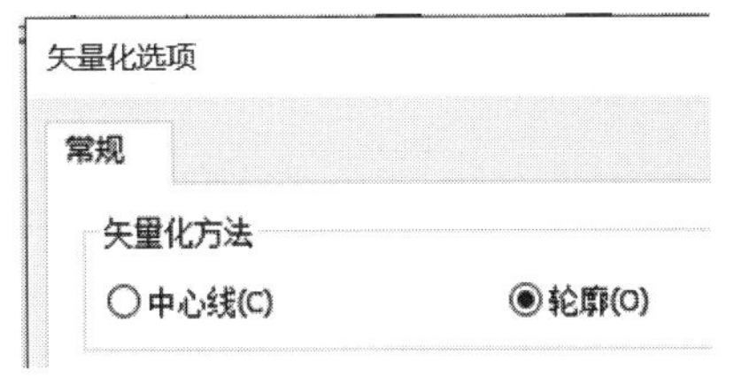

图2.5.4-3　选择轮廓

图2.5.4-4　打开【生成要素】

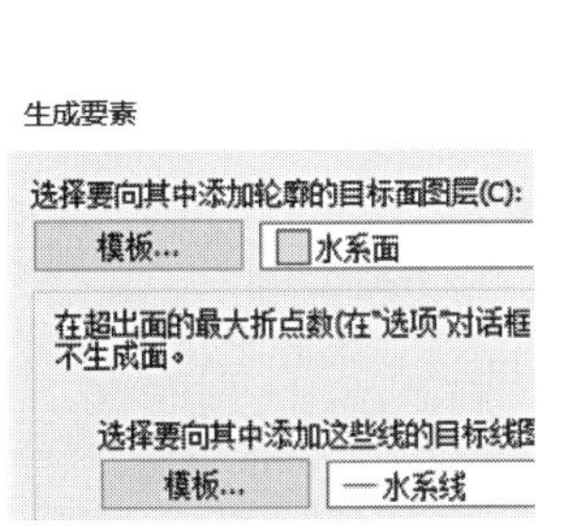

图2.5.4-5　默认生成要素的设置

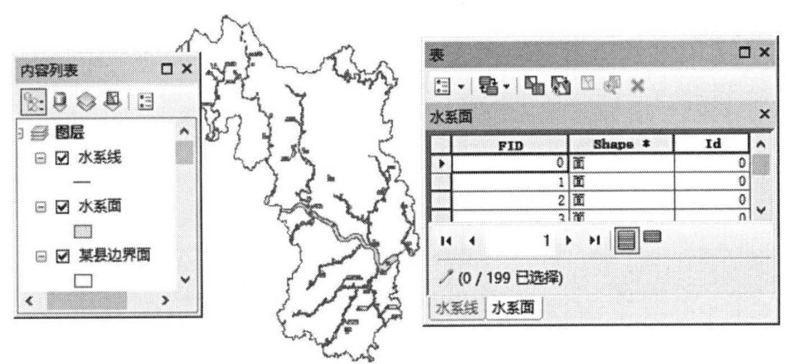

图2.5.4-6　初步的矢量图

五、计算面积

保存编辑，退出编辑器。打开水系面图层的属性表，添加【面积】浮点型字段。右击该字段，点击【计算几何】(图2.5.5-1)，得到各个河流和图斑的面积。

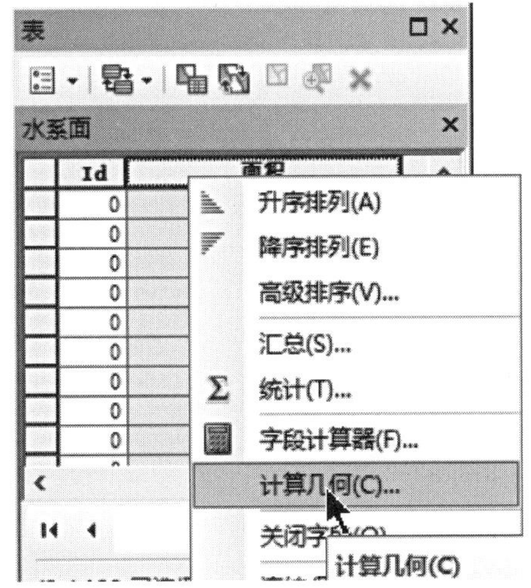

图2.5.5-1　计算几何

六、编辑矢量图层

打开编辑器。打开水系面图层的属性表，按升序排列面积字段，选择面积很小的行（图2.5.6-1），同时观察图面变亮的图斑，可以判断出这些小图斑不是水系，因此点击表格顶部打叉的【删除键】，把它们删除。

逐级地往下删除，同时观察图面的亮点是否为水系。只需一两分钟，图斑就减少到几行了。若图斑很大，则需要把水系面改为透明，并把掩膜提取后的水系图作为底图，二者互相对照，判断大图斑是否为水系。

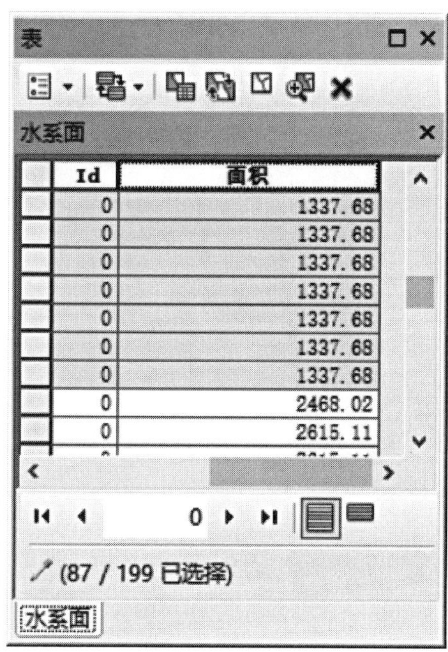

图2.5.6-1　删除小图斑

例如图2.5.6-2的图斑根据底图判断是水库，需要保留，但其引出的线及水库名称需要删除。

选中该图斑，点击【裁剪面】工具（图2.5.6-3），在引线和水库交接的地方点击，画分割线，分割线的起点和终点要在图斑外面（图2.5.6-4）。

画好分割线后，原来的1个图斑变为2个图斑（图2.5.6-5），选择需要删除的图斑，将其删除（图2.5.6-6）。

有些图斑里面有孔洞（图2.5.6-7），需要填充。

点击工具栏中的【测量】按钮（图2.5.6-8），量算需要填充的孔洞最大的缝隙宽度。例如最大宽度是230米。

点击【编辑器】-【缓冲区】（图2.5.6-9），在里面输入最大宽度一半的值，可以稍微大一些，例如输入120（图2.5.6-10），孔洞被填充了，属性表多了一行（图2.5.6-11）。

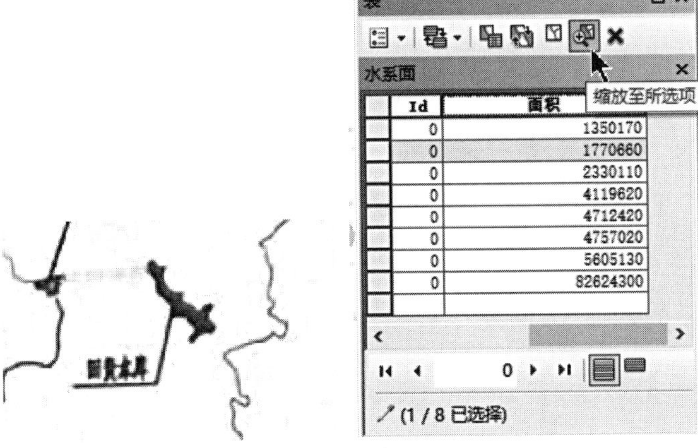

图2.5.6-2　图斑是水库，需删除引线和文字

图2.5.6-3　点击【裁剪面】

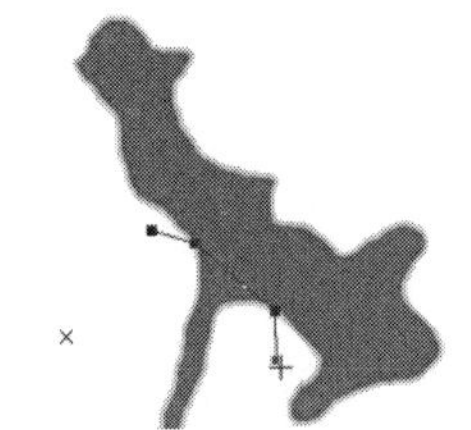

图2.5.6-4　点击需要分割的地方

图2.5.6-5　1个图斑变为2个图斑

图2.5.6-6　删除不需要的图斑

图2.5.6-7　需要填充孔洞

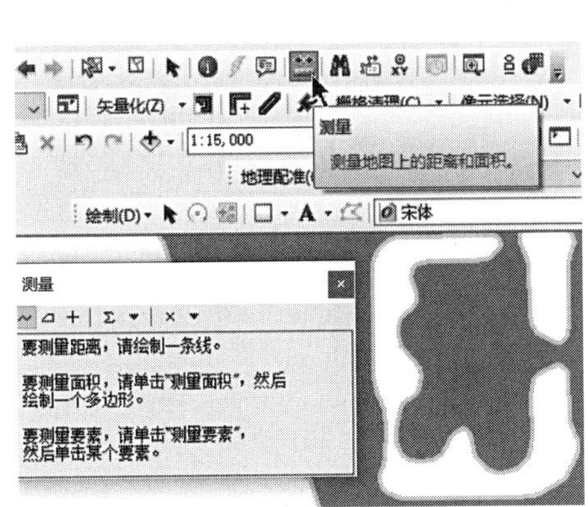

图2.5.6-8　量算孔洞最大距离

图2.5.6-9　点击缓冲区

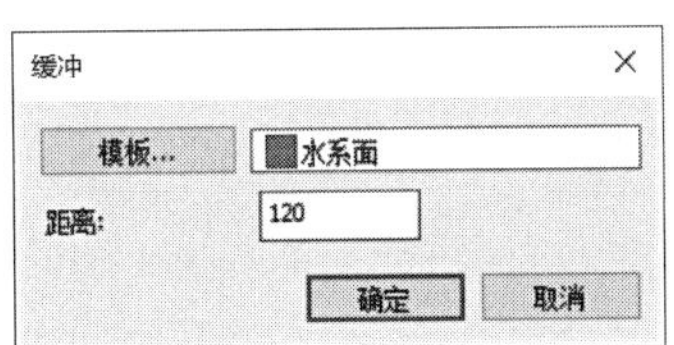

图2.5.6-10　在缓冲距离里输入数值

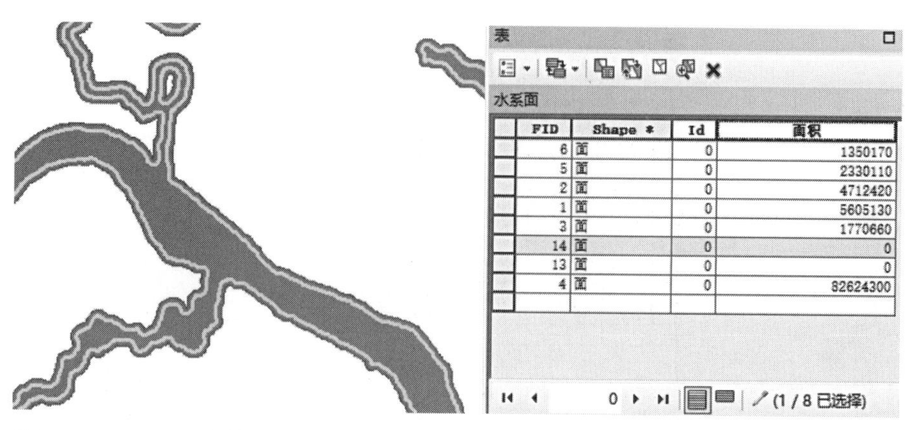

FID	Shape *	Id	面积
6	面	0	1350170
5	面	0	2330110
2	面	0	4712420
1	面	0	5605130
3	面	0	1770660
14	面	0	0
13	面	0	0
4	面	0	82624300

图2.5.6-11　孔洞被填充

再把缓冲区的距离设为-120，即缩回到原来的大小，孔洞依然还是被填充。然后在属性表里保留填充孔洞的行，把原来有孔洞的行和向外缓冲120得到的行都删除。

至此得到了最终的矢量化图层（图2.5.6-12）。

值得注意的是，尽管配准了坐标系，但这不意味着位置都是准确的。如图2.5.6-13所示，矢量图河流的位置与真实的卫星影像图的位置相差很大。这是因为纸质图在印刷、使用、拍照等诸多过程中都不断在变形。因此，使用这样的图要慎重，如果一定要使用，必须进一步做编辑，通过鼠标将其挪至正确的位置。

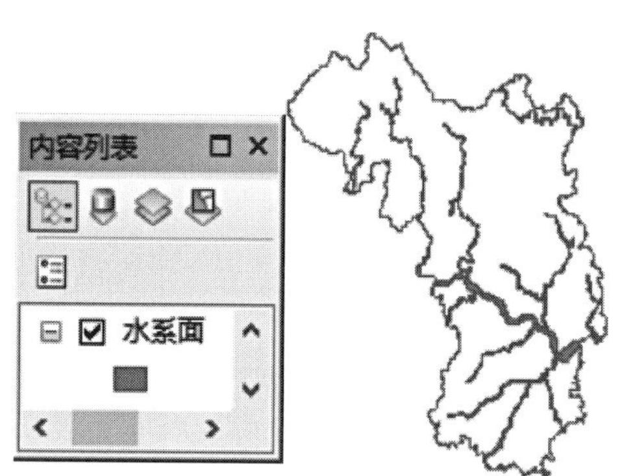

图2.5.6-12　最终的矢量化图

图2.5.6-13　纸质图矢量后的位置与真实位置的差异很大

03

第三章

县域自然地理基础分析

自然地理基础是人类生存与发展的前提，人类的可持续发展必须建立在认识和尊重自然地理的基础之上。在国土空间规划中，自然地理基础主要指地形、水文、植被、气候、地质、土壤、自然灾害等要素的地理分布及其组合形态。

第一节
地形分析

一、地形分析的方法、流程和数据

地形分析包含高程（海拔高度）、坡度、坡向等分析内容，它们对人类活动有深刻的影响。

地形的分析方法一般是可视化的分级、分类和分区，有多种具体的划分方法，视规划目的而定。在进行初步而无特别目的的地形分析时，可按自然间断点分级法（Jenks Natural Breaks，Jenks）来划分高程和坡度。这种方法把接近的值归为一类，让不同类之间的值相差最大，由此合理地表达数值的分类。分级时可适当调整中断值，使其更加简明易懂。对于坡向则使用间隔均等的方法进行划分。必要时可以用【重分类】工具对划分结果进行重新分类，以便进行统计、计算、与其他图层叠加等。

地形分析的流程一般是：高程-坡度-坡向-其他，对应的地理表达和处理工具是符号系统、坡度、坡向等。

地形分析需要的数据主要有：（1）某县DEM（数字高程模型，栅格数据格式），行政区划边界（一般是shapefile矢量数据格式，面要素类）；（2）底图，一般是更大范围的DEM。所有数据都需连接好文件夹，所用的数据显示在ArcMap的【目录】窗口里（图3.1.1-1）。

图3.1.1-1　目录窗口

二、底图设置

在国土空间规划、城乡规划等行业中，绘制图件一般都是在某张已有的地图上进行，该图被称为底图。事物都是相互联系的，只有在相互联系中才能正确地认识事物，底图就是发挥着相互联系的作用，让绘制的内容表达得更加科学合理，更利于理解。底图有两种，一种是底图与绘制的内容（正图）范围一样，另一种是底图的地理范围比绘制内容的范围大，这里指的是后者。

打开ArcMap，新建一个地图文档，可命名为“某县域地形分析”。在【内容列表】中右击【图层】，点击【新建底图图层】，即出现【新建底图图层】(图3.1.2-1)。

把【目录】窗口里的底图（这里是【大DEM】）拉到【新建底图图层】下面，【内容列表】即出现该图层名称，【数据框】(也叫【数据视图】、【地图窗口】）即出现该图（图3.1.2-2)。

底图确定后就不会变化。如需修改底图，可将其拖至【新建底图图层】以上，变为一般的可编辑图层，便可修改，改后再拖回【新建底图图层】下面。底图可以有多张，视情况打开和关闭。

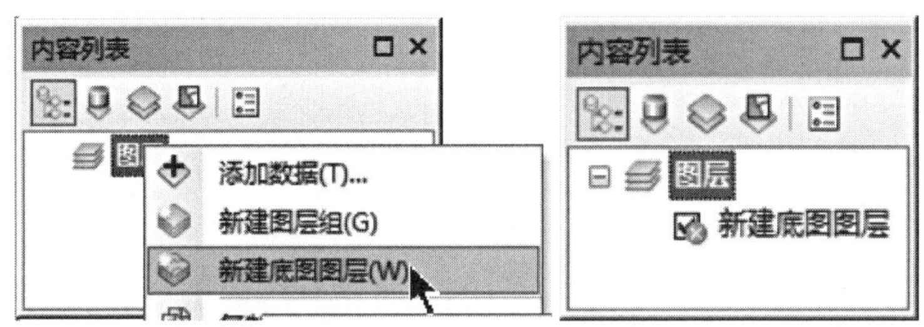

图3.1.2-1　新建底图图层

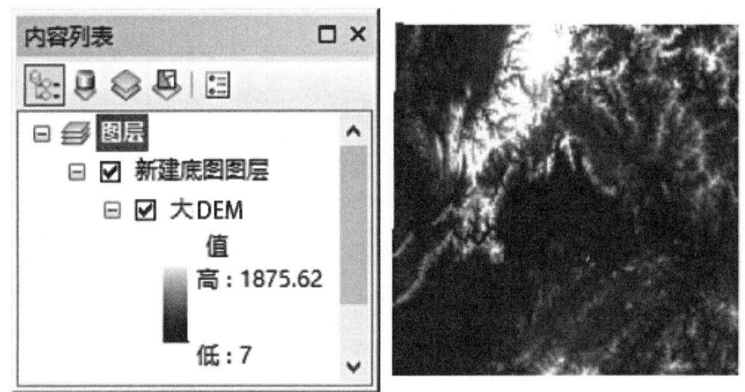

图3.1.2-2　大范围的底图

地形分析中一般把山体阴影作为底图，现在将【大DEM】拉到【新建底图图层】以上，变为常规可编辑的图层。搜索找到【山体阴影】地理处理工具，双击打开它，进行简单设置（图3.1.2-3)，将底图绘制为山体阴影。

命名文件夹和文件名时要符合规范，尽量简单明了，尽量只用中英文字母、汉字和英文下划线，字符尽可能少，不要以数字开头，不要有空格，不要有标点符号、加减乘除之类的字符，文件夹路径不要太长，等等，否则有可能出错。

点击【确定】，得到山体阴影图（图3.1.2-4)。输出值在0～255之间，0表示最暗，255表示最亮。将该图层拉回【新建底图图层】下面，恢复为底图。

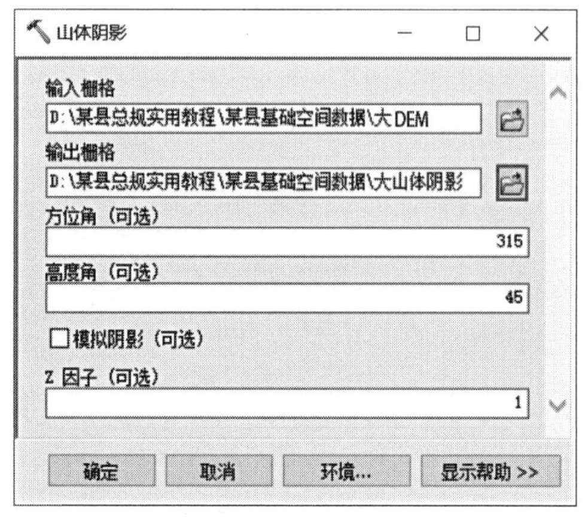

图3.1.2-3　山体阴影工具设置

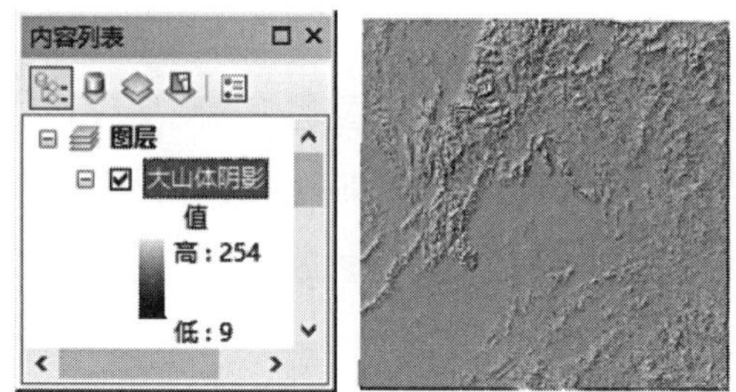

图3.1.2-4　山体阴影

三、高程分级

将【目录】窗口中的【某县边界线】和【某县DEM】图层拉入【数据框】或【内容列表】，在【内容列表】中右击【某县DEM】图层，点击【属性】-【符号系统】-【已分类】，默认的分类是【自然间断点分级法】。点击【色带】，选择从淡蓝到灰白、中间为绿黄褐色的色带，低海拔为蓝色、高海拔为灰白、中间为绿黄褐色，这是自然地理学的海拔晕渲表达惯例。点击【标注】-【格式标注】，将【小数位】改为0，取整数即可（图3.1.3-1）。

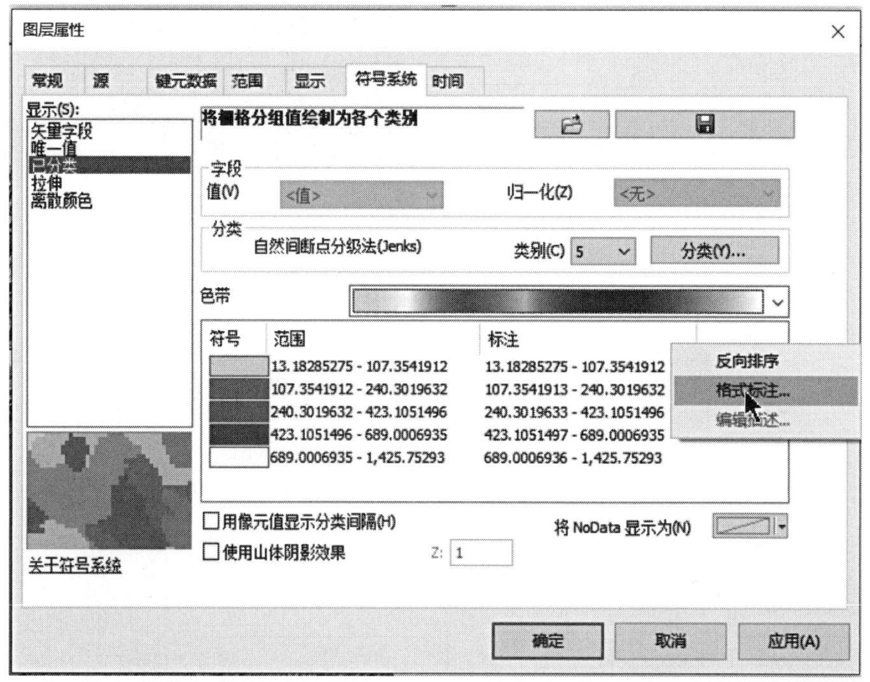

图3.1.3-1　符号系统的默认设置

中断值比较乱，可对其进行微调，比如把个位数或十位数都调为0。点击【符号系统】中的【分类】，点击【中断值】下的107，手动将其改为110，将423改为420，689改为690（图3.1.3-2）。

连续点击【确定】，得到高程初步分级图（图3.1.3-3）。如果需要，可以把底图改为分级和色彩与【某县DEM】一致的高程图。

高程的初步分析主要是了解高程的各个分级分布在什么方位、占比大约多少（需要【重分类】工具）。例如图3.1.3-3中，110米以下的平地或平原占很大部分，分布在中部和南部，而北部是中低山和丘陵为主。

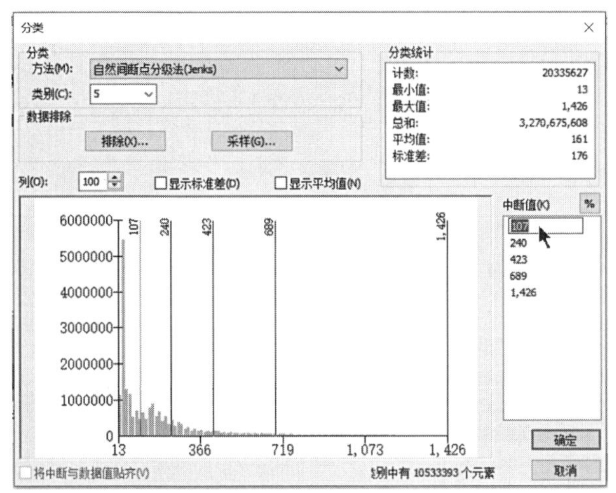

图3.1.3-2　修改中断值

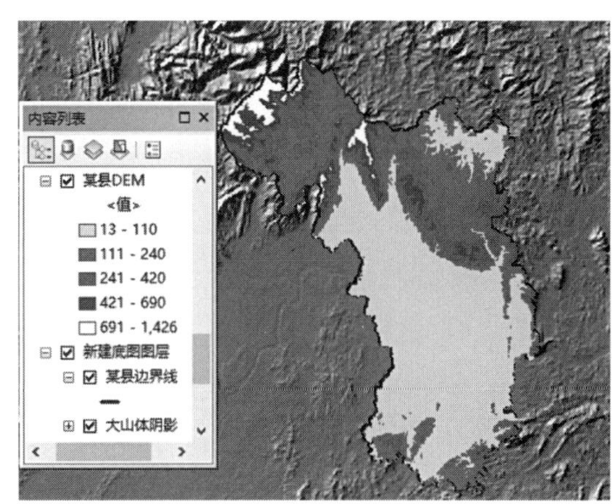

图3.1.3-3　高程初步分级

四、坡度分级

打开【坡度】工具进行输入和输出的设置（图3.1.4-1）。点击【确定】，得到坡度图，再以高程图的方法分级和调整中断值，色彩采用绿色过渡到红色的色带，绿色表示坡度小，红色表示坡度大。点击【确定】，得到初步的坡度图（图3.1.4-2）。

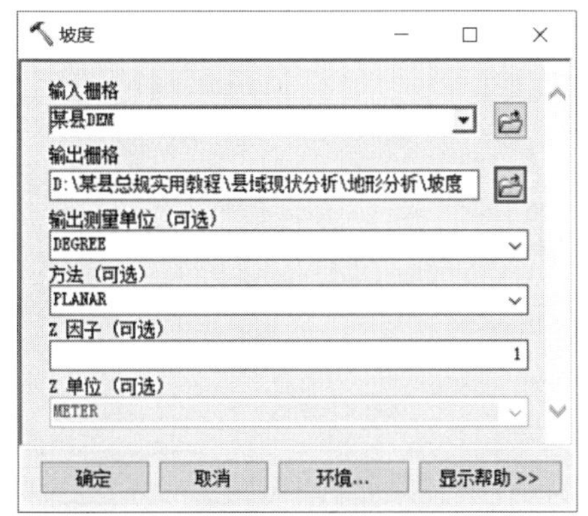

图3.1.4-1　坡度工具设置

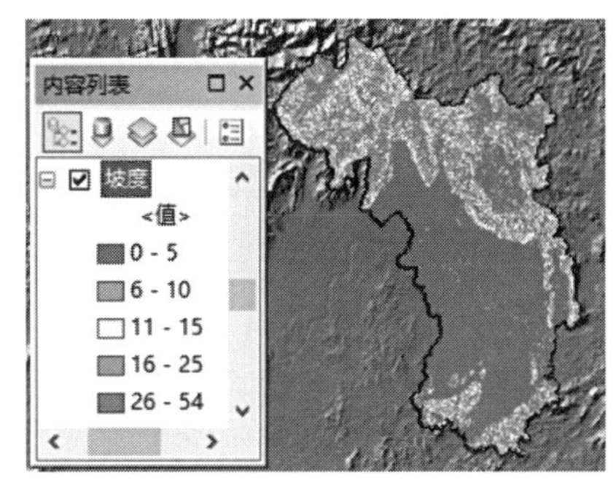

图3.1.4-2　坡度初步分级

坡度的初步分析主要是了解平坡、缓坡和陡坡的分布以及占比。从图3.1.4-2可知，某县绝大部分区域是平缓的，坡度在5°以下，只有极少部分是陡坡。

五、坡向划分

打开【坡向】工具进行设置（图3.1.5-1）。点击【确定】，得到坡向图。默认的坡向按照顺时针方向进行划分，角度范围介于 0（正北）到 360（仍是正北）之间，即完整的圆，不具有坡向的平坦区域赋值为-1（图3.1.5-2）。

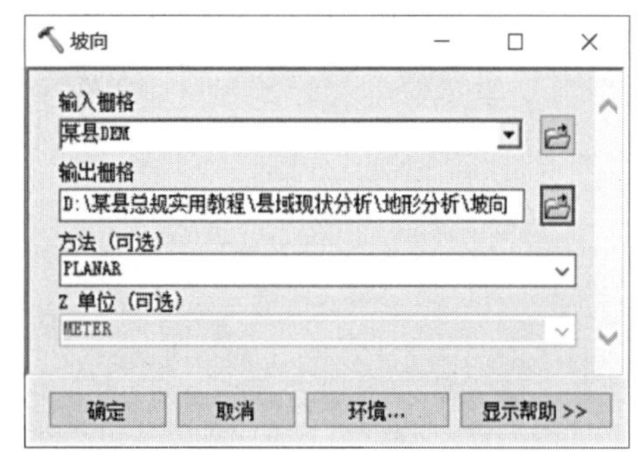

图3.1.5-1　坡向工具设置

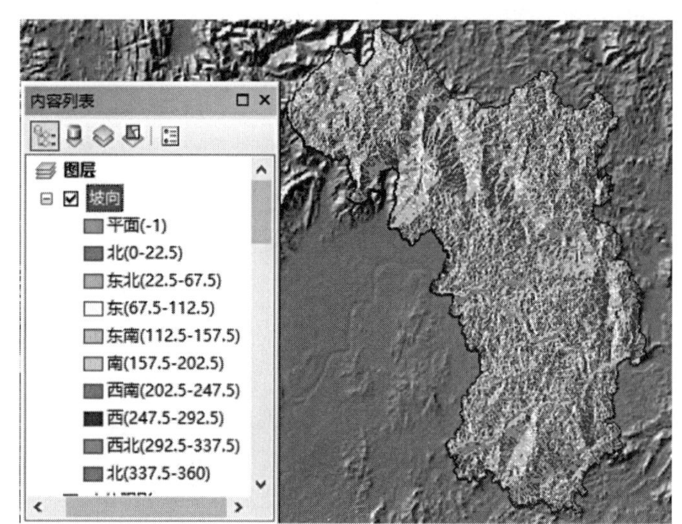

图3.1.5-2　坡向初步划分

坡向的初步分析主要是了解坡的朝向和占比。从图3.1.5-2看，某县的坡向没有明显的朝向，各个方向都有，且比较均衡。

上述地形分析只是初步的，地形分析还有很多内容，例如起伏度、曲率、表面积，等等。针对不同的研究目的，可以依据相关的技术标准或规范进行具体的地形分析。例如按照《自然资源分等定级通则》（TD/T 1060-2021），某县属于亚热带湿润区，就园地的分等定级而言，海拔、坡度和坡向的划分须依从表3.1.5-1。再按《生态保护红线划定指南》（环办生态〔2017〕48号）要求计算地形因子。

亚热带湿润区，南亚季风湿润、半湿润区园地分等指标等级划分标准　　表 3.1.5-1

坡度（°）	5～10	10～15	15～20	<5或20～25	25～30
坡向	阳坡	半阳坡	—	半阴坡	阴坡
海拔（m）	200～300	100～200	300～400	400～500	500～600

注：本表引自《自然资源分等定级通则》（TD/T 1060-2021）

第二节
水文分析

水资源的数量及其地理分布影响着人类的生活和发展，国土空间总体规划需要对这两个方面有基本的了解，也就是要进行水文形态分析（下称水文分析）和水资源分析。水文分析一般是采用数学模型进行模拟和计算，例如基于DEM的ArcGIS水文分析工具集、基于多波段遥感影像的归一化差异水体指数（NDWI）。

以下的示图均为黑白，为了醒目把底图关闭了。

一、ArcGIS中的水文分析

（一）方法、流程与数据

ArcGIS水文分析采用模型计算方法，分析流程为初步流向-汇-是否再计算流向-流量-河网-流域等，对应的地理处理工具为流向、汇、填洼（填洼前要先估算z值）、流向、栅格计算器、河网矢量化、集水区和盆域分析等。

ArcGIS水文分析需要的数据主要有：（1）某县DEM，行政区划边界；（2）某县卫星影像图；（3）底图，一般是更大范围的DEM。

（二）初步流向

新建一个地图文档，可命名为某县域水文分析。打开【流向】工具进行设置（图3.2.1-1），点击【确定】，得到图3.2.1-2。

以 D8 流向类型运行的流向输出是介于 1～255 之间的整型栅格，表示不同的流动方向，正常的值应是1～128的8个有效值，见图3.2.1-2，但图中出现了255的值，说明有流向异常的像元，需要通过【汇】工具把它们查找出来。

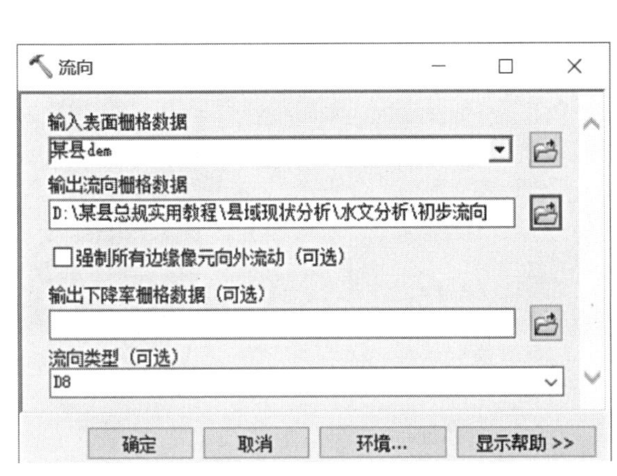

图3.2.1-1　流向工具设置

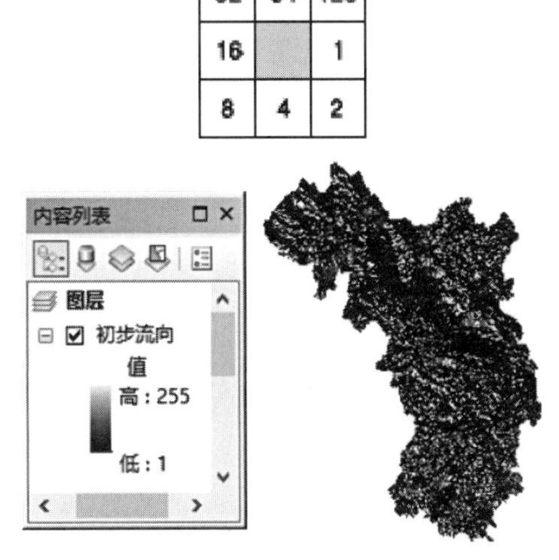

图3.2.1-2　初步流向

（三）汇

ArcGIS将汇定义为流向无法被赋予8个有效值之一的一个或一组空间连接像元，被赋予等于其可能方向总和的值。要精确表示流向及其产生的累积流量，最好使用不含汇的DEM。

对【汇】工具进行简单设置（图3.2.1-3），点击【确定】得到图3.2.1-4。图例的数值是汇点的数量，也就是有4753个汇点。

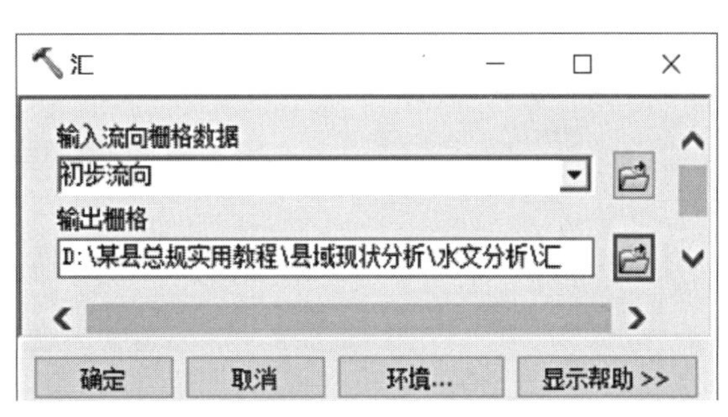

图3.2.1-3　汇工具设置

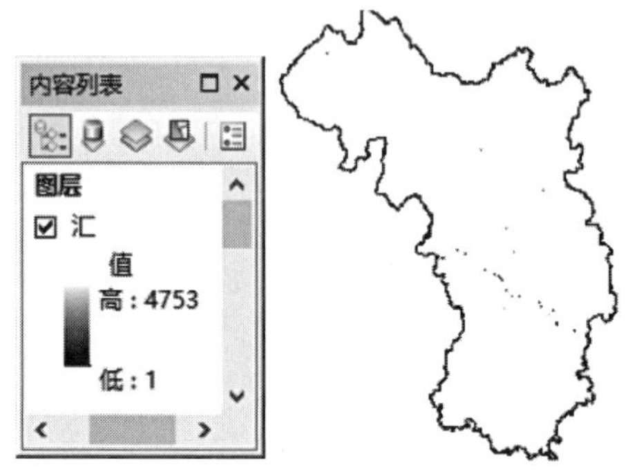

图3.2.1-4　汇点

（四）填洼

在专业性强或要求高的水文分析中，为了填洼（即消除汇），需要通过以下过程寻找要填充的深度z值：（1）使用【集水区】工具（ArcGIS低版本叫【分水岭】）为每个汇创建汇流区域栅格；（2）将【分区统计】工具与最小值统计数据结合使用，以在每个汇的分水岭中创建最小高程的栅格；（3）使用【区域填充】工具在每个汇的分水岭中创建最大高程的栅格；（4）使用【减】工具将最大值减去最小值，得到深度z值；（5）使用【填洼】工具消除汇。这里是总体规划，不必太精细，故忽略此过程，忽略z值，直接使用【填洼】工具消除汇。

对【填洼】工具进行简单设置（图3.2.1-5），运算后得到填洼后的DEM（图3.2.1-6）。

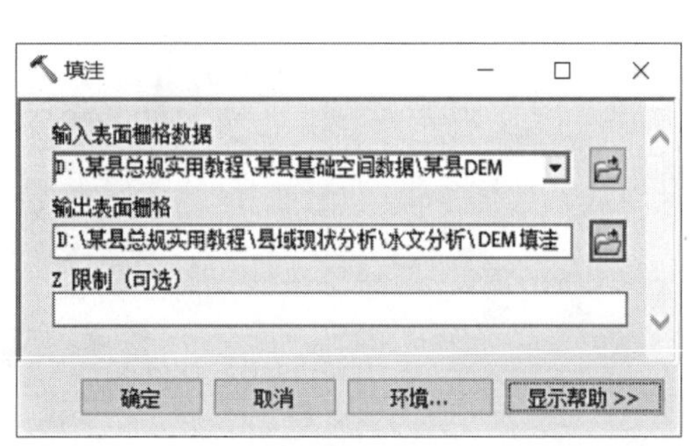

图3.2.1-5　填洼工具设置

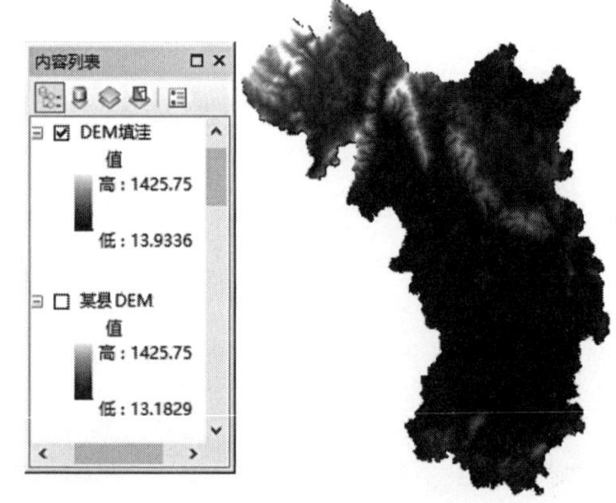

图3.2.1-6　填洼

（五）再计算流向

用填洼后的DEM再计算一次流向，得到填洼后的流向（图3.2.1-7），与初步流向图对比，可知二者在图形和图例上都有明显的差异。

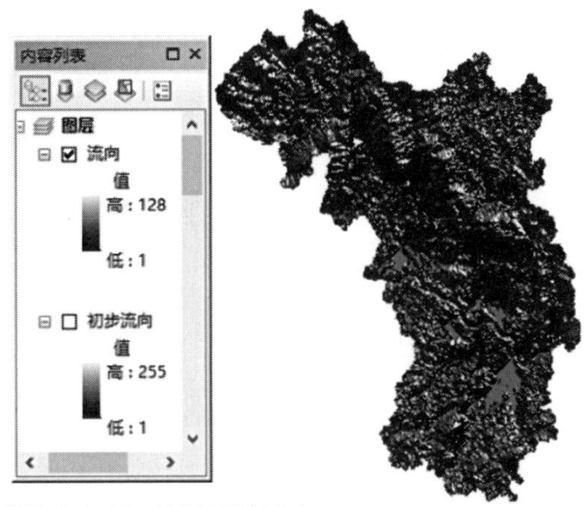

图3.2.1-7　填洼后的流向

（六）流量

对【流量】工具进行设置（图3.2.1-8），点击【确定】，得到流量图（图3.2.1-9），该图需放大后才能看见水流线。

图3.2.1-9中，0表示某像元没有其他像元的水流入，5081432表示有这么多像元的水流入某像元。高流量的像元是集中流入的区域，可用于标识河道。流量为0的像元是局部地形高点，可用于识别山脊。

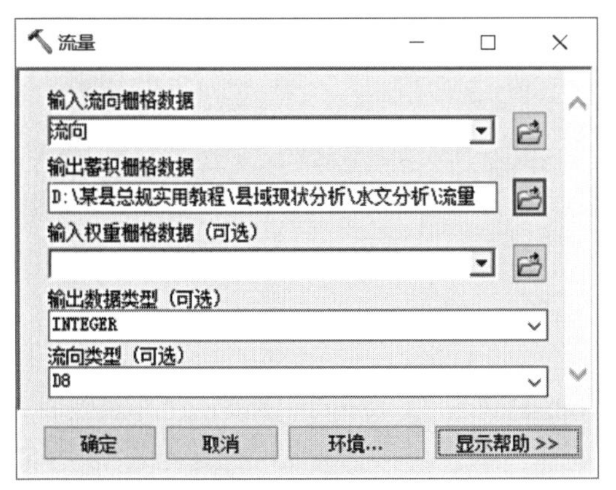

图3.2.1-8　流量工具设置

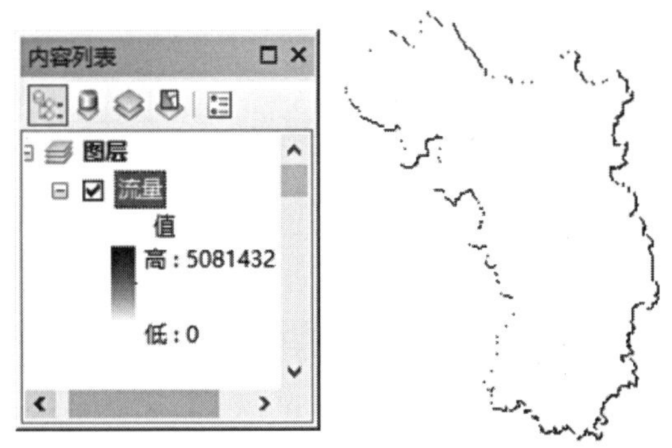

图3.2.1-9　流量

（七）识别河流网络

经过上述多个步骤后，现在可以通过【栅格计算器】或【条件函数】工具来识别河流网络了，即提取河网。打开【栅格计算器】，在表达式框里输入Con（“流量”＞30000,1）（图3.2.1-10）。注意，要在英文输入法状态下输入字符，图层名称可以通过双击【地图代数表达式】下的图层名称来输入，不必用键盘打字。这个表达式是条件语句，其含义是：如果有30000以上个像元的水流入某个像元，该像元就被视为河流，以1来标识。点击【确定】，得到河网图（图3.2.1-11）。根据研究目的来选取不同的阈值进行多次计算，将结果与实际水系相对比，从中确定较为合理的阈值，得到满足研究目的的河网（不一定能完全吻合实际）。

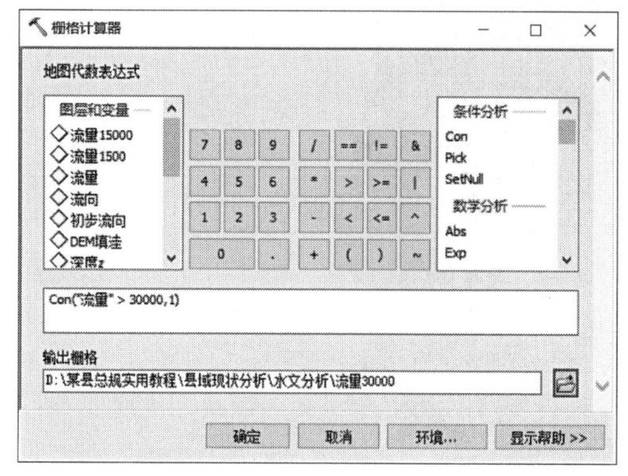

图3.2.1-10　河网提取的设置

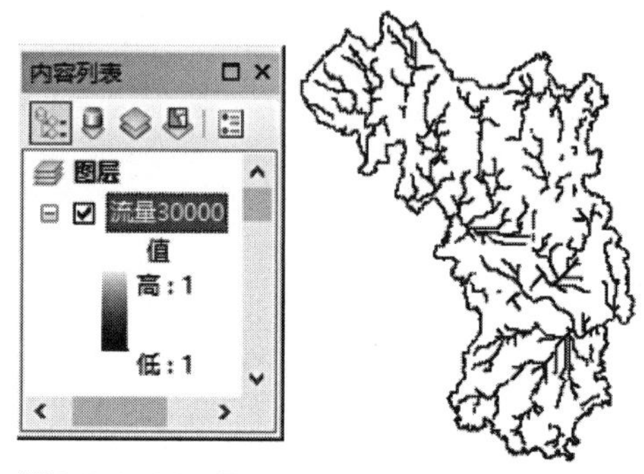

图3.2.1-11　河网

（八）河网矢量化

图3.2.1-11得到的河网是一个整体，即一条“河”，不分河段，难以认知和处理，故一般都使用【栅格河网矢量化】工具将它转为矢量数据（图3.2.1-12、图3.2.1-13），以便计算和显示。

得到河网矢量化图层后，在【内容列表】中右击它，打开【属性表】，点击表左上角的【表选项】-【添加字段】（图3.2.1-14），输入“河段”，在【类型】中选择【浮点型】（图3.2.1-15），其他默认，点击【确定】后得到新字段【河段】。

右击【河段】字段-点击【计算几何】（图3.2.1-16），计算长度（图3.2.1-17），再次右击【河段】字段，点击【统计】，得到河段长度总和（图3.2.1-18）。

有了河网总长度后就可以按照相关的技术规范计算河网密度，参与计算水网密度、河湖水面率等指标了。

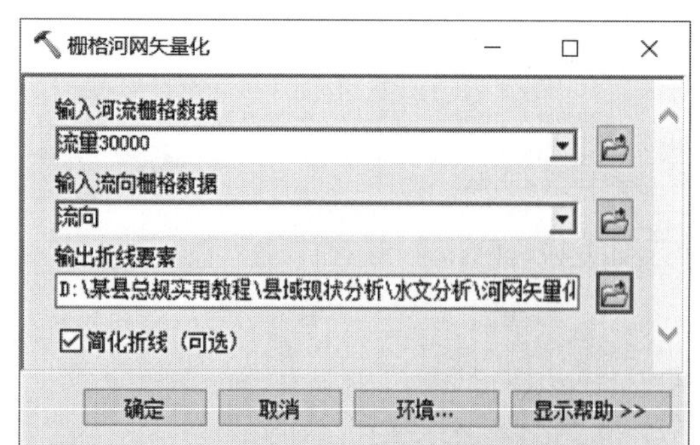

图3.2.1-12　栅格河网矢量化工具设置

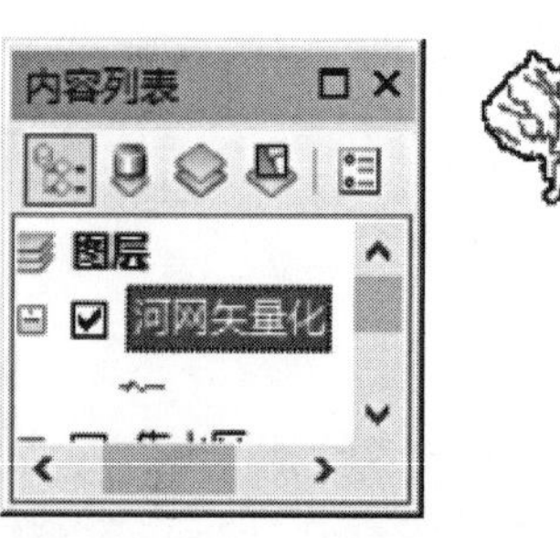

图3.2.1-13　矢量化的河网

图3.2.1–14　添加字段

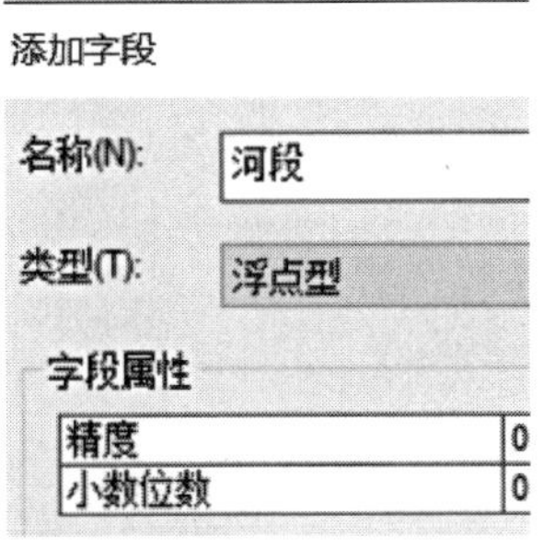

图3.2.1–15　选择字段类型

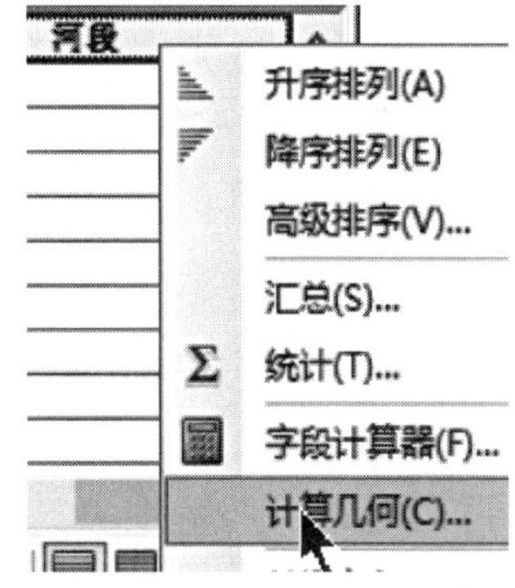

图3.2.1–16　点击计算几何

图3.2.1–17　计算长度

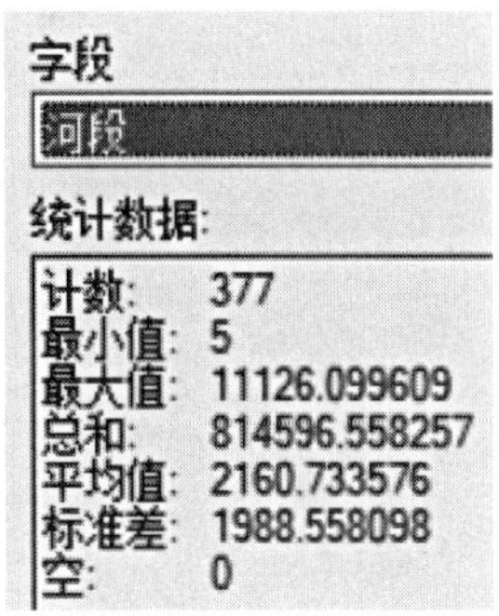

图3.2.1–18　统计长度总和

（九）集水区

集水区也就是地表分水线围合的范围，即一个流域，范围可大可小。在国土空间总体规划中，一般需要了解河流的流域范围，这时需要【集水区】工具。打开【集水区】工具进行设置（图3.2.1–19），点击【确定】，得到集水区图层（图3.2.1–20）。

得到集水区栅格数据后，可以直接计算各个集水区（流域）的面积，也可以将其转为矢量数据后再计算。

在【内容列表】里右击【集水区】图层，点击【属性】–【源】，查看【像元大小（X,Y）】，例如它是“10，10”，表示图层的分辨率是10米*10米，这也就是每个像元代表实际地物的大小。再次右击【集水区】图层，打开【属性表】，添加“面积”字段，选择【浮点型】类型，得到【面积】字段后，右击它，点击打开【字段计算器】，双击【字段】中的“COUNT”，它的值是像元的数量，在代码框中输入*10*10，即完整的表达式是“[COUNT]*10*10”，10*10也就是像元的大小。点击【确定】，得到每个集水区的面积，单位是平方米。如果希望单位是公顷，则表达式是“[COUNT]*10*10/10000”。然后右击【面积】字段，点击【统计】即知集水区，也就是流域的总面积。

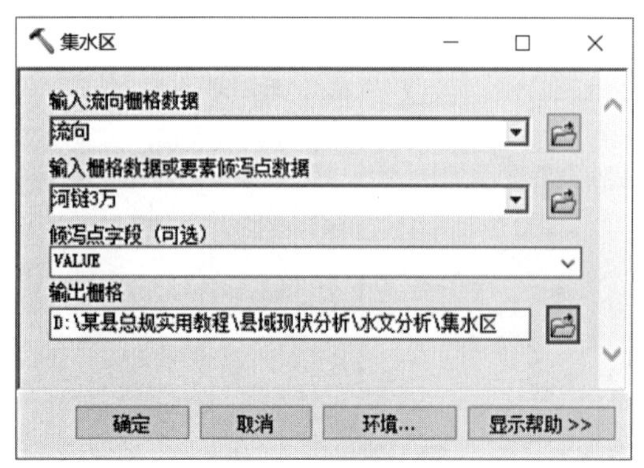

图3.2.1-19　集水区工具设置

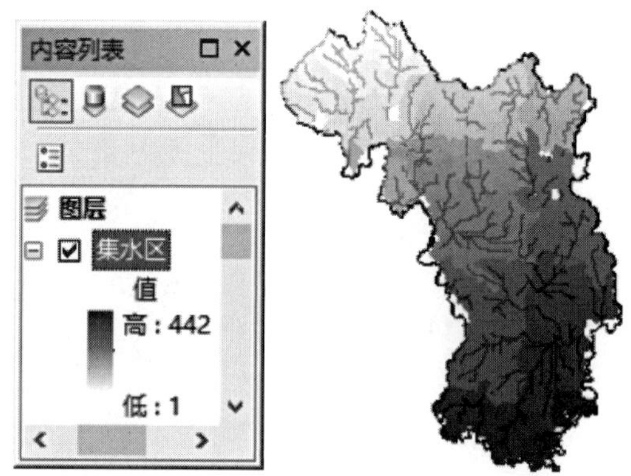

图3.2.1-20　集水区图层

（十）小结

就国土空间规划而言，它主要是想通过上述流程得到河网和流域，由此计算河网密度和流域面积，以及估算洪水淹没范围和面积、参与划定生态红线，等等。但是，按上述流程操作后，所得结果很可能与实际（卫星影像图）偏差非常大，尤其有平坦地区时。例如某县实际的主要河流分布如图3.2.1-21所示，它与图3.2.1-11相差甚远。偏差主要体现在河流弯曲形态、流经的地理位置、河流交汇点等与实际不吻合，平坦地区出现大量实际不存在的平行河道，等等，需要校核修改。偏差大的原因主要是DEM与实际地形之间的固有偏差、DEM分辨率低、流向算法不完美、流量阈值难以准确地确定。

图3.2.1-21　某县主要河流的真实分布

对于这样的缺陷及其解决办法，知网上已有很多论文进行探讨，包括使用更好的水文分析软件或插件、归一化水体指数（见下文）、数学形态、降低河流高程值等，但都无法完好地解决模拟带来的准确性不足的问题。因此，要想和实际完全吻合，还是只能手绘，即建立线（面）要素图层，打开编辑器，在高清卫星影像图底图上手工描绘。这种方法虽然很大程度上是手工操作，但切合实际，适用于实际项目。对于湖泊、水库和平坦地区的大河，可用【等值线】工具生成等高线后直接提取（湖泊和水库提取后可能需要进一步编辑），等值线间距可以设为5（米）甚至更大的数值。最后再以【平滑线】工具把编辑后的河流折线加以平滑，视情况而进行合并。

二、基于遥感影像数据的水体提取方法

常见的其他水体提取方法有监督分类、归一化差异水体指数（NDWI）等，需要多波段遥感影像数据。在NDWI基础上，很多文献提出了改进的方法。这里采用张强等人提出的调节坡度的水体指数SAWI（Slope Adjusted Water Index）方法来提取水体。

SAWI=（Green−slope*×MIR）/（Green+slope*×MIR）

其中slope*=（slope−min）/（max−min）+1

式中，Green为绿光波段，MIR为短波红外波段，slope*为坡度拉伸因子，slope为DEM生成的坡度，max和min分别为最大和最小坡度值。

本示例的数据为Landsat8的波段3（b3，代表绿光波段）和波段6（b6，短波红外波段）。

打开【栅格计算器】，在表达式框里通过双击“坡度”图层和单击相应的字符来输入“(“坡度”−0)/(53.5104 + 0)+ 1”，坡度图层和两个极值来自本章第一节的地形分析，结果保存为“坡度拉伸”。再打开【栅格计算器】，在表达式框里以同样方式输入“(“b3” − “坡度拉伸” * “b6”)/(“b3” + “坡度拉伸” * “b6”)”，结果保存为“SAWI36”（图3.2.2−1），得到水体图（图3.1.2−2）。

在图3.2.2−2中，最高值（白色）是水体（看中间那条大河），那往下取什么值仍为水体呢？这得做多次的阈值试验才行。例如取0值为水体的下限阈值（图3.2.2−3），得到对应的水体图（图3.2.2−4），如果不满意，例如细小的河流不连贯，则再往下调整阈值。所得的结果比上述的水文分析工具好多了。对所得图层，可将其转为要素类图层，以卫图（代表实际情况）为底图进一步编辑修改（工作量可能很大），使其更符合实际。

确定水体图层后，就可以在属性表里计算河湖塘等水面面积了。

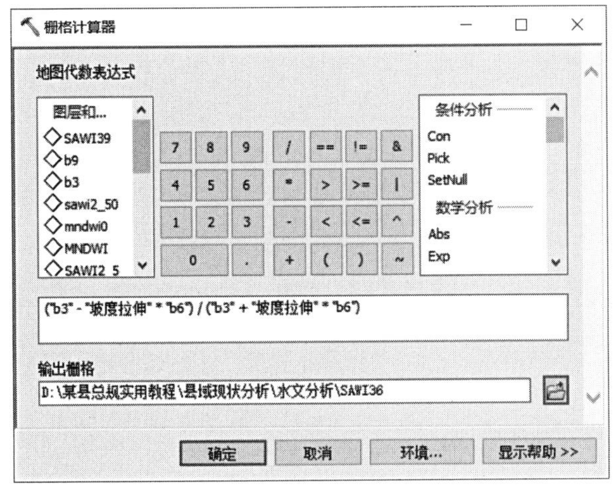

图3.2.2−1　水体提取的设置

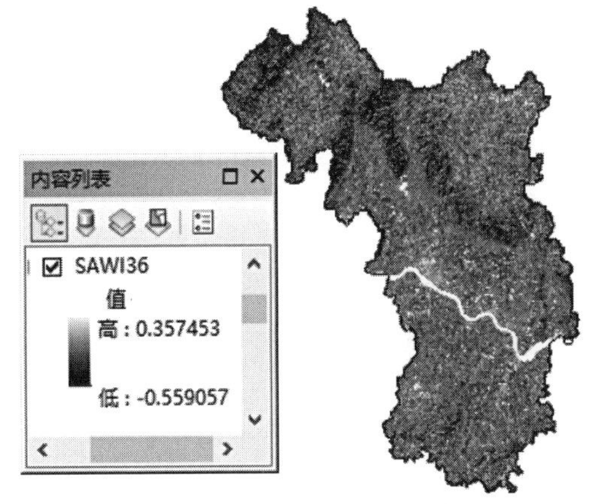

图3.2.2−2　提取的水体

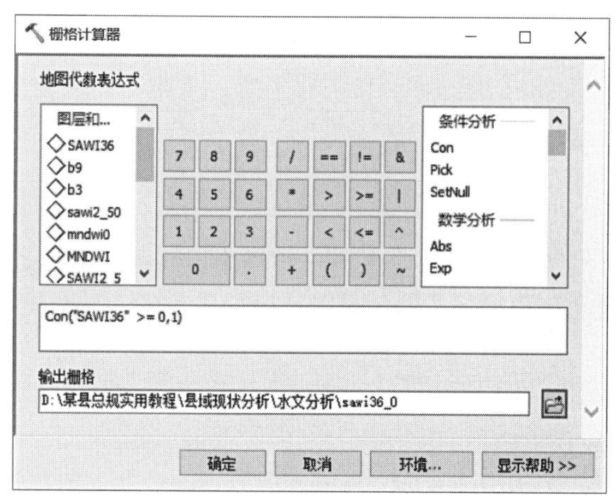

图3.2.2-3　基于不同的阈值提取水体

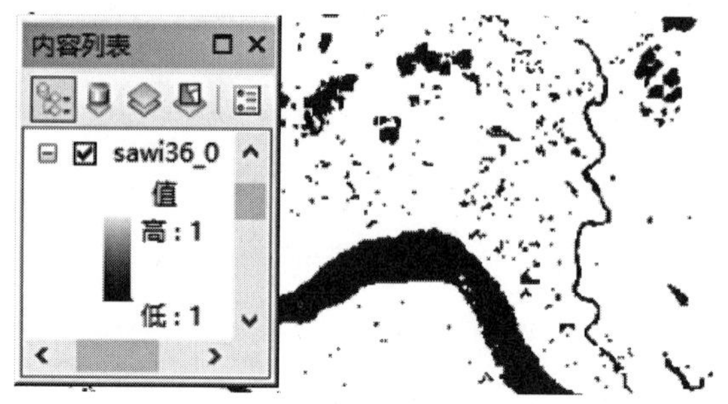

图3.2.2-4　提取的水体（局部）

三、水资源量分析

对于水资源量，一般是基于实测数据、采用简单的图表方法（例如EXCEL图表）进行分析和表达，分析的指标有集雨面积、年径流量、供水量和用水量、地下水蕴藏量、水力资源等。按照《国土空间规划城市体验评估规程》（TD/T 1063-2021），需要计算人均用水量（m^3）（人口指常住人口）、地下水水位（m）、重要江河湖泊水功能区水质达标率、用水总量（亿m^3）、水资源开发利用率（%）（=用水总量/多年平均水资源总量×100%）、湿地面积（km^2）、河湖水面率（%）（河湖水面面积/行政区域总面积×100%）、地下水供水量占总供水量比例（%）、再生水利用率（%）。

第三节 植被分析

植被是人类的生活和生产资源，对生态系统和人类有重大的影响，甚至对气候、土壤都有影响，也需要加以认识。

植被覆盖度是单位面积植被的垂直投影面积占区域地表面积的百分比，是反映区域生态环境和水土保持状况的重要指标，《资源环境承载能力和国土开发适宜性评价指南（试行）》（自然资源部，2020年1月）、《国土空间生态保护修复工程实施方案编制规程》（TD/T 1068-2022）等技术规范都要求计算该指标，因此本节着重予以介绍。

一、植被覆盖度的计算方法、流程和数据

目前计算植被覆盖度指数的通用方法是计算NDVI，再将其分级，不同的分级对应不同的植被覆盖类型。

更准确的方法是基于NDVI再做计算，求得植被覆盖度指数。所需数据为红光波段和近红外波段的遥感数据，或者直接使用NDVI影像数据。

NDVI（Normalized Difference Vegetation Index，归一化差值植被指数或归一化植被指数）用于生成植被量的影像。该指数对两个波段的特征进行对比，即红光波段中叶绿素的色素吸收率和近红外波段中植物体的高反射率。NDVI的计算公式为：NDVI =（*NIR* － *R*）/（*NIR* + *R*），*NIR* 是近红外波段的像素值，*R*是红光波段的像素值。NDVI的值介于−1.0 与1.0之间，用于表示植被的密度与活力。负值主要根据云、水和雪生成，而接近零的值则主要根据岩石和裸土生成。较低（小于或等于 0.1）的NDVI 值表示岩石、沙石或雪覆盖的植被贫瘠区域；中等值（0.2 至 0.3）表示灌木丛和草地；而较高的值（0.6 至 0.8）表示温带雨林和热带雨林（本段引自ArcGIS10.7帮助文档）。

（一）NDVI的计算

本节示例采用已校正的Landsat8遥感数据，拍摄时间为2021年12月初，分辨率为30米，红光波段*R*为B4（波段4），近红外波段*NIR*为B5（波段5），因此NDVI=（B5−B4）/（B5+B4）。

新建一个地图文档，可命名为“某县域植被覆盖度”。把B4和B5两张景遥感影像图拉进【内容列表】（图3.3.1−1）。

打开【栅格计算器】工具，在表达式框里先手动输入“Float（）”，注意要在英文输入法状态下输入，F要大写。然后通过鼠标的点击在括号里点一下，再双击【地图代数表达式】下的图层名称，图层名称就会显示在刚才点击的地方，再点击运算符按钮上所需的计算符号，最后的完整表达式为“Float（（“B5” − “B4”））/（“B5” + “B4”）”（图3.3.1−2）。由于分子和分母都是整型数据（看【内容列表】里的图例），必须要把其中之一（这里是分子）变为浮点型才行，以使计算结果为浮点型数据。保存要输出的图层。点击【确定】，得到NDVI图（图3.3.1−3）。

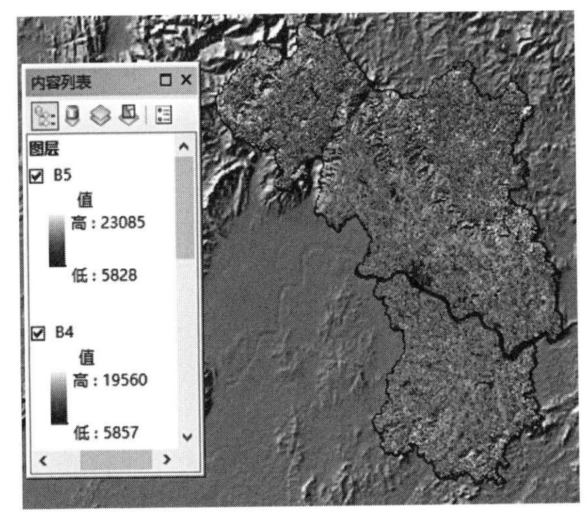

图3.3.1−1　内容列表里的遥感图层

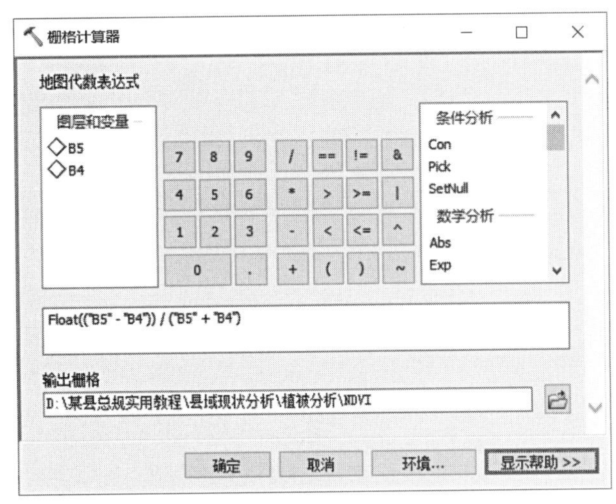

图3.3.1−2　计算NDVI的设置

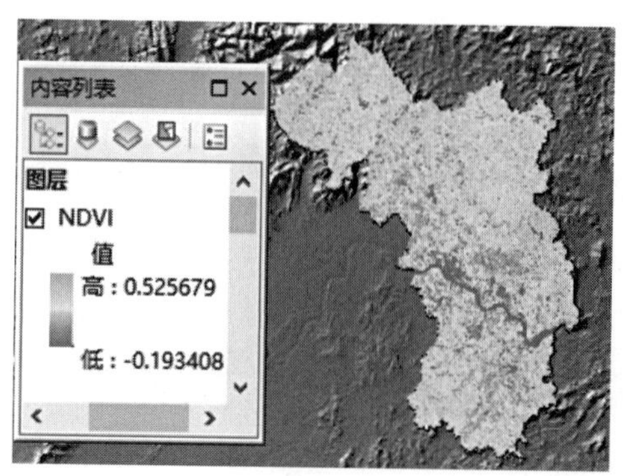

图3.3.1-3　NDVI指数

从图可知，该县的NDVI值不是太高，林地比较少，且高程低的地方NDVI值也低，高程值高的地方则NDVI值也高。需要说明的是，这只是12月份一个时相的NDVI，要准确认识一个地区的NDVI，应该根据植被的生长特征，计算几个不同季节时相的NDVI，把它们加以平均，这样才符合实际情况。

（二）植被覆盖度

植被覆盖度指数的计算在不同的技术规范中基本相同，都是用NDVI来计算，且表达式基本相同。这里根据《全国生态状况调查评估技术规范——生态问题评估》（HJ 1174-2021）来计算植被覆盖度，其计算式为：

$$F_c = \frac{\mathrm{NDVI} - \mathrm{NDVI}_{soil}}{\mathrm{NDVI}_{veg} - \mathrm{NDVI}_{soil}}$$

式中：F_c 代表植被覆盖度，NDVI_{veg}代表纯植被像元的 NDVI 值，NDVI_{soil}代表完全无植被覆盖像元的NDVI 值。

理论上，NDVI_{veg}和NDVI_{soil}各为NDVI的最大值和最小值，但遥感图像与地物实际情况大概率会有差异，因此一般要采用置信度来估算这两个值。这里采用分位数进行取值，因为ArcGIS有此分类法。暂且把1%的DNVI值认定为最低值NDVI_{soil}，把99%的NDVI认定为最高值NDVI_{veg}。

打开【NDVI】图层的符号系统，点击【已分类】，计算直方图后点击【分类】，设定分类【方法】为【百分位】，【类别】设为100，点击【确定】，软件自动退回符号系统界面，再次点击【分类】，就出现了百分位为100类的分类对话框（图3.3.1-4、图3.3.1-5）。

从图可得，1%的DNVI值是-0.069330205，即为NDVI_{soil}的值；99%的NDVI值是0.477739863，即为NDVI_{veg}的值。

打开【栅格计算器】，在表达式框中输入：Con（“NDVI” < - 0.069330205,0,Con（（“NDVI” >=- 0.069330205）&（“NDVI” <= 0.477739863），(“NDVI” + 0.069330205）/（0.477739863 + 0.069330205）,1）），见图3.3.1-6。

这个表达式的含义是：如果NDVI的值小于 – 0.069330205，则把NDVI的值都改为0；如果NDVI大于或等于 – 0.069330205并且小于或等于0.477739863，则NDVI的值等于（“NDVI” + 0.069330205）/（0.477739863 + 0.069330205）的计算结果；如果NDVI大于0.477739863，则把它的值都改为1。

点击【确定】，得到植被覆盖度图（图3.3.1-7），根据需要可把它进行分类。

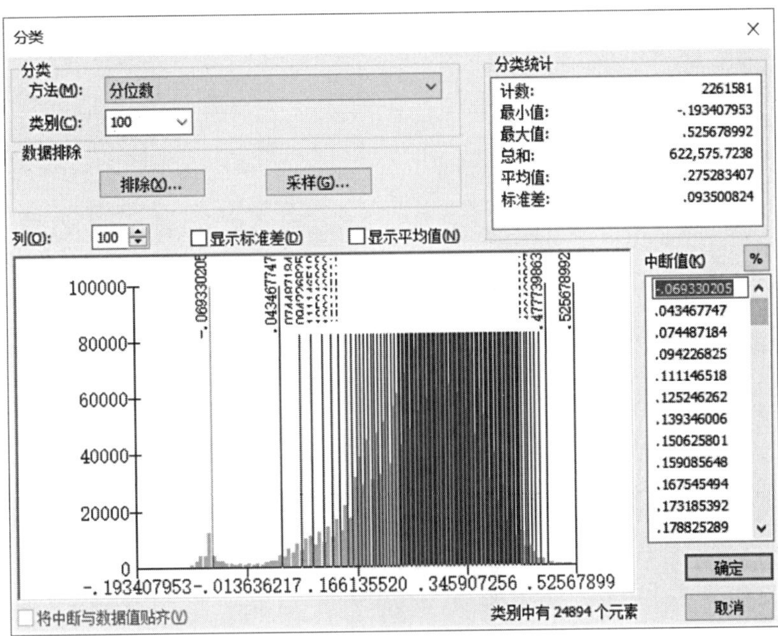

图3.3.1-4　第一个百分位（1%）的NDVI值为-0.069330205

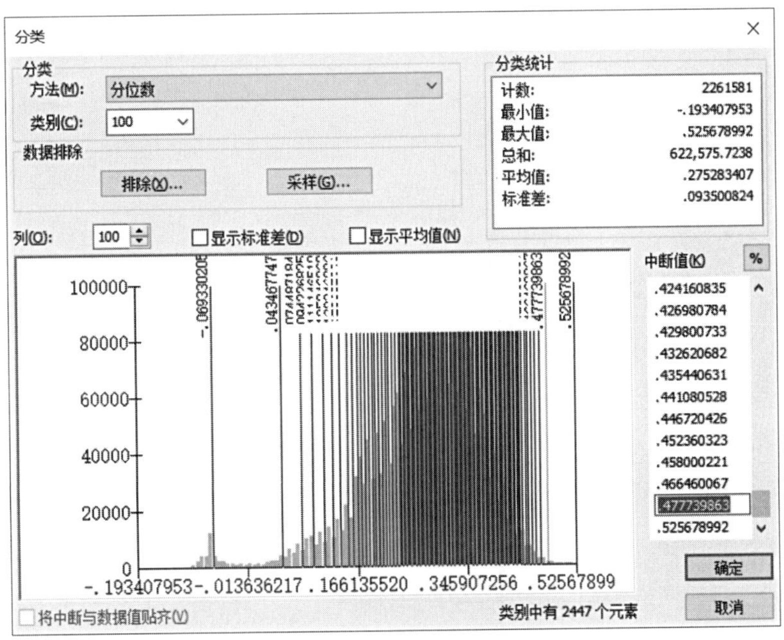

图3.3.1-5　第九十九个百分位（99%）的NDVI值为0.477739863

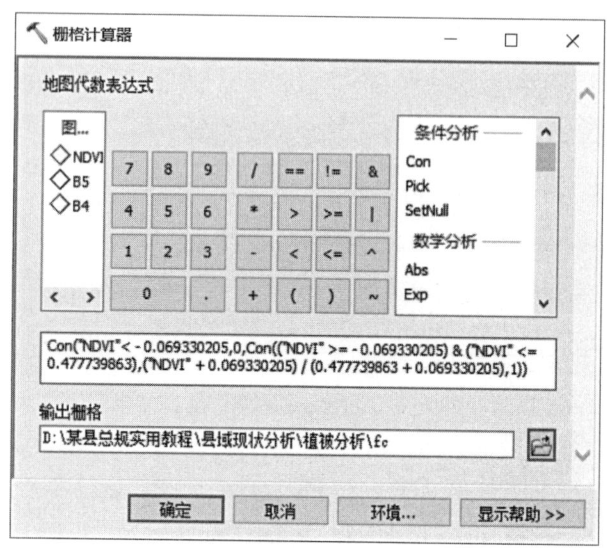

图3.3.1-6　计算植被覆盖度的设置

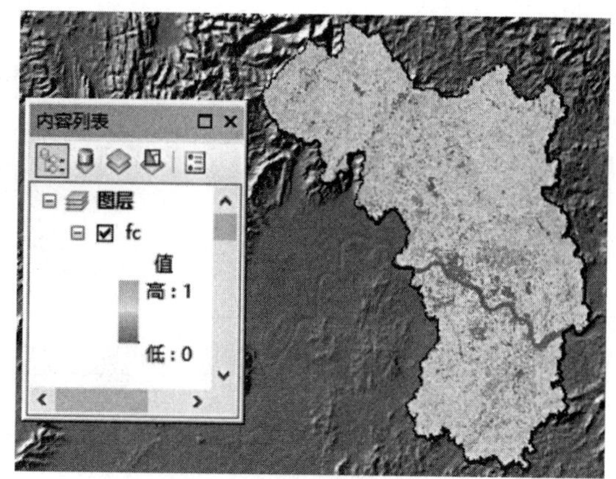

图3.3.1-7　某县植被覆盖度

二、植被分析的其他指标

植被分析的范畴很广，不同学科所采用的植被概念和分析指数不太一样，国土空间总体规划主要是分析林地的类型与分布、自然保护地分布、计算植被覆盖度等。例如，按照《国土空间规划城市体验评估规程》（TD/T 1063-2021），需要计算森林覆盖率（=森林面积/土地总面积×100%，数据来源于自然资源专项调查、全国国土调查及年度变更调查等）、森林蓄积量（森林蓄积量指森林中林木材积的总量，数据来源于自然资源专项调查）、林地保有量等指标。

第四节
气候分析

气候分析有很多专业性很强的技术规范。一般而言，气候分析是以图表统计的方法对气温和积温、降水量、日照时长和太阳辐射量、相对湿度、风向和风频、气象灾害等数据进行表达，总结气候特征。把有坐标的数据表格转为空间数据后，就可以用地理处理工具对数据进行分析和表达。

一、气候分析的方法、流程和数据

气候气象数据一般来自气象观测站，大多属于点状数据，需要采用插值方法把它们转为面状数据，以便了解它们在区域空间上的分布特征。可选的插值方法有反距离权重法、趋势面法、克里金法等，根据点状数据的分布特征来加以甄别和选择适宜的方法。

气候分析的流程是将带坐标的点状数据导入ArcMap并转换坐标系、选择合适的插值方法、以相应的地理处理工具进行运算、对运算结果进行分析。

所需数据为气象观测站的坐标值和气温、降雨等观测与统计数据，以及县行政区划范围、DEM数据、底图。

二、年均降水量分析

先观察点状降雨量的分布，看其是否有一定的规律性。例如某县的降水量（降雨量）分布具有从东南向西北递增的趋势，也就是具有一定的空间方向性，但又不太明显，因此适合用克里金法进行插值（关于克里金法的原理可阅ArcGIS的帮助文档）。

打开【克里金法】工具进行设置（图3.4.2-1），除了【输入点要素】、【Z值字段】和【输出表面栅格】外，其余均为默认设置。设置时要点开【环境...】，在【处理范围】（图3.4.2-2）和【栅格分析】里的【掩膜】（图3.4.2-3）都要选择县域范围图层，以便裁剪出所需要的县域范围。点击【确定】，运行后得到降雨量空间分布图（图3.4.2-4）。

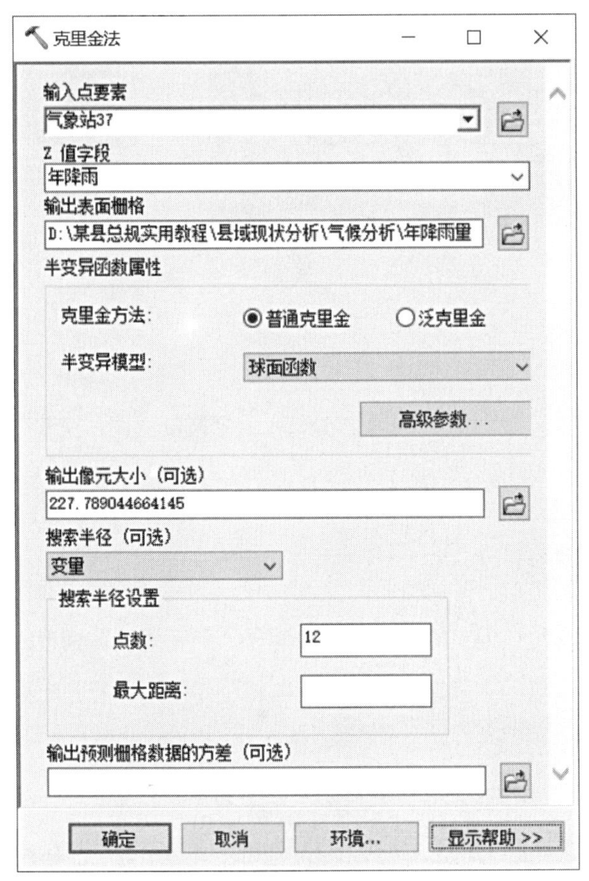

图3.4.2-1　克里金法工具设置

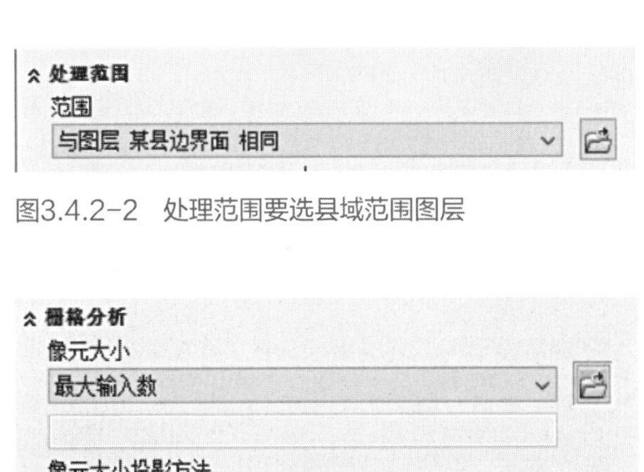

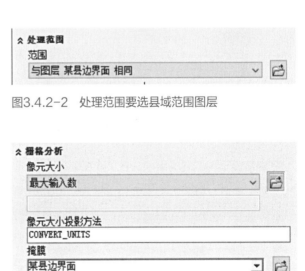

图3.4.2-2　处理范围要选县域范围图层

图3.4.2-3　掩膜要选县域范围图层

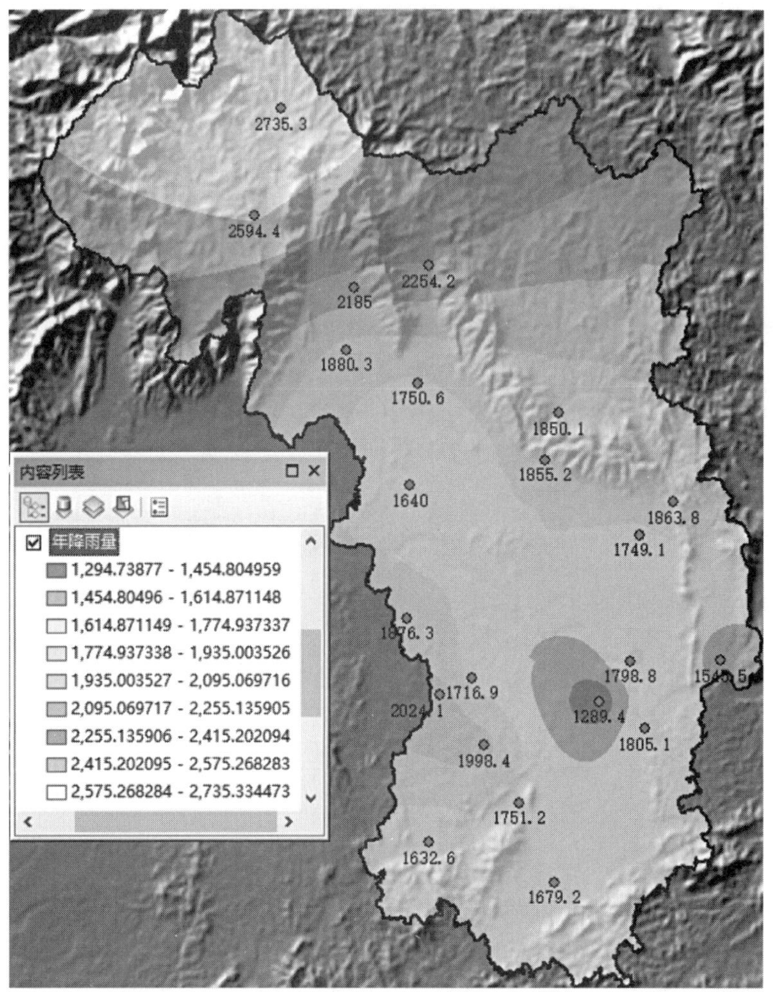

图3.4.2-4　降雨量的克里金法插值分布

从图3.4.2-4可知，某县降雨量具有空间分带特征，从东南向西北，降雨量逐渐增加。了解降雨量时空分布特征有利于进行工农业生产布局规划和防灾减灾规划。

三、年均气温分析

观察某县年均气温的点状分布，可知其没有空间的方向性，但空间相关性比较明显，即空间位置相近的点其气温值也接近，相似者相近的空间分布特征即所谓的空间自相关原理。这样的分布特征可使用【反距离权重法】进行表达，将气温分布模拟和插值为区域面。

对【反距离权重法】工具进行设置（图3.4.3-1），要同时设置好处理范围和掩膜，点击【确定】后得到年均气温的分布图（图3.4.3-2）。从图中可知有几个年均温中心，南北部山丘气温稍低，中部平地气温稍高，但温差不大。

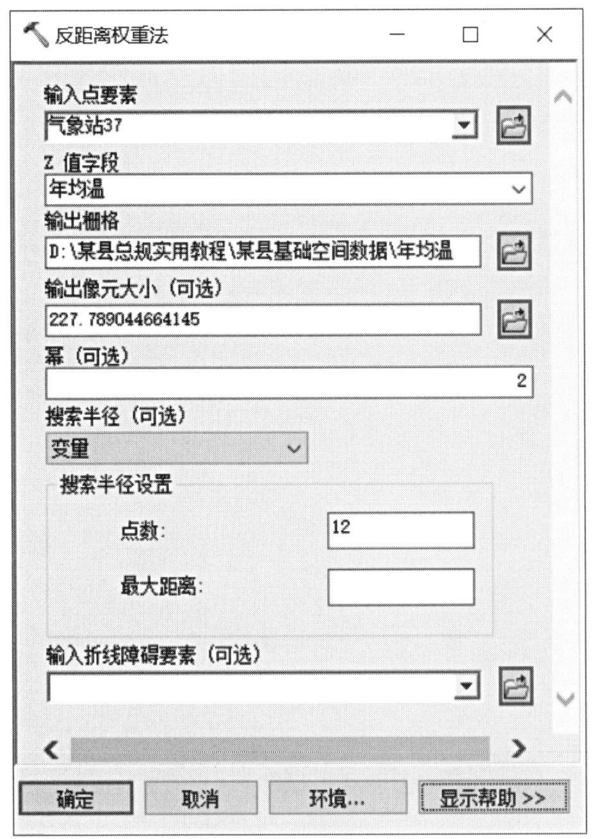

图3.4.3-1　反距离权重法工具设置

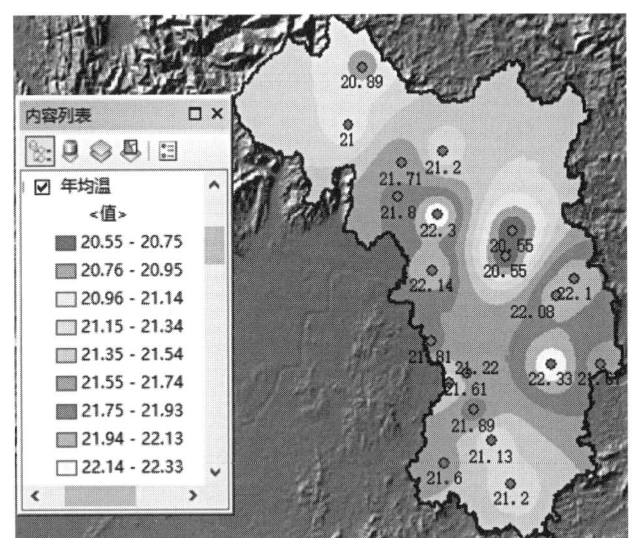

图3.4.3-2　年均温的反距离权重法插值分布

四、太阳辐射（日照）分析

太阳辐射或日照量对人类和大自然都具有重要的意义，是评价人类生活和生产的一项重要指标。

由于ArcMap中计算太阳辐射区域比较耗时，故先把输入的栅格图层的像元分辨率降低，即增大像元的尺寸，从而减少运算量。改变像元的大小会改变像元的值，但太阳辐射的分析不追求精细，故这种改变无碍大局。以【重采样】工具来改变像元大小，对它进行如图3.4.4-1的设置，【X】和【Y】可以取值大一些，例如200（原来是10），【环境...】里的【处理范围】要选择县域行政区域图层。

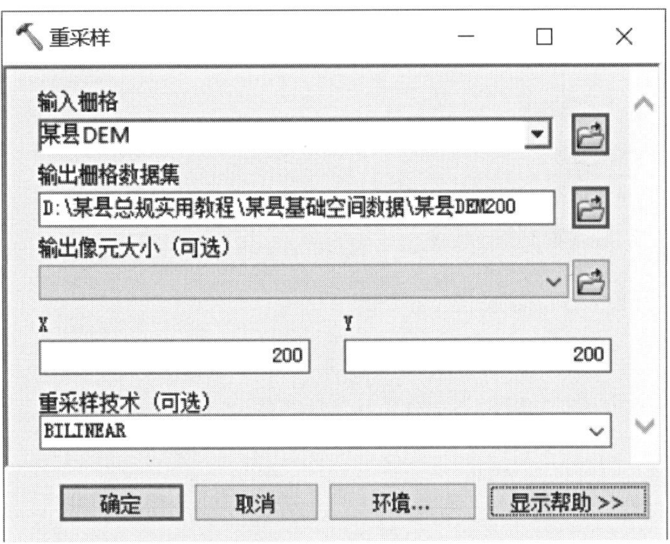

图3.4.4-1　重采样工具设置

然后打开【太阳辐射区域】工具进行设置（图3.4.4-2）和运算，得到“太阳辐射”（图3.4.4-3）和“直辐时间”（即直接辐射持续时间）（图3.4.4-4）两个图层，单位分别是年瓦特小时每平方米（Wh/m^2）和年直接辐射小时数。根据需要可以灵活选择【时间配置】，例如夏季或冬季。

从两幅图可知，某县平坦地区获得的日照时间长，而南北山丘略少，总辐射量也是如此。需要说明的是，太阳辐射计算工具结果只是理论上的，与实际会有差别，甚至差别很大，因此此图更适合于了解日照量和日照时间的高低分布，而不是视其为实际数值。

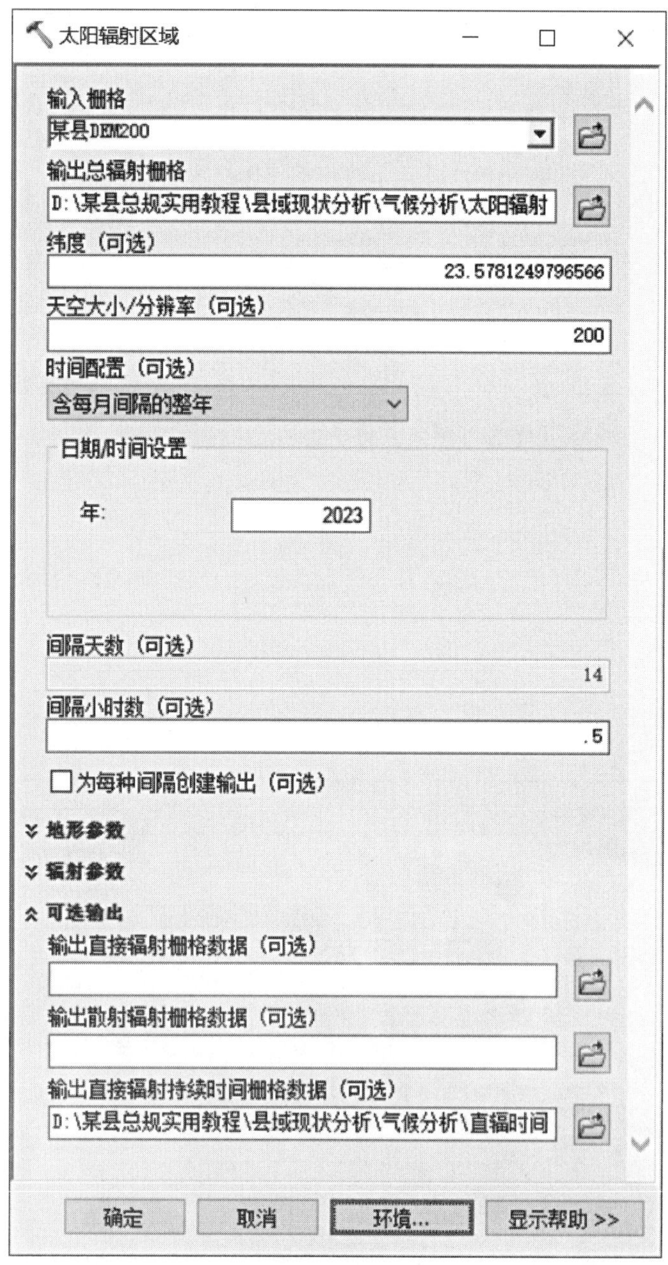

图3.4.4-2　太阳辐射区域工具设置

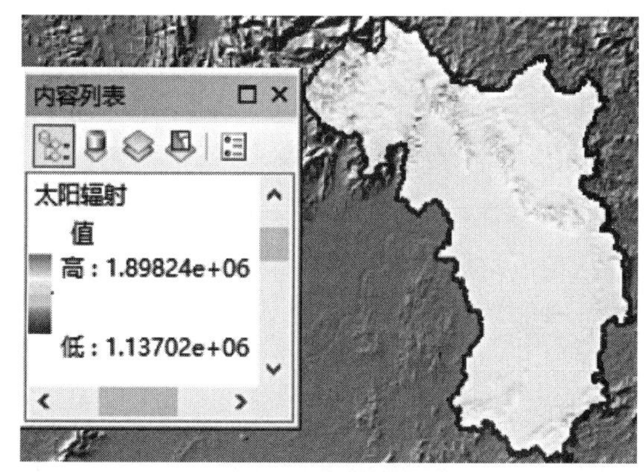

图3.4.4-3　年总辐射量（Wh/m^2）

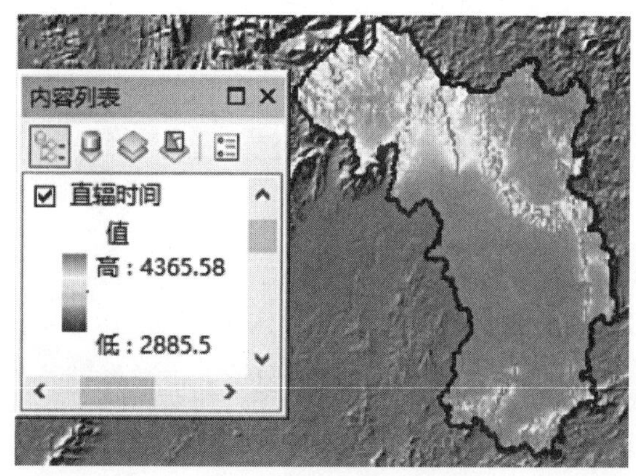

图3.4.4-4　年直接辐射的时间（小时）

第五节
自然灾害风险评估

一、自然灾害风险评估方法

根据《自然灾害管理基本术语》(GB/T 26376-2010),自然灾害是由自然因素造成人类生命、财产、社会功能和生态环境等损害的事件或现象。根据《自然灾害分类与代码》(GB/T 28921-2012),自然灾害分为气象水文、地质地震、海洋、生物、生态环境等五个灾类,每个灾类再细分为若干灾种。

自然灾害的分析方法一般是对自然灾害进行分类、分级和分区。依据相关的国家标准、行业标准或地方标准,针对不同区域的不同自然灾害,选择不同影响因子、计算和划分方法进行分析和评估。例如,《气象干旱等级》(GB/T 20481-2017)把气象干旱灾害划分为无旱、轻旱、中旱、重旱、特旱五级;《台风灾害影响评估技术规范》(QX/T 170-2012)把台风灾害分为轻灾、中灾、重灾、特重灾;《暴雨灾害等级》(GB/T 33680-2017)把暴雨灾害分为轻度、中度、严重、特大。

自然灾害的分析和风险评估要依据多年的数据和资料进行,在国土空间总体规划中难以获得这样的数据和资料,因此相应的自然灾害分析和评估结果一般都由相关部门提供,其中有些是JPG等图片格式的,色块(代表自然灾害风险区)可能凌乱、不匀整,还有文字和格网,可能还有交通干线和河流等。对于这样的图片需要进行预处理,初学者有四种预处理方法。

第一种方法。先把图片进行地理配准和掩膜提取,然后新建一个面要素类图层,打开【编辑器】,在掩膜后的图片底图上勾描色块的边界线,得到的色块即自然灾害区划图层,再把它转为栅格图层。

第二种方法。在PS等图形图像处理软件中,用相应的颜色覆盖图片上的文字、格网和凌乱的马赛克等,让图片只有匀整的色块。然后在ArcGIS中使用【地理配准】工具条给图片赋予正确的坐标系,最后必要时掩膜提取需要的范围。

第三种方法。适合色彩分明匀整、文字不与其他线划交叉的图片。先做地理配准和掩膜提取;然后进行重分类,取默认设置;把所得的重分类图的三个单波段黑白图分别拉进数据框,看看哪张图黑白分明且其各个边界与掩膜后的图片吻合,即以它进行像素值提取;先以识别按钮(在主菜单栏下)点击不同黑白(灰度)区域,记住其像素值,再以栅格计算器提取不用的像素值,由此得到不同灾害风险区。

第四种方法。即栅格数据矢量化,见第二章第五节。

二、自然灾害评估示例

某县的自然灾害主要是地质灾害和气象灾害。

(一)地质灾害

从某县收集来的地质灾害资料只有岩溶地面塌陷、滑坡、崩塌、断层线的点和线分布图,属性表是空的,没有数据，也没有这些灾害的评估范区范围和风险评估图。下面仅依据地形坡度、相对高差、断裂（断层线）三个方面来进行简单的评估。

按照《地质灾害危险性评估规范》（GB／T 40112-2021），把坡度划分为0～8、8～25、25～35、>35四个级别。使用【重分类】工具即可实现这样的分级（图3.5.2-1、图3.5.2-2），设置时，先点开【分类】，把分类设为4，

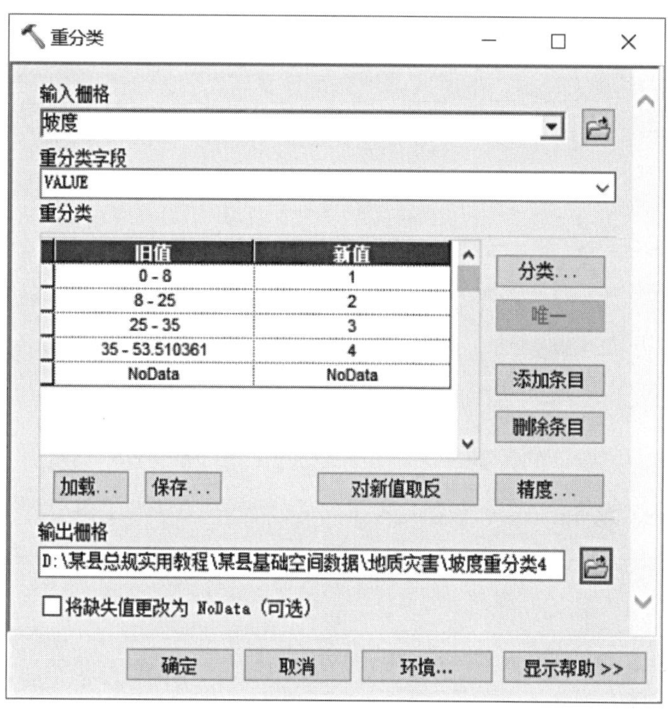

图3.5.2-1　坡度重新分类的设置

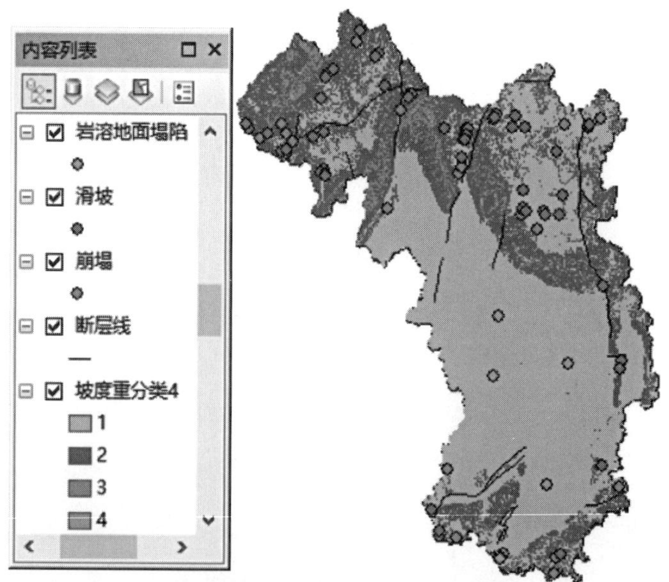

图3.5.2-2　地质灾害类型叠加显示在坡度重分类图上

再在【中断值】里手动修改，当然也可以直接在【重分类】下的【旧值】和【新值】里进行手动修改，再删除多余条目。

从图中可知，地质地貌灾害均分布在25°以下，按照上述规范属于地质环境简单的区域。

相对高差可以用【焦点统计】工具中【统计类型】的“RANGE”来计算。由于不知道灾害点的评估范围或影响范围，暂且以50米半径为邻域来计算各个邻域的高差（图3.5.2-3），然后用【重分类】工具把高差分为小于50米和大于等于50米两类（图3.5.2-4）。可知几种灾害点均落在高差小于50米的区域，也属于地质环境简单的区域。

综合起来，即便有断裂断层，仍将这些灾害点归为简单区域，危害程度评估为危害小，也就是说整个县

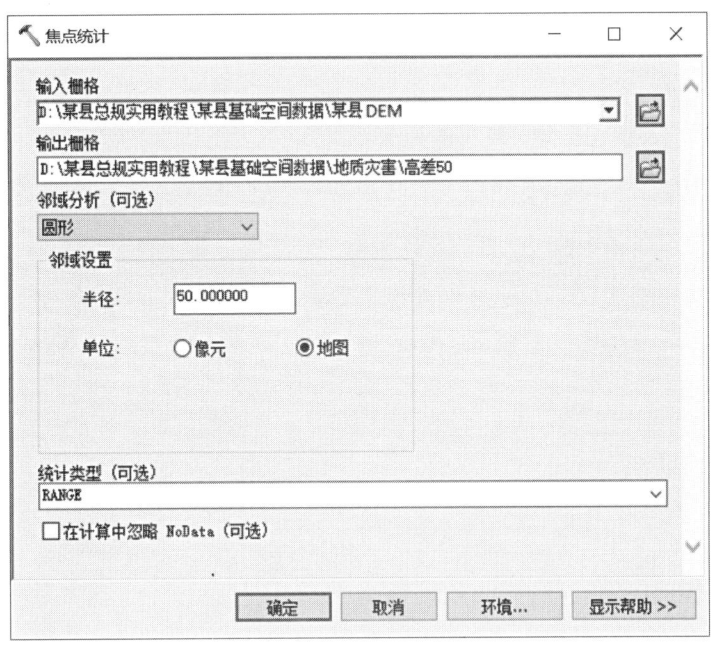

图3.5.2-3　计算相对高程的焦点统计工具设置

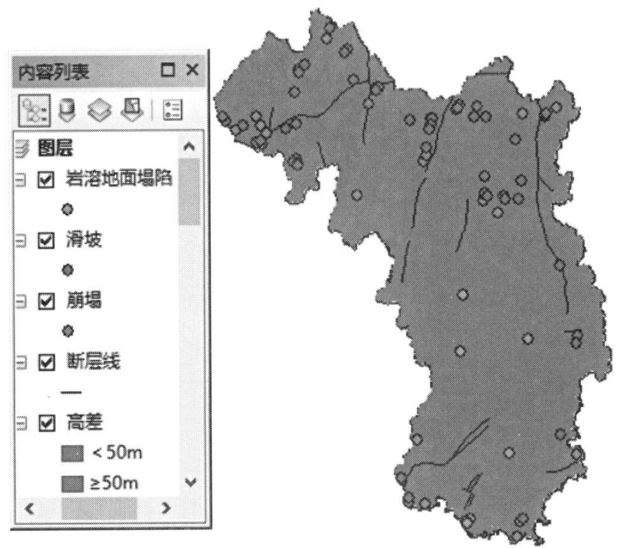

图3.5.2-4　不同高差上的灾害点分布

域范围内的地质灾害都属于最低等级。

（二）气象灾害

某县气象灾害主要是暴雨洪涝灾害和晚稻低温冷害，前者划分为低风险、中风险、次高风险和高风险四个灾害评估级别，后者分为轻度冷害、中度冷害和重度冷害三个级别，二者分级数不一样。在把各种灾害评估综合起来进行统一评估时，需要有统一的灾害分级。因此这里把次高风险归入高风险，使暴雨洪涝灾害的风险级别分为低中高三个级别，和晚稻低温冷害的轻中重三个级别对应起来。

统一分级的方法很简单。在暴雨洪涝灾害栅格图层的属性表中建立一个“分级”短整型字段，把低风险区赋值为1、中风险区赋值为2、次高风险和高风险区赋值为3。晚稻低温冷害的栅格属性表也是同样的做法。

（三）自然灾害综合评估

综合评估是指把各种灾害叠加起来，叠加时当不同图层的灾害评估分级不一样时需要做出选择，可选择分级小、分级大或它们的平均值，等等。这里选择分级的最大值，也就是说，当暴雨洪涝灾害分级为3的像元与晚稻低温冷害分级2的像元位置重叠时，在输出的风险评估图层上，该像元取值3。

叠加栅格图层的工具一般有两个：镶嵌至新栅格和栅格目录，这里用【镶嵌至新栅格】，其设置如图3.5.2-5。使用这个工具前，先确保参与镶嵌的图层的【栅格数据的空间参考】即坐标系、【像素类型】、【波

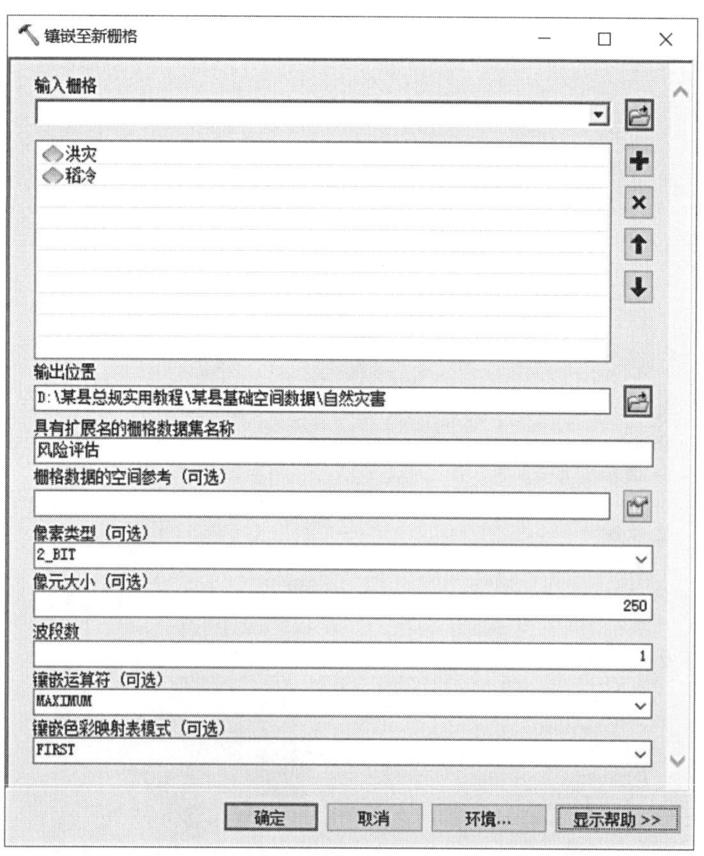

图3.5.2-5　镶嵌至新栅格的设置

段】等参数保持一致。设置时镶嵌运算符选择“MAXIUM”，也就是选择分级的最大值。

某县的自然灾害有地质地貌、暴雨洪涝和晚稻低温冷害三种，地质地貌灾害均为最低级别的，可以忽略，不参与综合评估，因此参与镶嵌的只有暴雨洪涝灾害和晚稻低温冷害两个图层。

从综合风险评估图（图3.5.2-6）来看，某县高风险区分布在西北部和西南部的山丘区域，尤其是西北部，那里坡度和起伏度都比较大，小河密集。

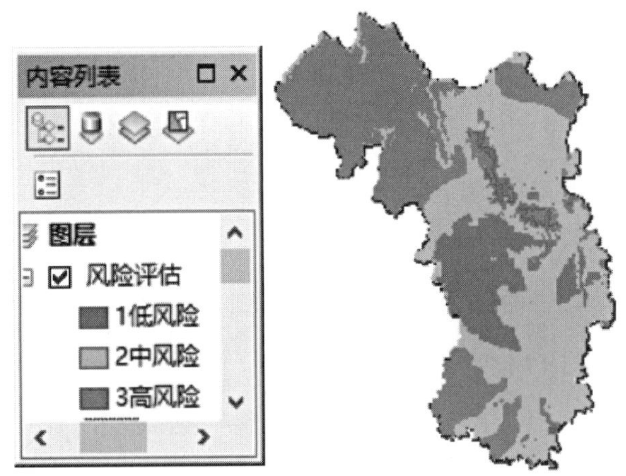

图3.5.2-6　某县自然灾害的风险评估

对于初学者来说，运行【镶嵌至新栅格】工具很容易出错或发生异常，例如出现条纹或马赛克现象（放大后显示正常）。出错的原因一般是参与镶嵌的各个图层属性不统一，尤其是像素类型（像素深度）、波段数、格式等不一致，因此在运行这个工具时要检查和确保各个图层的属性一致，如果不一致，可以用【复制栅格】工具来调整属性。如果还是出错，那可能是存入地理数据库的原因，改存到文件夹就可以了。如果还出错，则在【内容列表】里右击所得的图层，点击【数据】-【导出数据】，将图层另存为tif格式后就显示正常了。

还有一种异常是运算后出现方框的背景，其值一般是0。对这个异常的背景值要根除，否则会影响它参与的运算结果，仅仅在【符号系统】中通过设置不显示它还不行。根除的方法有两种，一种是用【按掩膜提取】工具，但这种方法可能会留下零星的残余背景值，还不是彻底的根除；另一种是使用【设为空函数】工具，它能根除背景值，其他值也可以根除。

04

第四章

县域发展的现状分析与评价

国土空间总体规划的发展现状分析主要涵盖人口、经济、土地利用、生态与环境等内容，一般是采用EXCEL图表、GIS专题图等形式进行表达和分析。

第一节 人口现状分析

一、人口的几个概念

国土空间总体规划需要了解和预测人口，要用到户籍人口、常住人口和城镇化率等几个重要的人口术语或概念。根据国家统计局网站的介绍，这几个术语的含义如下。

（一）户籍人口

户籍人口指不管是否外出和外出时间长短，只要在某地公安户籍管理部门登记了常住户口，则为该地区的户籍人口。户籍人口数据由公安部门统计，长期以来，我国建立了一套完善的户籍统计和管理制度，在社会管理中发挥了重要作用。

（二）常住人口

常住人口是指实际经常居住在某地半年以上的人口，主要包括三种类型人口：一是居住在本乡镇街道且户口在本乡镇街道或户口待定的人；二是居住在本乡镇街道且离开户口登记地所在的乡镇街道半年以上的人；三是户口在本乡镇街道且外出不满半年或在境外工作学习的人。也就是说，判断常住人口的时间标准为半年，空间标准为乡、镇、街道。

常住人口是制定发展规划、评估国民经济生产能力、评价居民福利水平等的重要基础数据，适用范围广泛。如财政支出、城市建设、住宅建设、公共设施的配置、教育投资、医疗投资和公用事业投资等都需要根据常住人口的规模进行规划。

由于城乡之间、城市与城市之间人口流动规模不断扩大，相对于户籍人口，常住人口更能真实反映一个地区的人口状况。当前，我国各级政府主要依据常住人口来规划经济社会发展，人均国内生产总值、居民人均可支配收入、入学率、平均受教育年限等指标都是基于常住人口计算的。

（三）流动人口

流动人口一般是指离开了户籍所在地，在其他地方居住的人口，其统计口径是指人户分离人口中扣除市辖区内人户分离的人口。其中，人户分离人口是指居住地与户口登记地所在的乡镇街道不一致且离开户口登记地半年及以上的人口，也就是常住人口中的第二种类型人口。

（四）城镇化率

城镇化率是指一个国家（地区）城镇的常住人口占该国家（地区）总人口的比例，是衡量城镇化水平高低，反映城镇化进程的一个重要指标。受户籍制度影响，当前我国常住人口城镇化率不能很好地客观反映产业结构、公共服务和基础设施等情况，仅这一指标不能全面衡量新型城镇化进程。

二、人口现状的分析方法

在国土空间总体规划中，采用简单的分析方法或手段分析人口现状即可，例如可用EXCEL图表形式、GIS专题图形式等方法来表达现状人口的时空特征，可与周边市县或发达地区相对比。

三、需要收集的数据

需要收集的人口数据可分为三个维度：（1）时间，至少10年，以年为统计单位；（2）空间，人口数据应该细化到行政村，以行政村为空间单元；（3）结构，应有人口的年龄结构、民族结构、就业结构、文化程度结构、收入结构等人口结构数据。

常住人口、流动人口、户籍人口、出生率、死亡率、增长率等人口数据要以统计部门、公安部门、卫健部门发布的数据为准，也可来自所在市的年鉴、中国县域统计年鉴等；其他数据主要来源于对应的政府主管部门，或者通过大数据收集手段获取、通过估算方法获取。

此外还需要乡镇行政区划图、大的底图（一般也是行政区划图或山体阴影图）。

收集数据后，要编辑整理好，包括表格及其字段名称、单元格里的数值或文本，尤其要去除无效字符，否则无法在ArcGIS中使用该表格。另外，文件夹里的shapefile图层属性表只能保留前三个汉字，例如EXCEL表格里的“常住总人口”字段名到了shapefile里的属性表就变成了“常住总”。如果想保存完整的字段名称，则要把该图层保存到地理数据库去，地理数据库允许字段名称的长度为64个字符。

四、人口现状分析示例

（一）连接

将整理和检查好的乡镇人口经济EXCEL表格连接，详见第二章第三节，所得图层为“乡镇人口经济”。

（二）绘制专题图

进入“乡镇人口经济”图层的【符号系统】，在【显示】中选择适当的显示方式，这里选择【图表】-【条形图/柱状图】（图4.1.4-1），得到乡镇总人口分布图（图4.1.4-2）。

如果想显示人口数字或其他字段值，可以使用标注功能（图4.1.4-3），然后右击图层，选择【标注要素】即可，图上即出现数字（图4.1.4-4）。

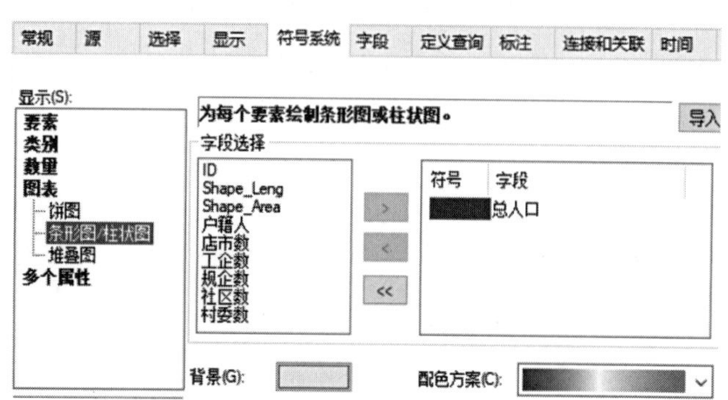

图4.1.4-1　符号系统的设置

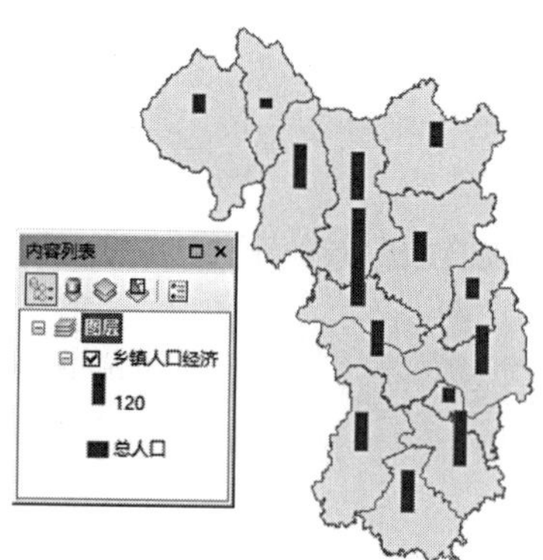

图4.1.4-2　乡镇总人口分布

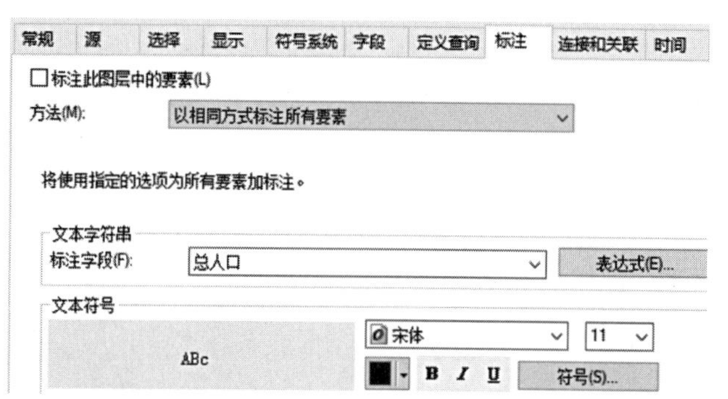

图4.1.4-3　标注的设置

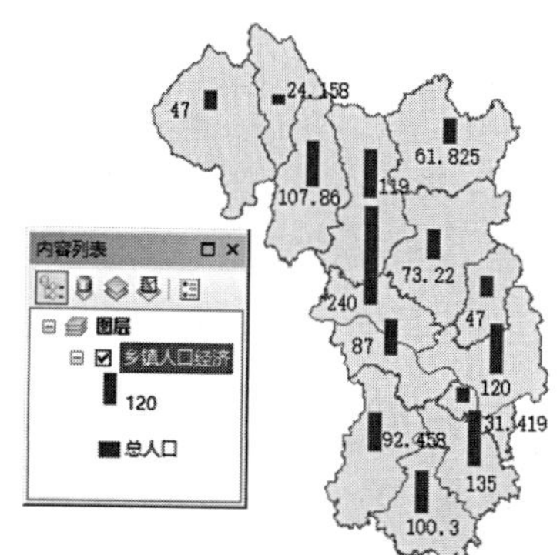

图4.1.4-4　带数字的柱状图
（人口单位：千人）

第二节
经济现状分析

一、经济现状的分析内容和方法

县域经济的分析内容主要是经济资源、产业结构、支柱产业、主导产业、特色产业、竞争力、经济空间分布差异等。除了直接以EXCEL的简单图表进行概括性的分析（自身的分析和对比分析）外，还可以采用数学或数理统计的方法进一步分析，例如份额-偏移方法、聚类分析方法、层次分析方法；还可以在ArcGIS中运用地理空间分析、空间统计（地统计）等地理处理工具进行空间可视化表达和分析。

二、经济现状分析的数据

县域的经济数据主要是GDP、产量、就业人数、财政收入、社会劳动生产率、居民可支配收入、万元产值能耗和水耗，它们来自所在市的统计年鉴和中国县域统计年鉴等，以及县统计部门、县政府网站、县政府每年的国民经济和社会发展统计公报，但这些数据一般都是以县为单位统计的，没有细化到乡镇，更难以行政村进行统计。对于乡镇和村的数据，还需要实地调研收集才行。

三、经济现状分析示例

（一）县域内各乡镇的经济分析

分析需要用到“乡镇人口经济”图层，为了保留人口分析图，把“乡镇人口经济”图层再次拉进【内容列表】，即【内容列表】里有两个一样的“乡镇人口经济”图层。与本章第一节的绘图步骤一样，但这次“总人口”与“工企数”（工业企业数量）和“店市数”（营业面积大于50平方米的商店和超市数量）的量级差很远，故用【字段计算器】将“总人口”除以1000，以便能同时表达这三个指标（图4.2.3-1）。

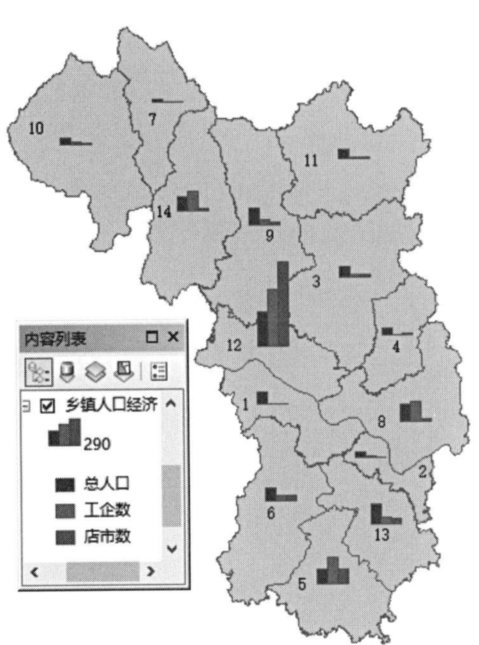

图4.2.3-1　乡镇人口与经济分布

由于乡镇数据比较缺乏，假如只能根据这三个指标进行乡镇分类的话，则通过目视就很容易把乡镇分为四级或四类了。编号为12的为人口和经济实力最高级的镇（一般是县城所在的街道办事处）；次一级的镇为5、8和14；6、9、13为第三级；剩余的为第四级。

（二）县与周边县或所在省市的县的经济对比分析

首先把县区行政区划文件导出到地理数据库，这样连接表格后就可以保留EXCEL表格比较长的字段名称了。

从省级统计年鉴网站下载全省县区主要经济指标EXCEL表格，对它进行整理，主要整理的内容有：

（1）通过EXCEL表格的【转置】功能把EXCEL表格的行列进行转换，县区名称由表头的第一行转置为第一列，把指标行转置为列，以便与行政区划图层属性表的行列设置相一致；

（2）指标字段有些字符被ArcGIS视为无效字符，要把它们删掉或修改，例如把"年末常住人口（万人）"改为"年末常住人口_万人"，把"污水处理率（%）"改为"污水处理率_百分比"，利用EXCEL的【替换】功能很容易实现这种修改；

（3）确保指标的单元格都是数值型，以便能进行数学运算；

（4）检查每列字段名单元格左上角是否有小绿色三角形，有则点击它，按其提示操作，例如清除前后空字符，可以选中多列后一次性清除；如果不清除，则连接后属性表是空的；

（5）检查县区地名，确保EXCEL表格与行政区划图层属性表中对应的县区名称的每一个字都完全一样，EXCEL表格中分两行的地名要改为一行，且不能有空格；

（6）一定要把表格保存为"97-2003文件.xls"格式，不能存为".xlsx"，至少到ArcGIS 10.7的版本还不接受.xlsx格式。整理完毕后要保存和关闭表格，在ArcGIS使用表格时不能在别处也使用它。

连接后要导出、保存到地理数据库，以便保留字段的完整名称。

接连表格和保存为新图层后，就可以在【符号系统】里绘制专题地图了，例如省内各县区的"地区生产总值"即GDP的分布图（图4.2.3-2）。

该图似乎存在一定的空间空间自相关特征，即相互靠近的县区其地区生产总值也接近。在经济分析中，常将一些指标值接近的县区划归为相同的类型区域，便于规划、制定和执行相似的经济发展政策，同一类型的县区也便于互相学习借鉴，因此将县区分门别类具有重要的意义。

ArcGIS10.7中有专门的【分组分析】工具，与【符号系统】中的【分类】大不一样的是，它可以进行空间归类，把指标值接近和空间相邻的地区归为一类。打开【分组分析】工具进行设置，该工具有多个字段和多种参数设置选择，可以变换不同的参数选择进行绘图，然后选择适用的分组结果。图4.2.3-3和图4.2.3-4是选择了"地区生产总值"和"第二产业增加值"的设置和结果。

图4.2.3-2　各县区的GDP分布

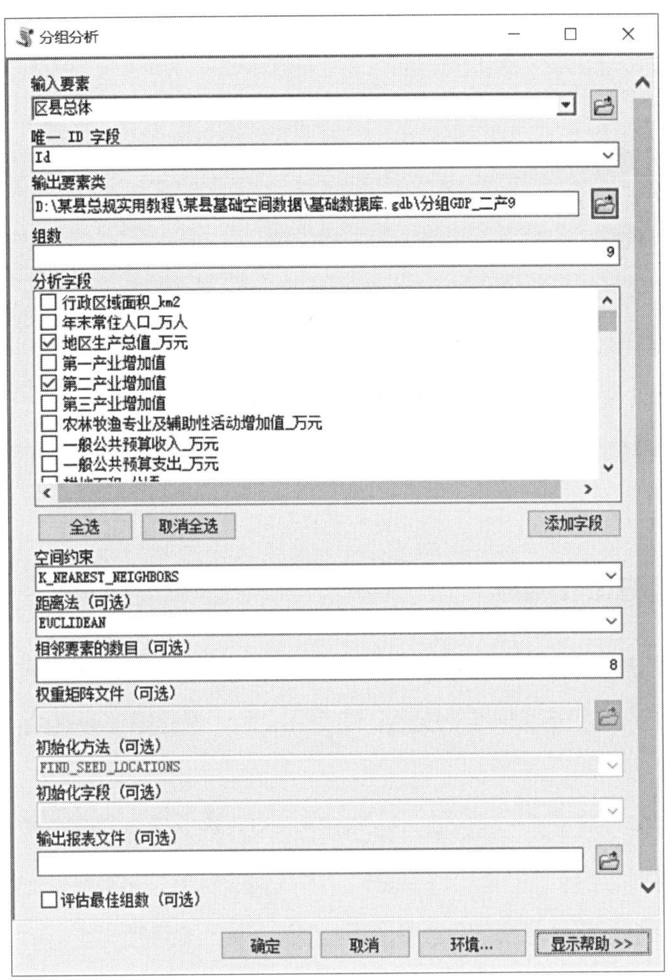

图4.2.3-3　分组工具设置

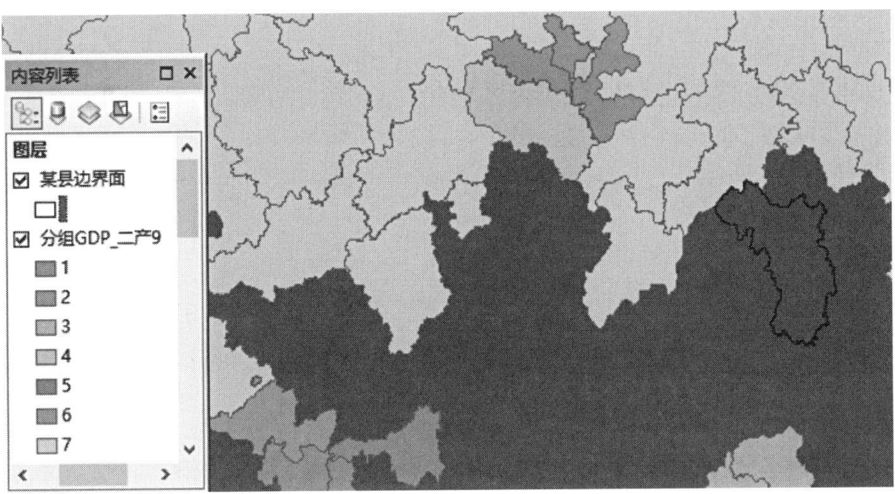

图4.2.3-4　分为9组的结果

第三节
土地利用现状分析

一、土地利用现状分析对象和内容

依据《国土空间调查、规划、用途管制用地用海分类指南（试行）》（自然资源部，2020年11月）的用地一级分类进行土地利用现状分析，分析的对象主要是耕地、园地、林地、草地、湿地、农业设施建设用地、居住用地、公共管理与公共服务用地、商业服务用地、工矿用地、仓储用地、交通运输用地、公用设施用地、绿地与开敞空间用地、特殊用地（文物古迹用地）、陆地水域，分析内容是它们的用途、用地结构和布局的合理性。此外，还应分析满足城乡居民工作和生活的基本公共服务设施，主要是分析设施配置的层级、种类、数量和位置是否合理和符合要求。

二、土地利用现状分析方法和数据

除了利用EXCEL图表进行属性数据的纵横向对比之外，还可以用ArcGIS表达各类用地现状分布图和时空对比图，然后根据有关的原理和技术标准（规范、指南、导则、规程等）对其进行规范性和合理性的分析，查找问题，发现不足。

分析所用的土地属性数据以历年的土地数据、三调数据以及年鉴、县政府公布的土地统计数据为准，土地空间数据来源于自然资源管理部门和一些提供土地原始和分析数据的网站。如果没有历年的土地利用类型数据，可用ArcGIS中的影像分类工具条或其他方法在遥感影像图上提取各种土地利用类型。

社区生活圈中的各种设施数据主要是POI（point of interest，兴趣点），以相关政府管理部门提供的数据为准。这种数据可能缺乏坐标，需要通过地名公共字段与乡镇或行政村图相连接。如果管理部门没有数据，也可以来自地图下载器、地图网站、专门爬取POI数据的软件等，但它们有可能不全面和不正确（见下面示例），需要互相印证和补充。

其他数据主要是乡镇和行政村区划图、坡度图、自然灾害风险评估图。

三、土地利用现状分析示例

（一）建设用地分析

除了列出建设用地的占比和人均值之外，还需要将城乡建设用地与相关的技术规范（例如所在省的村庄规划技术导则）相对比，了解其面积和人均值是否合乎要求，还需要重点分析城乡建设用地的分布范围是否合理。

例如将某县城乡建设用地与自然灾害风险评估图叠加显示，即可知有相当部分的城乡建设用地位于洪涝灾害高中风险区域内（图4.3.3-1），这给防灾减灾规划提出了明确的要求。

还可以通过【分区统计】工具（图4.3.3-2）来进一步计算各风险区的城乡建设用地占比，使用该工具前，最好确保参与计算的两个图层的像元大小一致，可采用【重采样】工具调整像元大小。该工具运算后默认得到的是拉伸的像元数量，可以在【符号系统】中选择【唯一值】，所得图例里的数字即为不同风险区城乡建设用地的像元总数（图4.3.3-3），由于每个像元大小都是一样的，而且城乡建设用地每个像元的值都是1，所以用【统计类型】的【SUM】来计算的结果就是每个风险区的像元总数，由此即可计算落入每个风险区里的城乡建设用地的面积和占比。例如某县城乡建设用地在低、中、高风险区的面积百分比分别为44%、38%、18%。

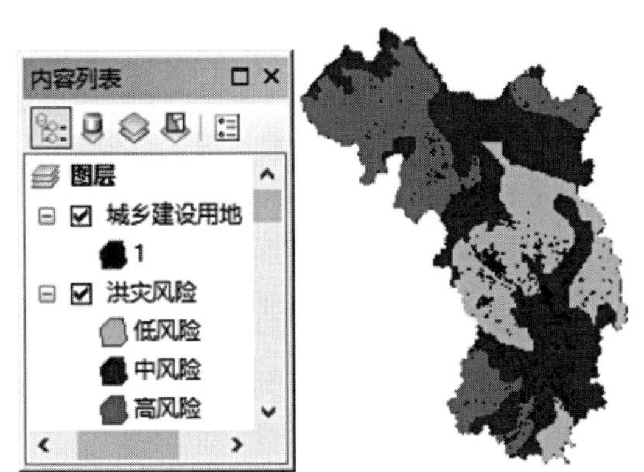

图4.3.3-1　城乡建设用地与洪灾风险叠加显示

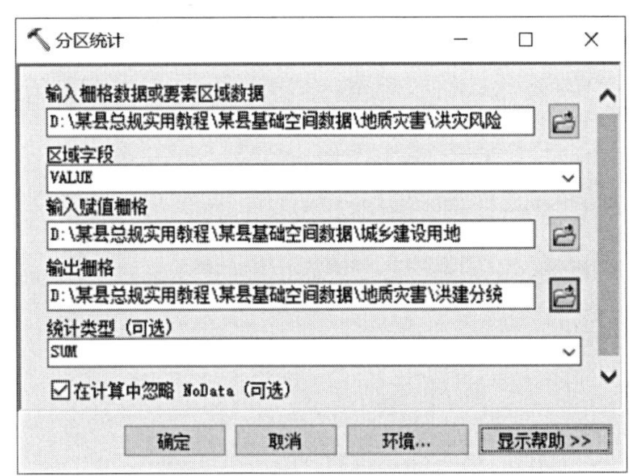

图4.3.3-2　分区统计的设置

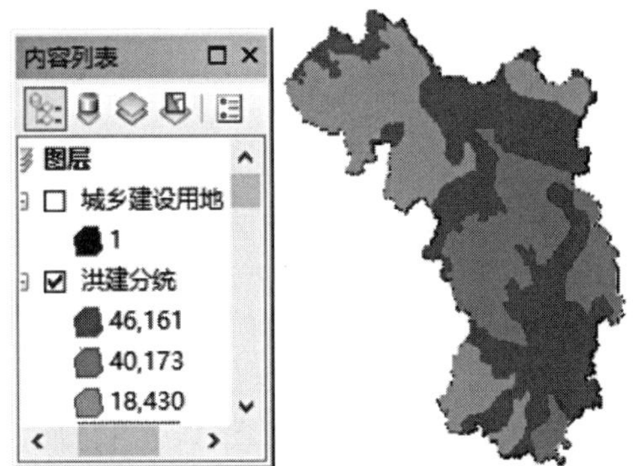

图4.3.3-3　各风险区城乡建设用地总像元数

（二）小学设施配置分析

依据《社区生活圈规划技术指南》（TD/T 1062-2021），对于乡集镇层级社区生活圈来说，每2.5万常住人口应配建1所独立占地的28班小学。

从收费的某地图下载器下载某县shapefile格式的点状小学数据，将它们与乡镇或行政村（社区）图叠在一起，以便知道哪些乡镇或行政村还没有小学（包括小学教学点）。叠加的操作有很多，下面以行政村（社区）图和小学分布图为例，示范基于位置的叠加操作。

把行政村和小学图层拉进【内容列表】，点击打开主菜单栏中的【选择】-【按位置选择】，其对话框的设置如图4.3.3-4，【目标图层】选择村图层，【源图层】选择小学图层，【目标图层要素的空间选择方法】选择【包含源图层要素】。这样设置的含义就是想看看小学或小学教学点分别落入哪些行政村。

从所得的结果图（图4.3.3-5）来看，188个行政村（图中是192个，但要减去2个水库和2个林场）中有98个设置有小学或小学教学点，行政村的小学或小学教学点覆盖率为52%。需要时可将其导出，保存为另一图层：在【内容列表】中右击村图层，点击【数据】-【导出数据】，保存即可。

上面的小学POI数据来自某地图下载器。下面再以来自某县教育局公布的小学名录来进行操作和分析。

先把小学名录、行政村人口与行政村图进行【连接】操作，然后将图导出另存（不导出也能继续往下操作）。把属性表中包含小学的字段进行排序，便知还有哪些行政村的这个字段是空值，也就意味着该村没有小学或小学教学点。

图4.3.3-6说明有9个行政村没有小学或小学教学点，它们都是人口少的行政村，行政村的小学（含教学点）覆盖率达到了95%，说明基础教育设施相当完善。

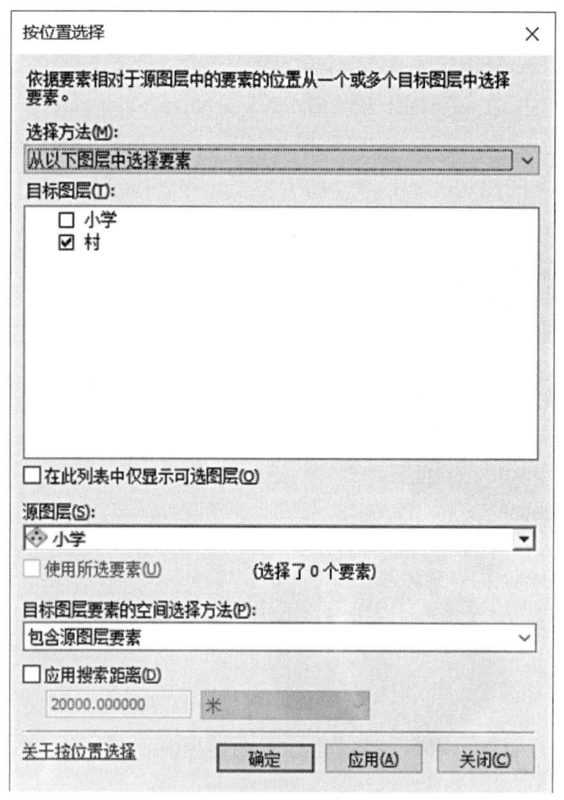

图4.3.3-4 按位置选择的设置

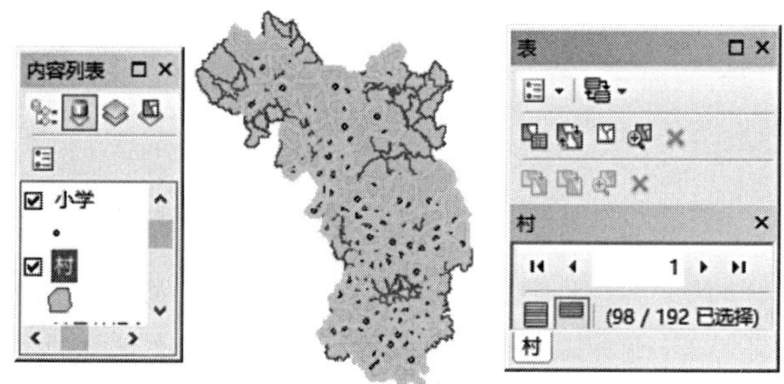

图4.3.3-5 设置小学的行政村

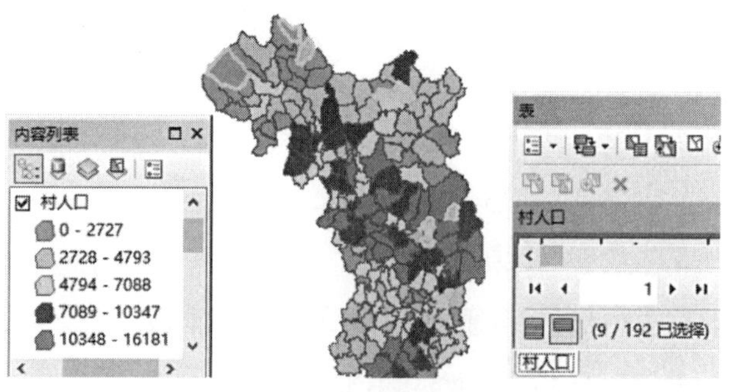

图4.3.3-6 没有小学或小学教学点的村

第四节
生态与环境现状分析

一、生态的几个重要概念

生态的评估、规划与修复等是国土空间总体规划的重要内容，涉及生态保护红线、生态空间、生态功能区等重要概念，根据《生态保护红线划定指南》（环境保护部、国家发改委，2017年5月），它们的含义如下。

生态保护红线：指在生态空间范围内具有特殊重要生态功能、必须强制性严格保护的区域，是保障和维护国家生态安全的底线和生命线，通常包括具有重要水源涵养、生物多样性维护、水土保持、防风固沙、海岸生态稳定等功能的生态功能重要区域，以及水土流失、土地沙化、石漠化、盐渍化等生态环境敏感脆弱区域。

生态空间：指具有自然属性、以提供生态服务或生态产品为主体功能的国土空间，包括森林、草原、湿地、河流、湖泊、滩涂、岸线、海洋、荒地、荒漠、戈壁、冰川、高山冻原、无居民海岛等。

重点生态功能区：指生态系统十分重要、关系全国或区域生态安全、需要在国土空间开发中限制进行大规模高强度工业化城镇化开发、以保持并提高生态产品供给能力的区域，主要类型包括水源涵养区、水土保持区、防风固沙区和生物多样性维护区。

生态环境敏感脆弱区：指生态系统稳定性差、容易受到外界活动影响而产生生态退化且难以自我修复的区域。

禁止开发区域：指依法设立的各级各类自然文化资源保护区域，以及其他禁止进行工业化城镇化开发、需要特殊保护的重点生态功能区。

生态安全：指在国家或区域尺度上，生态系统结构合理、功能完善、格局稳定，并能够为人类生存和经济社会发展持续提供生态服务的状态，是国家安全的重要组成部分。

生态安全格局：指由事关国家和区域生态安全的关键性保护地构成的结构完整、功能完备、分布连续的生态空间布局。

二、生态现状分析的方法

这几年国家和行业颁布了若干有关生态与环境的技术规范，例如《生态系统评估　生态系统格局与质量评价方法》（GB/T 42340-2023）、《生态社区评价指南》（GB/T 40240-2021）、《环境影响评价技术导则　生态影响》（HJ 19-2022）、《全国生态状况调查评估技术规范——生态问题评估》（HJ 1174-2021）、《生态环境状况评价技术规范》（HJ/T 192-2015）。

这里依据《区域生态质量评价办法（试行）》（环监测〔2021〕99号）进行分析，它规定了区域生态质量评价的指标体系、数据要求和评价方法，适用于县级及以上区域生态质量现状和趋势的综合评价。该办法包括生态格局、生态功能、生物多样性和生态胁迫4个一级指标，下设11个二级指标、18个三级指标，在应用时应根据县域实际情况选取指标，并调整指标的权重值。

三、生态现状分析示例

按照《区域生态质量评价办法（试行）》（环监测〔2021〕99号），根据某县的自然条件来选定评价指标体系（表4.4.3-1，生物多样性数据暂缺），按该办法的计算式进行计算。

生态格局。生态用地面积比指数为77.3，生态保护红线面积比指数为51.2，生境质量指数为64.6，生态格局综合评价为66.87。

生态功能（生态活力）。植被覆盖指数为33.53，水网密度指数为41.93，生态活力综合评价为36.89。

生态胁迫。人为胁迫：陆域开发干扰指数23.67；自然灾害胁迫0.12。

生态质量综合评价为54.61，处于第三类：自然生态系统覆盖比例一般、受到一定程度的人类活动干扰、生物多样性丰富度一般、生态结构完整性和稳定性一般、生态功能基本完善。

某县区域生态评价指标体系　　表 4.4.3-1

一级指标	二级指标	三级指标
生态格局	生态组分	生态用地面积比指数
	生态结构	生态保护红线面积比指数
		生境质量指数
		重要生态空间连通度指数
生态功能	生态活力	植被覆盖指数
		水网密度指数
生态胁迫	人为胁迫	陆域开发干扰指数
	自然胁迫	自然灾害受灾指数

四、环境质量现状分析

根据《地表水环境质量评价办法（试行）》（环办〔2011〕22号）、《地表水环境质量标准》（GB 3838-2002）、《声环境质量标准》（GB 3096-2008）、《环境噪声监测技术规范　城市声环境常规监测》（HJ 640-2012）进行评价，可直接采用市县生态环境局的评价报告，县生态环境部门每个月都会公布环境质量报告。

第五节
低碳分析

习近平主席2020年9月在第75届联合国大会期间宣布中国二氧化碳排放力争于2030年前达到峰值，努力争取2060年前实现碳中和目标。低碳发展既是顺应国际形势、履行国际承诺的必然选择，也是实现中国经济结构转型的重要手段。低碳城市和社区作为节能减排和发展低碳经济的重要载体，将引领未来城市和社区建设的新趋势，成为国土空间规划的重要内容。

一、低碳分析方法和数据

低碳或碳排放的分析方法主要有理论研究和技术规范指导两种。

第一种方法理论研究是通过计算各类土地利用类型的碳排放量和吸收量，再将它们加总，得到一个地区碳的总排放量，再除以地区生产总值，就得到碳排放强度。这种方法需要各种土地利用类型的面积、它们的碳排放系数以及建设用地上的能源构成、每种能源的折标准煤参考系数和碳排放系数。地类统计数据来源于三调、县自然资源局或县政府的统计公报，折标准煤参考系数来自《中国能源统计年鉴》附录4各种能源折标准煤参考系数，各种碳排放系数来自《IPCC 2006年国家温室气体清单指南》及其2019年修订版。

第二种方法依据的技术规范主要是国家发改委发布的《省级温室气体清单编制指南（试行）》。

这两种方法的专业性都很强，在国土空间总体规划领域中可采用更为简易和适用的方法。例如采用《城市和社区可持续发展　低碳发展水平评价导则》（GB/T 41152-2021）进行分析和评价。该导则建立了评价指标和计算方法，可以根据各县的具体情况选择指标来进行评价。数据来源于统计数据、监测和测量、报告和文件、碳排放审计报告、科学研究成果、其他相关资料调研。

二、低碳分析示例

在《城市和社区可持续发展　低碳发展水平评价导则》（GB/T 41152-2021）中选择较为容易获取的指标进行分析、评价和横向对比，对于不容易获取的指标，则替换为含义相等的可获得指标（表4.5.2-1）。从表4.5.2-1中可知某县的多项低碳指标优于所在市，但在能耗方面表现较差。

某县低碳评价指标（单位：%）　　表 4.5.2-1

指标名称	属性	某县	所在市
土地开发强度	−	7.9	10.1
生态用地比例	+	57.7	34.7
污水处理率	+	97.8	98.1
空气质量优良天数比率	+	97.5	97.1
第三产业增加值占GDP比重	+	0.49	0.47
单位GDP能耗同比下降率	−	−2.9	−3
单位工业增加值能耗同比下降率	−	−2.1	−10.7
单位GDP电耗同比下降率	−	1.4	0.1

注：表格中“+”表示正向指标，“−”表示负向指标。

第六节
县域发展现状的综合评价

在进行上述单方面的现状分析后，需要总结县域发展面临的主要问题，以便后面有针对性地在规划中解决这些问题。此外还需要有更广阔的视野，综合地评价或评估本县的发展水平以及在省市中处于什么地位，也就是需要进行县域综合的发展评价，它对全面认识县域发展状态有重要的意义，还能为后面的规划指明方向。

近年来国家、行业和地方出台了很多评价市县和乡村发展的技术标准，例如城市体检、城市和社区可持续发展、智慧城市、城市发展质量、特色小镇发展水平、城市安全韧性、美丽乡村建设等方面的评价或评估标准。

在具体评价中，应根据所评价县的自然、经济、社会、发展阶段等特征，结合县级国土空间总体规划编制要求来选择评估指标体系。这里以《国土空间规划城市体检评估规程》（TD/T 1063-2021）、《美丽乡村建设评价》（GB/T 37072-2018）、《住房和城乡建设部关于开展2022年乡村建设评价工作的通知》（建村〔2022〕48号）中的《2022年乡村建设评价指标体系》为蓝本，结合市县统计年鉴、政府统计公报等资料，以适宜性、合理性和可得性为指标的选取原则，从中选定适用于县域发展现状的评估指标。

《国土空间规划城市体检评估规程》（TD/T 1063-2021）的评估内容为战略定位、底线管控、规模结构、空间布局、支撑体系和实施保障六个方面，按照安全、创新、协调、绿色、开放和共享六个维度建立指标体系，包括基本指标、推荐指标和自选指标，采用空间分析、差异对比、趋势研判、社会调查等方法进行评估，倡导大数据、人工智能等新技术和新方法的应用。

该规程以国土空间法定数据为基础，包括自然资源主管部门掌握的全国国土调查及年度变更调查、自然资源专项调查、地理国情普查和监测、航空航天遥感影像等基础现状数据，各级各类国土空间规划成果数据，用地审批、土地供应执法督察等管理数据；以相关法定统计调查数据为补充，包括经济社会发展统计数据、各部门专项调查统计数据等；以时空大数据为参考，依据自然资源主管部门相关标准和规定，使用公开发布或合法获取的手机信令数据、兴趣点数据等。

《美丽乡村建设评价》（GB/T 37072-2018）对村庄的规划建设、生态环境、经济发展、公共服务等内容进行评价，采用综合指数法。

住建部2022年乡村建设评价指标体系以2021年样本县乡村建设评价指标平均值为基数，对照国家和省级“十四五”相关规划以及有关政策文件要求，参考全国和区域发展水平，合理预期2022年和2025年指标值。

一、评价指标体系

（一）安全评价指标

从水安全、粮食安全、生态安全、文化安全、城市韧性等方面建立指标。可以选用的指标有：人均年用水量、用水总量、水资源开发利用率、永久基本农田保护面积、耕地保有量、生态保护红线面积、历史文化保护线面积、人均应急避难场所面积、消防救援5分钟可达覆盖率、防洪堤防达标率、农村饮用水安全覆盖率。

（二）创新评价指标

从投入产出和发展模式等方面建立指标。可以选用的指标有：授权专利数、科技成果转化数、地区生产总值、人均地区生产总值、财政收入和支出、人均财政收入、社会商品零售总额、城乡工业用地占城乡建设用地比例、城乡居住用地占城乡建设用地比例、中心城区道路网密度、村集体收入小于10万元的行政村占比。

（三）协调评价指标

从集聚集约、城乡融合等方面建立指标。可以选用的指标有：常住人口数量、中心城区常住人口密度、建设用地总面积、城乡建设用地总面积、人均城镇建设用地面积、人均城镇居住用地面积、人均村庄建设用地面积、等级医院交通30分钟行政村覆盖率、行政村等级公路通达率、农村自来水普及率、城乡居民收入比、城乡居民基本医疗保险参保率。

（四）绿色评价指标

从生态保护、绿色低碳生产、绿色低碳生活等方面建立指标。可以选用的指标有：能源消费总量、人均能源消费量、每万元GDP地耗、每万元GDP能耗、每万元GDP水耗、森林覆盖率、林地保有量、草地面积、湿地面积、水面面积、城镇生活垃圾回收利用率、农村生活垃圾处理率、林草覆盖率。

（五）开放评价指标

从网络连通、区际交往、区际贸易等方面建立指标。可以选用的指标有：有线电视用户数、邮政业务总量及其增长率、旅客周转量、货运周转量、客运周转量。

（六）共享评价指标

从宜业、宜居、宜乐、宜游等方面建立指标。可以选用的指标有：城镇调查失业率、中小学毛入学率、每千人口医疗卫生床位数、每千名老年人养老床位数、人均公园绿地面积、公园绿地和广场5分钟步行覆盖率、每10万人拥有的文体中心和图书馆数量、15分钟社区生活圈覆盖率、社区体育设施步行15分钟覆盖率、小学步行10分钟覆盖率、中学步行15分钟覆盖率、菜市场步行10分钟覆盖率、年空气质量优良天数。

二、评价方法

基于评价指标体系的综合评估方法一般是层次分析法。层次分析法（AHP）是对复杂社会经济问题进行定量分析和评价的一种方法，其基本思路是：把复杂问题或总目标逐层分解成若干较为简单的层次（目标），对每个较为简单的层次进行分析、比较、排序，然后再逐层综合（总排序）。层次分析法思路简单明了，先分解，后综合，符合人的思维过程，因而广受欢迎。

层次分析法的基本步骤如下。(1)明确问题，例如县发展综合评价；(2)建立递阶的层次结构，例如最高层(目标层)为县发展综合评价，次一层(约束层)为上述六个方面的评价，最下层(指标层)为上述的具体评价指标，分归在六个方面的约束层下；(3)构建判断矩阵；(4)相关计算(求指标权重值)；(5)一致性检验；(6)原始数据标准化；(7)发展综合评价的计算，一般采用综合指数法。

05

第五章

城市性质、发展目标与战略

第一节
概念与原则

一、基本概念

《城市规划基本术语标准》(GB/T 50280-98)对城市职能、城市性质、城市发展目标、城市发展战略做了定义。该标准自1999年2月1日施行以来，这几个概念及其规划内容在相关规划中都处于重要地位，不可或缺，是原来的城镇总体规划、目前的各地各级国土空间总体规划的审查要点之一，还纳入了国土空间规划城市体检评估的范畴。

(一)城市职能与城市性质

在城乡规划、国土空间规划领域中，县域中的县城(即城市中的城区)一般被视为城市(小城市)，按编制规划的要求确定城市职能和城市性质。

城市职能是指城市在一定地域内的经济、社会发展中所发挥的作用和承担的分工。

城市性质是指城市在一定地区、国家以至更大范围内的政治、经济、与社会发展中所处的地位和所担负的主要职能。

近年出现了多个与城市性质含义相当的词语：城市定位、城市发展定位、城市发展战略定位，目前多使用城市性质和城市发展定位两个术语。

(二)国土空间发展目标

国土空间发展目标是指在一定时期内，区域的经济社会发展、生态环境保护与空间治理所应达到的目标。目标可分为总目标和分目标，由文字描述和一系列指标值即规划指标体系来表达。

(三)国土空间发展战略

国土空间发展战略是在城市性质(城市发展定位)和发展目标的指引下，为进行县域国土空间保护、开发、利用、修复和各类建设活动而提出的全局性和纲领性谋划。

二、确定城市性质的基本原则

上位规划原则。县域的发展目标和战略应服从更大区域和更高层级的规划指引，将上位规划对本县的功能定位和发展要求落实在本县的城市性质、发展目标与战略中。

发展阶段原则。区域的发展有阶段性(区域发展阶段的划分理论)，不同的阶段有不同的城市性质或发展定位、目标和战略考量，不能落伍，也不能盲目超前(例如盲目跟风发展战略性新兴产业)。这其实也就是路径依赖原理。应以县域发展历史和现状为基础，分析评估县域未来一段时期所处的发展阶段，由此确定城市性质、发展目标和战略。

区域比较优势原则。应在更大的区域范围内审视县域所承担的各类职能，进行影响力、竞争力、发展优劣势等方面的比较分析，确定具有竞争优势的职能或特色，扬长避短，实现优势发展。

第二节 城市性质的确定

一、方法与数据

传统上，确定城市性质的基础理论是城市经济基础理论和区域分工理论，以及周一星等人提出的“城市职能三要素”理论、城市核心竞争力理论，等等。确定城市性质的基本方法有区域分析法、城市对比法和结构分析法，具体的方法有区位商（Locational Quotient，不要写成区位熵，又译为Locational Entropy）、综合竞争力评价等。近年有学者应用泰勒（Taylor P.J.）的联锁网络模型（Interlocking Network Model）来研究城市等级、城市关系、城市性质。

传统的方法使用本县及周边县市的GDP、产业发展、人口和城镇化、交通距离等数据，新的联锁网络模型方法则采用经济行业数量、企事业单位数量等POI数据，但目前县域适用的POI数据很少或很难获取。

二、确定城市性质的一般流程

（一）落实上位规划的要求

对要规划的县所在的省市相关规划进行阅读和分析，找出与规划县发展有关的内容。上位相关规划有很多，最重要的是国民经济和社会发展规划、国土空间总体规划。

例如对于某县，分析其所在的省“十四五”发展规划、省国土空间规划等省级上位规划；分析其所在的地级市“十四五”发展规划、市国土空间总体规划、本县“十四五”发展规划，得知承接东部转移产业、区域性交通物流枢纽、农产品基地是这些上位规划对某县的发展定位要求，它们应该在某县的城市性质或发展定位中得到落实。

（二）历版城市性质分析

对要规划的县历史上的发展规划、城市总体规划等进行阅读和分析，理清其城市性质内容的演变过程和路径，按照路径依赖、经济发展阶段论、产业演化规律等思想和理论来分析其城市性质今后的走向。

例如分析某县历来各版本的城市总体规划中的城市性质，得知其内容演变过程大致为两个阶段：某市东部的区域中心，以建材、化工工业为主的阶段；某市东部交通枢纽，以电力能源、商贸物流及加工等特色产业为主的阶段。这两个阶段反映了该县的经济社会发展所经历的阶段。对历版规划定位评析可以发现某县的交通枢纽定位基本实现，商贸物流及现代加工业已成为某县主导产业，但电力能源产业未能如期实现。总起来看，该县从工业化成长阶段过渡到工业与现代服务业并进的阶段，交通枢纽地位突出，今后应该强化交通枢纽地位，加大产业升级和扩大现代服务业。

（三）区域竞争潜力分析

对要规划的县进行区域综合竞争力评价，识别县的发展优势所在，为今后发展指明方向。在自然资源、生态环境、交通、经济、社会等方面选取若干指标，以层次分析法构造指标体系和赋予权重，以某种方法进行加总，得到该县的评价分值和等级，由此判断该县的优劣势，明确扬长避短之所在，为城市性质的确定提供依据。

（四）主导产业及其影响范围分析

城市性质需要表达发展什么主要职能，这需要先选择好主导产业；城市性质一般来说还需要表达某县是什么区域的什么中心，这意味着需要知道某县的影响范围。因此选择主导产业和识别其影响范围是研究城市性质的核心内容。目前这方面的学术成果不多，基本上是基于区位商或竞争力评价方法来确定主导产业，但无法确定主导产业的影响范围。本书作者吴宇华将泰勒的联锁网络模型加以改进，以城市之间的行业关系来研究城市发展战略定位（城市性质），并同时确定城市的影响范围或辐射范围。

三、确定城市性质示例

（一）区位商分析法

区位商法是指一个地区（如一个县）某类行业（产业）产值在地区生产总值中所占的比重与更大地区（如该县所在地级市）该行业占更大地区生产总值比重之比。区位商越大，则该产业在所比较的更大地区中越占有优势，越小则无优势，一般以1为界，大于1就视为有优势。

例如，某县农林牧渔业区位商=（某县农林牧渔业产值/某县地区生产总值）/（某县所在地级市农林牧渔业产值/某县所在地级市地区生产总值）

从计算结果看，某县的农林牧渔业区位商在其所在地级市的县份中最高（表5.2.3-1），且明显大于1，故该县的农林牧渔业占有优势，可列为候选的主导产业。

某县与其所在地级市其他县的农林牧渔业区位商对比　　表 5.2.3-1

	县1	县2	县3	县4	某县
地区生产总值（亿元）	357.70	153.60	189.50	362.50	289.50
农林牧渔业（亿元）	26.20	26.70	32.60	80.80	68.10
区位商	0.42	1.00	0.99	1.29	1.36

（二）联锁网络模型法

2001年泰勒提出联锁网络模型（Interlocking Network Model），以先进生产者服务企业及其分支机构在世界主要城市的分布来研究世界城市之间的关系，进而划分世界城市等级。但是联锁网络模型所选择的指标是先进生产者服务企业，而且是世界著名跨国企业，这明显缺乏普适性和全覆盖性，不能广泛地用于普通的城市。在联锁网络模型基础上，本书作者吴宇华把城市之间的关系扩展到社会经济的相关行业。国家标准《国民经济行业分类》

（GB/T 4754-2017）把全社会经济活动分为20大类，与城市战略定位关系密切的主要有采矿业、制造业、批发和零售业、交通运输仓储和邮政业、信息传输软件和信息技术服务业、金融业、科学研究和技术服务业、教育、文化体育和娱乐业、国际组织等10大类。可以这10大类行业为基础，构建基于城市主要职能的城市联锁网络模型，将其应用于城市战略定位（城市性质）研究中。这种理论和方法通过分析城市彼此之间的关系，更为准确地洞察城市之间的差异和优劣势，从而更为科学地确定各个城市的主要职能和地位，还顺带确立或划分了城市的辐射范围。

城市职能是通过行业来加以体现的。从城市主要职能角度看，可以把一个城市的国民经济行业体系分为只有输出而没有输入的行业、同时有输出和输入的行业、只有输入没有输出的行业等三类。输出指一个城市在其他城市中设立分支机构，输入指该城市中有其他城市设立的分支机构。城市主要职能是对输出行业而言的，因此可以从输出优势对主要职能加以研究，把输出的企事业和行政单位多、输至的城市多的行业界定为优势行业，作为城市的主要职能。

这里仅以某县一家优秀的本地生态农业企业（以下称A公司）说明主导产业及其影响范围的确定。由于去调研公司有一定难度，也费时费力，所以一般是从网上爬取公司带有经纬度的POI数据。从A公司所在的地级市开始搜索，然后将搜索范围扩大到所在省和周边省，最后得到A公司分布在各个省市的销售或经营地址表格，表格里有经纬度字段值。通过经纬度就可以知道A公司的影响范围，也可以将表格整理好后，用【XY转线】工具转为直观的空间数据。

打开【XY转线】工具进行设置（图5.2.3-1），点击【确定】，得到A公司销售分支分布的范围（5.2.3-2）。A公司在多个城市里有分支机构，因此可以将其所在的农业行业（可按《国民经济行业分类》GB/T 4754-2017进行归类）视为候选的主导产业。以同样的流程爬取某县其他优秀农业企业POI数据，如果结果与A公司差不多，

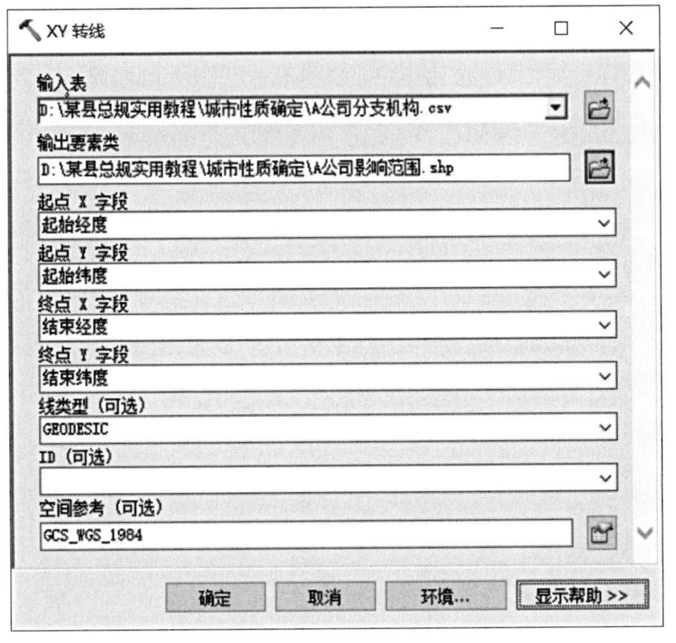

图5.2.3-1 “XY转线”工具

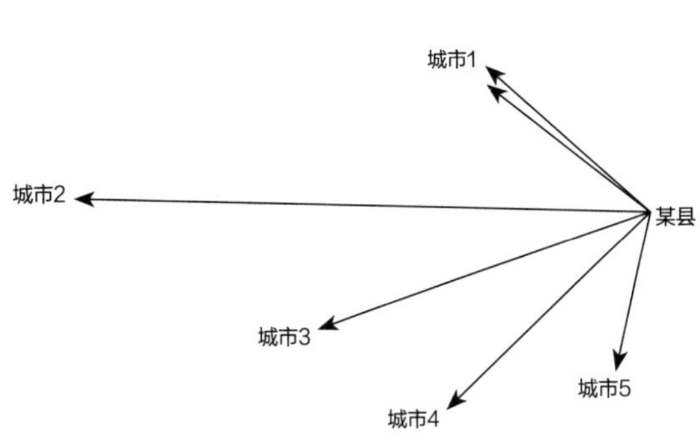

图5.2.3-2 A公司影响范围

则可以认定它们所在的农业行业为主导产业，并且影响范围（区域）也随之确定，在某县的城市性质里可以写入某县为某区域或面向什么区域的农业主产区。这也印证了上位规划把农业视为某县主导产业或主要职能是对的。

把区位商法和联锁网络模型法综合起来，则得到的主导产业更加可靠、更加有说服力。

结合上位规划，确定某县城市性质为“面向全国的优质农产品保障和示范基地、沿江经济带上重要节点城市和交通枢纽”，具体城市职能包括：中国特色优势农产品生产示范区、承接东部产业转移先行区、某市东部临港制造中心、区域性现代物流枢纽、某省粮食生产大县、某省重要的林木生产基地、港铁产城高质量绿色发展示范县、山水文化旅游名城等。

总体来看，城市性质既要体现上位规划的要求，也要体现本县的发展路径和优势。至于宜居宜业、生态环境优美之类的通用词语，从城市性质的定义看是可以不写上去的，因为它们不是城市或县的优势、个性或特色，而是普遍或共同的理想，是每个城市或县都追求的。

第三节 国土空间发展目标体系的确定

一、目标体系确定的方法

规划目标体系可分为安全、创新、协调、绿色、开放、共享等六类指标，它们又细分为生态保护红线面积、用水总量、永久基本农田保护面积、耕地保有量、常住人口规模、常住人口城镇化率、社区公共服务设施步行15分钟覆盖率等数十个指标。国土空间发展目标体系既要落实上位规划的要求，又要反映县域自身的发展愿景。

不同类型的指标有不同的确定方法。对于安全类指标，其目标值应维持甚至增加现状的指标值；对于其他五个类型的指标，应设定高中低三种发展情景，以时间序列法、指标分析法、因素分析预测法等进行预测后形成比选方案，经综合分析与平衡后确定最终的目标方案。

时间序列法是通过分析历史数据得到目标值与时间的关系，并假定未来这种关系依然不变，由此预测未来的目标值。指标分析预测法通过分析反映经济变动的互有联系的指标或指标组，研究那些预示经济转折的“动向”指标和预报经济可能出现严重问题的“警戒”指标，据此确定经济形势变化的迹象。因素分析预测法是用预测对象与影响它的因素之间的因果关系或结构关系建立经济数学模型来预测的方法，可以通过回归分析模型、经济计量模型、投入产出模型等进行预测。

二、确定国土空间发展目标的示例

（一）国土空间发展分期目标的确定

在城市性质的框架下，结合发展愿景，确定某县国土空间发展目标。

近期目标：支撑高质量发展与新发展格局的主要空间框架基本形成，现代化国土空间治理体系基本建成；粮食安全和供给能力得到有效保障，生态安全屏障更加牢固，历史文化资源得到有效保护；承接粤港澳产业转移力度进一步加大，绿色发展动力持续增强；城乡人居环境、空间结构效率和空间品质稳步提升；公铁水网络化交通能力进一步提升，综合交通枢纽地位得到增强；产城融合、城乡融合趋势明显，区域综合竞争力明显提升。

中期目标：美丽国土空间格局全面形成，国土空间治理体系和治理能力得到全面提升；创新和绿色成为支撑产业发展的主要动力，产业结构持续优化；粮食产能继续增强，生态建设成效显著，环境质量进一步提升，自然资源高效利用达到先进水平；历史文化资源价值充分发挥，生态和文化支撑乡村振兴全面实现；城乡协调发展，各项设施短板全面补齐；港产城全面融合，与国土空间格局相匹配的基础设施体系建设完成，成为沿江经济带重要节点城市。

远期目标：成为引领县域高质量发展和新型城镇化道路的佼佼者，形成生态优美、经济发达、文化繁荣、人民富裕、社会和谐的新局面。

（二）规划目标体系构建

结合《市级国土空间规划编制指南（试行）》提出的参考指标体系，以《国土空间规划城市体检评估规程》（TD/T 1063-2021）的现状评估指标为基础，针对某县发展阶段，重点落实城市性质或发展定位要求，选取体现空间质量、效率、结构和品质的相关指标，按照安全、创新、协调、绿色、开放和共享六个维度，建立符合某县地方实际和发展愿景的指标体系（表5.3.2-1）。

某县规划目标体系表　　表 5.3.2-1

编号	指标项	指标属性	指标层级
一、安全			
1	生态保护红线面积（公顷）	约束性	县域
2	用水总量（亿立方米）	约束性	县域
3	永久基本农田保护面积（公顷）	约束性	县域
4	耕地保有量（公顷）	约束性	县域
5	湿地保护率（%）	约束性	县域
6	自然保护地陆域面积占陆域国土面积比例（%）	预期性	县域
7	水域空间保有量（公顷）	预期性	县域
8	自然和文化遗产（处）	预期性	县域
9	适宜富硒农产品生产的土地保护面积（公顷）	预期性	县域
10	地下水水位（米）	建议性	县域
二、创新			
11	社会劳动生产率（万元/人）	预期性	县域
12	研究与试验发展经费投入强度（%）	预期性	县域
13	万人发明专利拥有量（件/万人）	预期性	县域

续表

编号	指标项	指标属性	指标层级
14	道路网密度（千米/平方公里）	约束性	中心城区
三、协调			
15	常住人口规模（万人）	预期性	县域
16		预期性	中心城区
17	常住人口城镇化率（%）	预期性	县域
18	人均城镇建设用地面积（平方米）	约束性	县域
19		约束性	中心城区
20	人均应急避难场所面积（平方米）	预期性	中心城区
四、绿色			
21	森林覆盖率（%）	约束性	县域
22	本地指示性物种种类	建议性	县域
23	每万元GDP水耗（立方米）	预期性	县域
24	每万元GDP地耗（平方米）	预期性	县域
25	单位GDP建设用地使用面积下降率（%）	预期性	县域
26	单位工业增加值耗地下降率（%）	预期性	县域
27	降雨就地消纳率（%）	预期性	中心城区
28	城镇生活垃圾回收利用率（%）	预期性	中心城区
29	农村生活垃圾处理率（%）	预期性	县域
30	绿色交通出行比例（%）	预期性	中心城区
31	新能源和可再生能源比例（%）	建议性	县域
五、开放			
32	国内旅游人数（万人次/年）	预期性	县域
33	港口年货物吞吐量（万吨）	预期性	县域
34	对外贸易进出口总额（亿元）	预期性	县域
六、共享			
35	公园绿地、广场步行5分钟覆盖率（%）	约束性	中心城区
36	卫生、养老、教育、文化、体育等社区公共服务设施步行15分钟覆盖率（%）	预期性	中心城区
37	城镇人均住房面积（平方米）	预期性	县域
38	每千名老年人养老床位数（张）	预期性	县域
39	每千人口医疗卫生机构床位数（张）	预期性	县域
40	人均体育用地面积（平方米）	预期性	中心城区
41	人均公园绿地面积（平方米）	预期性	中心城区
42	工作日平均通勤时间（分钟）	建议性	中心城区

（三）规划指标预测

1．工业增加值预测

2010～2020年间某县工业增加值年均增长6.3%，“十三五”期间平均增长10.3%。根据某县“十四五”发展规划，预计 2025 年某县地区生产总值增速为9%，工业增加值增速10%，考虑到某县作为农业主产区的主体功能定位，预计2020～2025年工业增加值延续10%的增长水平，2026～2035年工业增加值增速按6%预测。由此预测：

某县2025年工业增加值=56.5（2020年现状）×（1+10%）^{5}=91亿元；2035 年工业增加值=91（2025年预测值）×（1+6%）^{10}=163亿元。

2．服务业增加值预测

2010～2020年间某县服务业增加值年均增长11.7%，“十三五”期间平均增长8.8%。预计2020～2025年服务业增加值延续8%的增长水平，2026～2035年服务业增加值按5%预测。由此预测：

某县2025年服务业增加值=95.85（2020年现状）×（1+8%）^{5}=141亿元；2035年工业增加值=141（2025 年预测值）×（1+5%）^{10}=230亿元。

3．建设用地预测

以2010～2020年某县土地变更数据为基础，2010～2018年建设用地年均增长约152公顷，2010～2020年城镇建设用地年均增长64公顷。考虑到用地集约节约政策导向的影响，规划延续现状城镇建设用地的增长趋势，但村庄用地保持现状不变，区域基础设施用地和其他建设用地适度增长。设定高中低三种发展情景进行预测，建设用地总量分别按年均增长约80公顷、100公顷、120公顷计算，预测近期建设用地规模为14285公顷、14385公顷和14485公顷，远期建设用地规模为15085公顷、15385公顷和15685公顷。综合分析按照中发展情景进行预测，则2025年某县建设用地规模约15385公顷，2035年为15385公顷。

4．每万元GDP地耗预测

根据预测结果，2025年每万元GDP地耗为66平方米，2035年每万元GDP地耗为39平方米，2025年单位GDP建设用地使用面积下降28%，2035年单位GDP建设用地使用面积下降57%。

第四节 国土空间发展战略的确定

国土空间发展战略的确定方法有很多，这里简介SWOT法和情景分析法。

一、SWOT法

SWOT分析方法最早由美国的学者于20世纪80年代提出，它把研究对象的优势（Strength）、劣势（Weakness）、机会（Opportunity）和威胁（Threat）等因素进行综合评价和客观分析，然后把它们进行组合，提出相应的对策建议或发展策略。

将这种方法运用于县域发展战略的做法是：从SWOT四大因素对县域进行全面和深入的分析，每个方面都选取若干个指标进行内部和外部比对，然后对这四大因素进行不同的组合，形成不同的县域发展战略，再经过多方论证，确定最终的发展战略，一般是优先选择优势与机会相组合的发展战略。这种方法可以是文字描述，也可以在EXCEL中进行简单的计算来实现。

例如某县文字描述的SWOT分析结果如下：（1）优势是资源禀赋优良，生态环境良好，交通便捷，农业产品市场份额大，经济总量较高；（2）劣势是劳动力外流，工业产值占比偏低，离发达城市较远；（3）机会是交通枢纽地位有望提高，承接产业转移前景好；（4）威胁是财政比较困难，人才缺乏，建设用地紧缺，自然灾害较多。由此某县可采取优势与机会相组合的发展战略，即在保护好生态环境的基础上，实施强农强旅强加工制造和仓储物流的发展战略。

二、情景分析方法

1967年赫尔曼·卡恩（Herman Kahn）和维纳（Wiener）提出“情景”一词，它是对未来情形以及能使事态由初始状态向未来状态发展的一系列事实的描述。基于“情景”的“情景分析法”包括三大部分内容：即未来可能发展态势的确认；各种态势的特性及发生可能性描述；各态势的发展路径分析。

情景分析作为一种面对未来研究的思维方法，承认未来发展的不确定性，承认未来有多种可能的发展趋势，其预测结果也将是多样的；同时承认人在未来发展中的“能动作用”，并把分析未来发展中不同群体的意图和愿望作为情景分析的一个重要方面。在情景分析中还特别注意对发展起重要作用的关键因素的分析，并将定性分析与定量分析相结合。由于情景分析具有以上特征，使其不仅能够解决研究中未来发展的不确定性问题，而且能够充分考虑人的能动性在事物发展过程中发挥的作用。

确定国土空间发展战略的情景分析步骤如下。

（1）识别影响发展战略的重要因素。

（2）情景构建。即对县域未来发展进行的一系列合理、大胆、自圆其说的假设，确定未来希望达到的目标，亦即对未来发展前景进行的构想。

（3）情景分析。由于各种不确定因素对县域的发展可能会产生不同的甚至是迥异的影响，所以有必要对各种不确定因素在县域发展过程中所可能产生的影响以及如何产生影响进行详细的分析。在此基础上以所构建的发展情景为目标，从未来倒推到现在，找到实现发展情景的合理途径，并对实现过程进行详尽的描述。

（4）情景评价。根据县域发展的特点和所要解决的核心问题，建立一套完整的评价体系，并运用层次分析方法确定各个子目标及指标层的权重，然后以某种综合评价的方法进行评价，得到不同发展情景的优劣度排序，作为确定发展战略的参考依据。

（5）确定战略，以评价中得分最高的情景为基础，综合其他情景中的合理因素，最终确定县域发展的战略构想，并进一步提出实现这一构想的途径和策略，以引导县域向所设定的目标发展。

06

第六章

县域国土空间发展总体格局的构建

第一节
构建国土空间结构的基础理论

一、生态安全格局理论

在理论上，生态安全格局（Ecological Security Pattern，ESP）是指景观中存在着某些潜在的生态系统空间格局，它由景观中的某些关键元素、局部、空间位置及其联系共同构成，对维护或控制特定地段的某种生态过程具有关键意义。通过控制和调配这些关键空间和组分，可以实现对生物多样性的保护和恢复，维持生态系统结构、功能和过程的完整性，从而有效保障区域生态安全，控制环境问题。

对景观格局与生态过程关系的充分了解，是构建合理生态安全格局的基础。依据“基质-斑块-廊道”景观模式，典型的生态保护安全格局由生态源地、廊道、缓冲区、辐射道和战略点等组成。其中，生态源地是整个生态安全格局构建的基础，其准确性和全面性对格局整体构建至关重要。一般是选择区域内自然保护区和风景名胜区的核心区等作为生态源地，还可选用区域内一定面积的绿地、水体等生态斑块作为生态源地。

图6.1.1-1中，源是物种栖息地，也叫生境，表现为斑块；缓冲区是环绕源的周边区域，是物种扩散的低阻力区；源间通道是相邻两源之间最容易连接的低阻力通道，表现为廊道；辐射道是由源向外围景观辐射的低阻力通道，表现为廊道；战略点是连接相邻源的关键跳板，表现为斑块；阻力面是物种的生存和繁衍（迁徙、求偶、繁殖、播种、避险等）必须要克服地理空间或景观的阻力（崖壁、河流、裸地、自然灾害、天敌等），物种总是使用阻力小的通道，因此阻力也反映了物种的空间运动，阻力面就是由一系列阻力值相等的线（等阻线）构成的面，类似于地形的等高线。

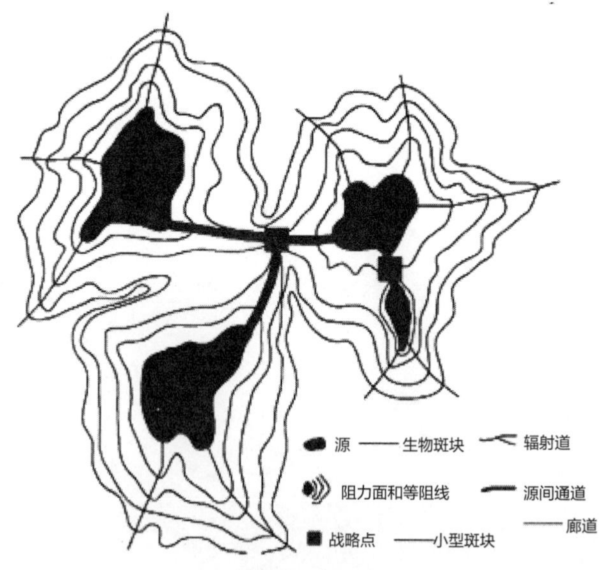

图6.1.1-1　景观生态安全格局示意图

生态源地是生物多样性和生态系统多样性所在的地方，是生态空间的核心，但它们一般是分散和孤立的，不利于物种的迁徙和繁衍，因此有必要构建生态廊道，将生态斑块（即生态源地）连通起来。

二、点-轴系统理论

1984年陆大道提出了点-轴系统理论，其后他不断加以完善。这一理论认为在经济发展过程中，几乎在大部分社会经济要素集中在“点”上的同时，“点”与“点”之间就形成由线状基础设施联系在一起形成的“轴”。联结各种等级的城市的线状基础设施束，由于它具有促进区域这个类似扇面发展的功能，所以称之为“发展轴”。“轴”对附近区域有很强的经济吸引力和凝聚力，同时，“轴”也是“点”上社会经济要素向外扩散的路径（方向）。这就是说，社会经济客体在空间中以“点-轴”形式进行渐进式扩散。这里的“点”指各级中心城市，“轴”指由交通、通信干线和能源、水源通道连接起来的产业聚集带。

依据这两种理论，国土空间总体格局的构建首先是构建适宜的结构保护性空间和发展性空间结构，前者是构建适宜的斑块和廊道加以重点保护，后者是构建适宜的核心和轴加以重点发展。然后在此基础上，依据地域分异规律和区域比较优势理论划分不同的功能区，以促进国土空间内部有序和协调的发展。

第二节
县域国土空间结构的规划方法及示例

一、县域国土空间结构的概念

依据生态安全格局理论和点-轴系统理论，一个地理区域的保护与发展不可能同时遍地铺开，总要有选择、有重点、有次序地进行，一般是优先保护和发展一些基础好、功能（职能）重要和强大、主导与调控性高的局部区域，它们体现为点（极、核心）、线（轴、廊、带）以及由它们组成的网络，点线或网络就组成了一个区域保护和发展的空间结构。在国土空间规划的领域里，这样的区域空间结构就可以称之为国土空间结构。国土空间结构的作用是指引后面的国土空间规划，为后面规划方案的研究和编制提供空间框架。但规划方案确定后，国土空间结构有可能会进行优化和调整，二者是相互作用的。

保护性的空间结构一般以生态安全格局理论为指导，由生态斑块和生态廊道组成，这二者又可以再细分为绿地和水域两部分。发展性的空间结构一般以点-轴系统理论（还可以加上TOD模式）为理论指导，由城镇、交通干线组成。二者合成为国土空间结构。

二、国土空间结构的规划方法

可以通过定性和定量的方法来规划国土空间结构。由于后面的规划方案有诸多的定量和定位方法，它们很可能会导致空间结构的调整和优化，因此这里可以先定性和粗略确地构建国土空间结构，不必展开过多的定量和定位研究。

在生态保护红线图层上，提取形状为块状的大斑块，如果它们彼此靠近，可以合并为一个更大的斑块。这样的斑块视为县域保护性空间结构的核心斑块。根据本县及周边接壤的地形、植被、水域的分布情况构建连接核心斑块的水陆廊道。自然灾害风险高的地方也可以纳入斑块或廊道中。再把与周边县市接壤的空间（地形、植被等图层）放在一起研究，使本县域的保护性空间能与周边衔接，由此得到由核心斑块和廊道构成的保护性空间结构。

根据县域的发展战略和方向，选择基础好的县城和重点镇作为发展核心，以连接它们的交通干线和对外主要联系方向作为发展轴，并与周边市县的发展性空间结构衔接起来。由此形成发展性空间结构。

将这两个空间叠加就得到县域国土空间结构，其中发展核心和发展轴可以分为主次两个级别。

三、国土空间结构的规划示例

把生态红线、林地覆盖率（大于0.9）、陡坡（坡度大于35°）、水系、高风险等图层叠在一起显示（图6.2.3-1），可知生态红线大部分与陡坡、高风险区重叠，因此可以把这些局部区域作为保护核心，根据面积大小再把它们分为生态屏障和斑块。水库也可以作为斑块。狭长的林地、陡坡和河流则作为水陆廊道。据此可绘制保护性空间结构。

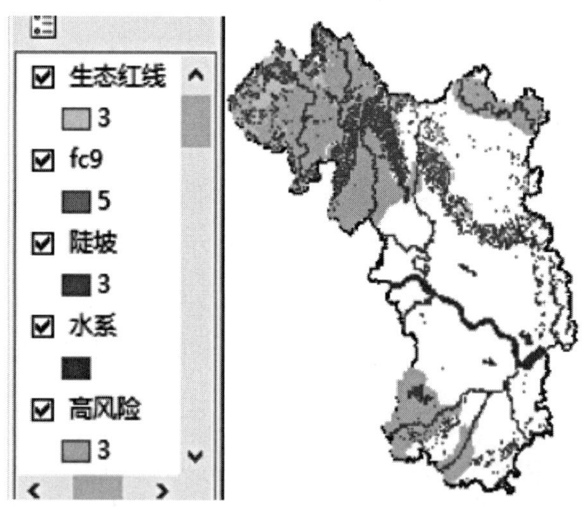

图6.2.3-1　生态红线、林地覆盖率、陡坡、水系、高风险等图层叠加显示

（一）保护性空间结构绘制

此时最好有大范围的底图，例如植被覆盖率图，这有助于判断斑块与廊道能否与周边衔接和连通，如能连通，则所选择的斑块和廊道就更加合理。

空间结构类的地图目前多用Photoshop或AutoCAD之类的软件绘制，其实在ArcGIS中也可以轻松完成，方法有三种。

第一种绘制方法是直接使用【绘图】工具条。沿着这些图层的要素边缘描绘大斑块（生态屏障）、斑块和廊道，对于河流廊道则直接使用河流图层即可，不必描。必要时可以点击【绘制】右侧的小黑三角，点击【将图形转换为要素】，将它们存为shapefile文件，再用【合并】工具与河流图层合并。如果河流不是面要素类，则用【缓冲区】工具把它们转为面要素类。

第二种方法是新建面要素类图层，然后打开【编辑器】进行描绘。这种方法可以使用【裁剪】【相交】等工具，然后再用【合并】与面状河流图层合并。

第三种方法是先用【栅格转面】工具把栅格转为面要素类，通过【识别】按钮识别形状和边界需要整理的面，用【测量】按钮来量算需要放大多少距离才能覆盖零碎的边界，在属性表里选中它们，再用【缓冲区】工具放大和缩小面（【线性单位】输入负数），从而得到简化的曲面作为生态斑块，再描绘廊道。

所得结果示意如图6.2.3-2所示，底图为植被覆盖率。

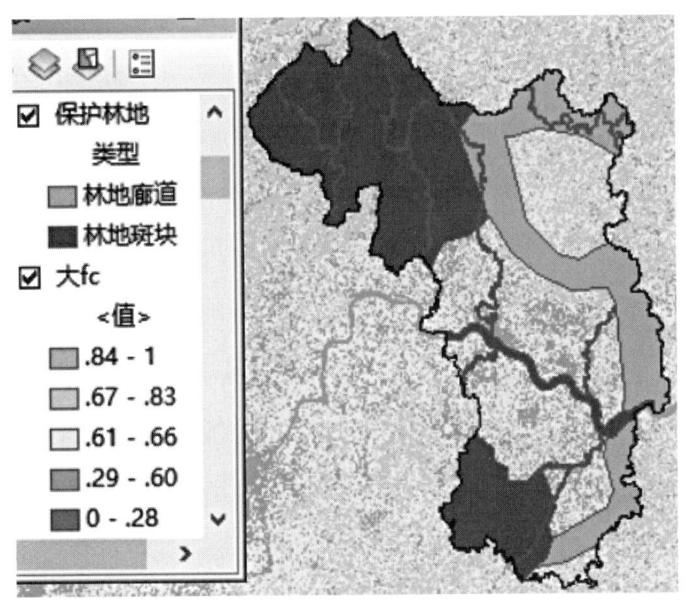

图6.2.3-2　底图为植被覆盖率的保护性空间结构

（二）发展性空间结构绘制

把主要城镇开发边界和交通干线图层拉进【内容列表】，根据现状对各乡镇的分析、县域发展战略（城市性质和发展方向等）、与周边县市的联系、用地条件等来确定发展核心和发展轴（图6.2.3-3）。

最后把保护线空间结构图和发展性空间结构图叠加显示，得到某县国土空间结构图（图6.2.3-4）。如有必要，可以先将线要素类图层通过【缓冲区】工具转为面图层，再用【合并】工具把所有图层合并为一个图层。

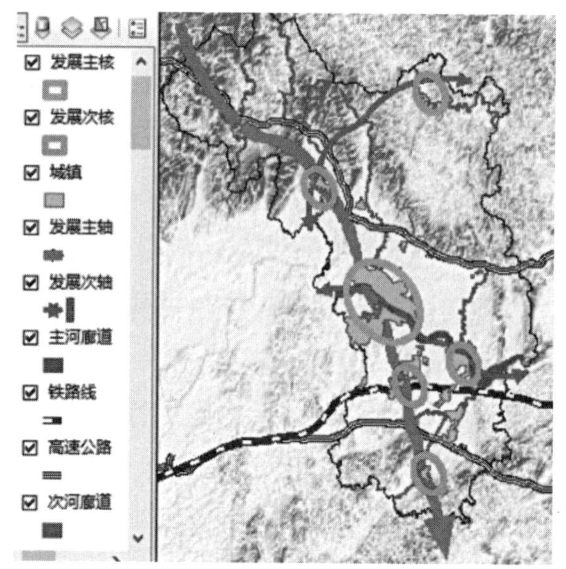

图6.2.3-3　发展性空间结构

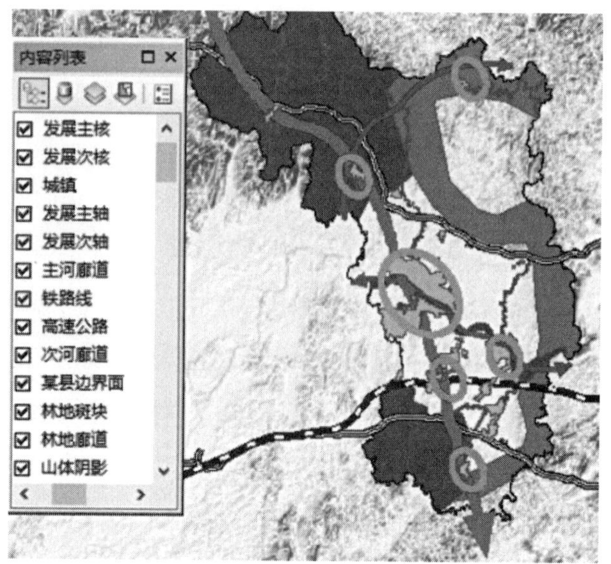

图6.2.3-4　国土空间结构

第三节
县域国土空间功能分区方法

一、分区方法

功能指某个区域在自然、生态、经济、文化等方面发挥突出或重要的作用，功能分区也就是识别和划分各种功能区域，分区的意义在于发挥各个功能区的比较优势，从而提高区域系统的效率，得以更好的发展。

分区的理论基础是地域的分异性和地域的比较优势。功能分区的原则是把功能相同或相似的地方划为同一个或同一种区域。在区划过程中，既可根据地域分异规律将地表依次划分为不同等级的各种区域，形成自上而下的区域分割方法；又可根据地域组合规律，将具有相同性质的小块地理空间单元合并为更高一级的区域，形成自下而上的空间聚类方法。两者互为补充，共同构成了区划的全部过程。

功能分区分为区域划分和类型划分两种。

分区的方法有主导因素法、综合分析法、地域聚类法、矩阵分类法、智能模型法、空间叠置法。分区方法一般是对不同的功能建立不同的单因子划定指标和综合划定指标，得到不同的功能分区。单项和综合指标宜粗不宜细。将不同的分区叠加，按一定的优先次序和适宜性准则来调整分区边界。

县域国土空间总体规划中一般可把县域分为以下功能区域。

生态保护区：即生态保护红线范围，由上位规划，即市级国土空间总体规划传导下来，直接使用即可。

生态控制区：生态脆弱和敏感区域，例如自然灾害高风险区、主要水体及其缓冲区、地形陡峭区域等。

永久基本农田保护区：由上位规划，即市级国土空间总体规划传导下来，执行即可。

城镇发展区：即城镇开发边界划定的范围，由上位规划，即市级国土空间总体规划传导下来，可以直接使用，但可能与县域现状和发展战略有明显的偏差，有修改的可能性和必要性。

主要乡村发展区：县域主要的农产品生产区域，含村庄居民点。

特色乡村发展区：县域特色农业生产区，含村庄居民点。

其他功能分区：例如独立工矿区、旅游区、遗产保护区、林业发展区，等等。

二、分区步骤

1．生态控制区

需要坡度、水体、自然灾害风险评估、水土流失等数据。

第一步：选取影响生态控制的因素，主要是地形坡度因子、自然灾害因子、水体因子，还可以依据各县具体情况加入别的因子。

第二步：建立因子的统一分级表，例如都分为低、中、高三个控制级别（不宜过细过多），赋值为1、2、3，从低到高表示生态控制的重要性和必要性递增。

第三步：将各因子依照三个等级进行划分，将其中的矢量数据格式转为栅格数据格式，水体本身如果是矢量的也要转。

第四步：将各因子进行叠加，得到生态控制区分级图。必要时可从生态控制区内除去生态保护红线、永久基本农田和城镇开边界。

2．三区和乡村发展区

第一步：打开三区三线图层属性表，添加“三区”字段（文本类型），分别给该字段赋值“生态红线”“基本农田”“城镇开发”。将“城镇开发边界”的像元提取为“城镇开发”图层，将“生态保护红线”和“永久基本农田”像元提取为“生永保护”图层。

第二步：从开发适宜性评价结果图层中【按属性提取】适宜农业的范围，删除小图斑，即为乡村发展区。

第三步：根据资料自绘特色乡村发展区面要素类，将其转为栅格。

第四步：以【镶嵌至新栅格】将第二步和第三步得到的两个图层合并，输出图层可命名为“农特”。

3．图层合并

将上述各分区的图层合并。

第一步：以【镶嵌至新栅格】工具合并“生永保护”图层（作为第一个first图层，即第一个【镶嵌至新栅格】的图层）和“生态控制区”图层（last图层），镶嵌运算符选择fisrt，输出图层可命名为“生永控”。

第二步：以【镶嵌至新栅格】工具将“生永控”（first）与“农特”合并，镶嵌运算符选择【first】，输出图层可命名为“功能分区”，视情况对其稍作进行整理。

第四节
县域生态控制区划分示例

上述的功能分区中，生态控制区比较复杂，其他区比较简单，因此本节只讲述生态控制区的划分方法。

一、建立生态控制区分级指标表

根据某县的实际情况构建生态控制区分级指标表见表6.4.1-1。

生态控制区分级指标　　表6.4.1-1

因子名称\分级值	1（低控制）	2（中控制）	3（高控制）
地形坡度	<25°	25～35°	>35°
自然灾害	轻度	中度	重度
主要水体（大河、重要水库等）	水体缓冲区100～200米	水体缓冲区100米内	水体
次要水体（中小河、次要水库等）	水体缓冲区50～100米	水体缓冲区50米内	水体

注：本表因子的选定及分级阈值是编者自定的。

二、水体图层的操作

需要对水体图层进行多环缓冲、合并、添加字段赋值、转栅格的操作。

在水库图层的属性表里选中主要水库所在的行（图6.4.2-1），这意味着只对所选的行执行地理处理工具运算，其他行不参与运算。按住【Ctrl】键可以跳选，按住【Shift】键可以连选。打开【多环缓冲区】工具进行设置（图6.4.2-2），在【距离】栏内输入100，点击【+】，再输入200，再点击【+】。

然后把主要水库缓冲区与主要水库水体合并，可命名为“水库合1”（图6.4.2-3）。

同理，对次要水库进行多环缓冲和合并，可命名为“水库合2”。然后再把“水库合1”与“水库合2”再合并，得到全部水库的水体及其缓冲区，其中【distance】为0 的行是水库本体（图6.4.2-4）。

在【水库合】属性表中添加整型字段，可命名为“生控级”。选中【distance】为0 的行，它们是水库本体，生控级应为3。选中行后点击【生控级】字段，点击【字段计算器】，输入3，把所选行的【生控级】赋值为3。同理把【distance】为50和离它很远的100所在行的【生控级】赋值为2，把挨着【distance】为50的100所在行和200所在行的【生控级】赋值为1。最后得到完整的生控级（图6.4.2-5）。

现在把水库合图层由矢量数据格式转为栅格数据格式。打开【面转栅格】工具进行设置（图6.4.2-6），【值字段】要选择【生控级】，【像元大小】要与河流、风险、坡度等图层统筹考虑，最好各个图层的像元大小统一，这里统一为30。另外，如果输出图层存入文件夹，则需要添加扩展名（点开【显示帮助】便知）。设置好后点击【确定】，得到栅格图层（图6.4.2-7）。

主要河流和次要河流也按照上述步骤操作，最后得到栅格图层“河流栅”。

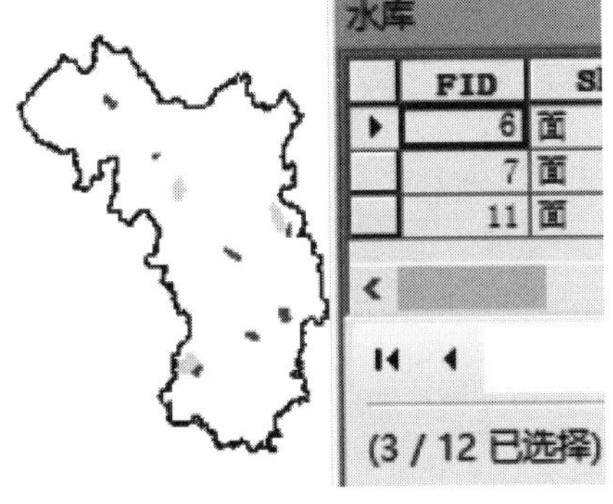

图6.4.2-1　在属性表中选中要操作的行

图6.4.2-2　多环缓冲区的设置

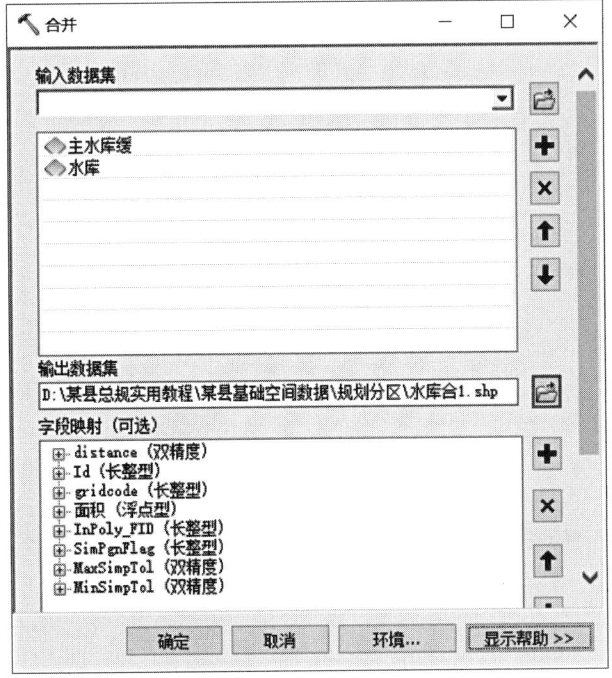

图6.4.2-3　合并设置

水库合

FID	Shape *	distance
0	面	50
1	面	100
2	面	0
3	面	0
4	面	0
5	面	0
6	面	0
7	面	0
8	面	0
9	面	0
10	面	0
11	面	100
12	面	200
13	面	0
14	面	0
15	面	0

图6.4.2-4　水库合并后的diastance值

水库合

FID	Shape *	distance	生控级
2	面	0	3
3	面	0	3
4	面	0	3
5	面	0	3
6	面	0	3
7	面	0	3
8	面	0	3
9	面	0	3
10	面	0	3
13	面	0	3
14	面	0	3
15	面	0	3
0	面	50	2
11	面	100	2
1	面	100	1
12	面	200	1

图6.4.2-5　最终的生控级值

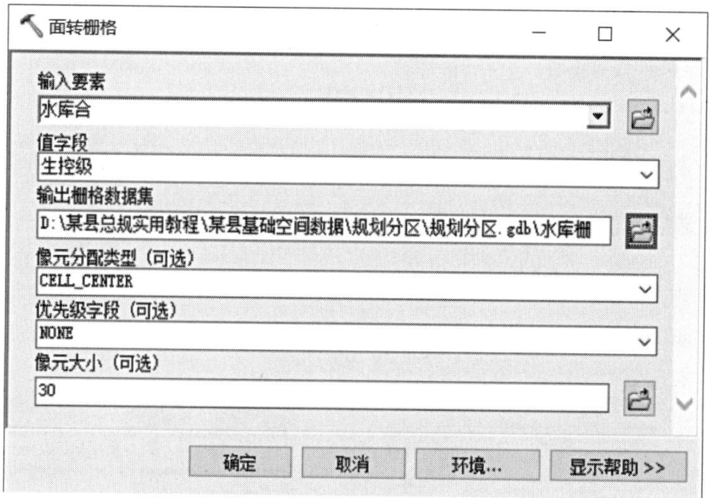

图6.4.2-6　面转栅格的设置

图6.4.2-7　水库面转栅格后的图层和属性表

三、其他图层的操作

坡度图层已经在第三章"县域自然地理基础分析"中做好，现在按照表6.4.1-1，用【重分类】工具将其分为三级，无须再添加生控级字段赋值。

风险评估图层也已经在第三章中分好，符合表6.4.1-1，无须再添加生控级字段赋值。

四、各个图层的叠加

确保水库、河流、坡度、风险评估图层的波段和像素类型一致。打开【镶嵌至新栅格】工具，把水库、河流、坡度、风险评估这四个栅格图层叠加，即镶嵌在一起，【像素类型】选择图层的像素类型，这里是2 BIT（图6.4.4-1）。点击【确定】，得到生态控制区分级图层（图6.4.4-2）。

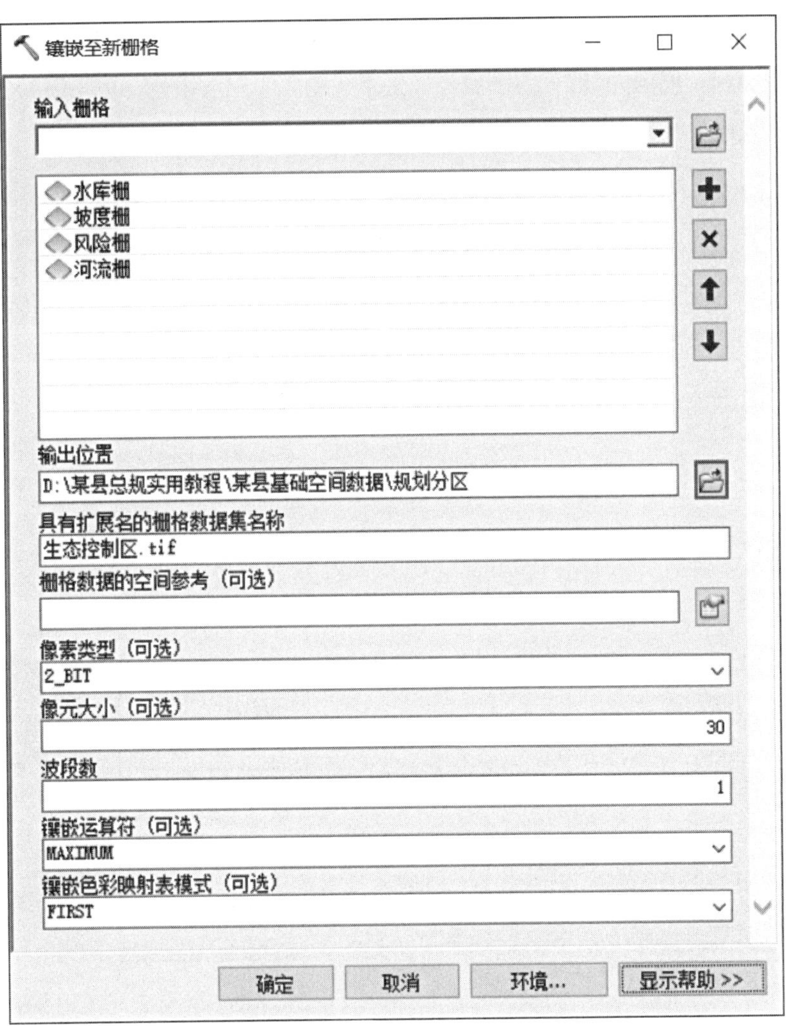

图6.4.4-1　镶嵌至新栅格工具的设置（选择与图层一致的像素类型）

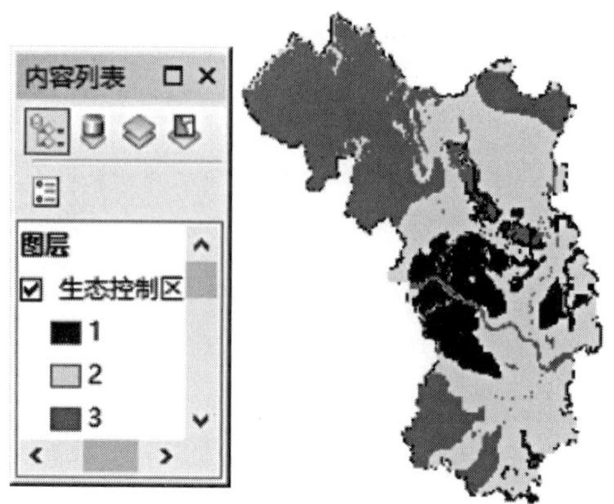

图6.4.4-2　生态控制区分级

五、除去三条控制线

使用【重分类】工具把生态保护红线、永久基本农田和城镇开发边界重新分类，只分一类，值为4。

打开【镶嵌至新栅格】，把值为4的三线图层与“生态控制区”图层镶嵌，按【MAXIUM】镶嵌，保存图层为“三线生控”，它的值为1、2、3、4。

打开【栅格计算器】，输入“SetNull（“三线生控”== 4,”三线生控”）”（图6.4.5-1），其含义是如果“三线生控”的像元值为4，则将其输出为空，即NoData；如果像元值不为4，则其像元值为“三线生控”的像元值，它的值为1、2、3。点击【确定】后得到除去三线的生态控制区图层（图6.4.5-2）。

后续如有必要，可对该生态控制区进一步处理，例如使用众数滤波、清理边界工具（对栅格数据），或者把栅格转面后使用【消除面部件】清除零碎图斑，等等。

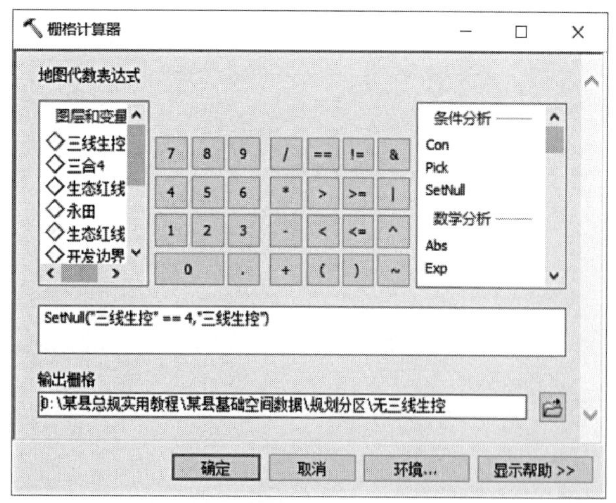

图6.4.5-1　设为空函数的设置

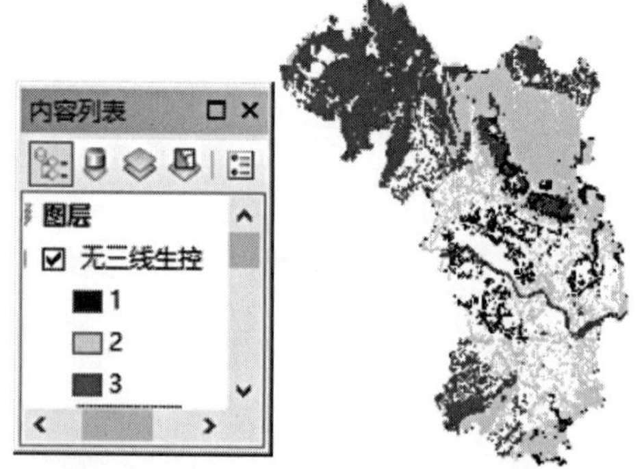

图6.4.5-2　除去三线后的生态控制区

07

第七章

县域城乡空间规划

城乡空间指县域中人口分布集中的地域。以人为本、以人民为中心是国土空间规划的宗旨，因此人口规模预测及其聚居空间的规划具有极其重要的意义，要在预测人口规模的基础上，对乡镇进行分级分类分职能，并落实为空间结构，通过规模等级结构、职能结构和空间结构等三个结构来指导乡镇的规划与发展，推动县域国土空间有序和协调地发展。

第一节 县域城乡常住人口预测

一、常住人口预测方法

常用的人口规模预测方法包括综合增长率法、线性回归法、经济弹性系数法、指数函数预测模型、多元回归预测模型、灰色GM（1，1）预测模型等。数据为人口现状和历年（至少十年）人口变化情况。在实践中多采用三种以上方法进行预测，综合比较后选择合适的预测值。

综合增长率法是根据人口综合年均增长率来预测人口规模，以历年人口变化情况为基础，结合各部门发展规划和农业剩余劳动力转移所引起的人口机械变动情况进行预测。预测公式为：$P_t=P_0(1+r)^n$。式中：P_t为预测目标年末人口规模；P_0为预测基准年人口规模；r为人口年均增长率；n为预测年限。

一元线性回归模型预测一般适用于人口数据变动平稳、直线趋势较明显的预测，先确定两个经济变量之间是否存在线性相关关系，如是则用最小平方法求出回归模型并进行预测，最后计算标准误差以确定回归模型的可靠程度。公式为：$P=a+bt$。式中：a是常数，是回归直线的截距；b是回归系数，是回归直线的斜率；t为自变量，即时间序列；P为因变量，即人口规模。标准差检验结果$|R|>0.7$，代表高度线性相关。

经济弹性系数法是在对经济增长变化预测的基础上，通过弹性系数对人口的发展变化做出预测的一种间接预测方法。预测公式为：$P_t=P_0(1+v')^n$，其中，$v'=V'\times K$。式中：P_t为预测目标年末人口规模；P_0为预测基准年人口规模；v'为规划期内人口平均增长速度；V'为国内生产总值（GDP）增长平均速度；K为人口经济弹性系数；n为预测年限。

指数函数模型根据其本身特征适用于人口增长速度前期较慢，中后期逐渐提高的情况。预测公式为：$P_t=P_0e^{rt}$。式中：P_t为预测目标年末人口规模；P_0为预测基准年人口规模；e为自然常数；r 为人口增长率；t 为预测时间长度。

灰色GM（1，1）预测模型是对既含有已知信息又含有不确定因素的系统进行预测的方法，特点是所需信息量少，能够将无序离散的原始序列转化为有序序列，对近期数值预测精度高。

二、常住人口预测示例

（一）县域常住人口预测

1. 现状常住人口数据

某县2020年常住人口89.59万。2010～2020年，常住人口年均增长率为8.6‰。2020年城镇人口45.31万，城镇化率达到50.6%，2010～2020年常住人口城镇化率年均增长约1.49%。

2. 常住人口预测

采用综合增长率法、回归分析法和经济劳动力相关法对常住人口做出预测。

综合增长率法。综合某县常住人口历史发展趋势和未来影响因素，综合确定近期综合增长率为8.6‰，远期取值7.5‰。计算得出近期2025年的全县常住人口为94万人，远期2035年的常住人口为101万人。

线性回归法。选择历史数据点为2010～2020年的近10年，以2020年为近期年，选择线性规划模型拟合某县常住人口的变化趋势。根据线性回归模型的预测结果，中期2025年的常住人口为94万人，远期2035年的常住人口为98万人。

经济弹性系数法。根据某县历史经济发展趋势，预测某县年均经济增速近期可到9%，远期保持在6%左右。根据2010～2020的统计资料显示，某县人口增长率与GDP增长率比值在3.6～8.4之间变动，近期取中值5，随着科技的进步、劳动生产率的提高，人口经济弹性系数应当有所增长，因此远期取值为10。基于2010～2020年常住人口和GDP的弹性系数关系，可以预测未来经济增长情景下的常住人口增加。根据计算，某县中期2025年的常住人口为98万人，远期2035年的常住人口为105万人。

结合以上方法预测综合取值，全县常住人口2025年为94万人；2035年为101万人。

3. 城镇化水平预测

某县已进入工业化加快发展阶段，未来城镇化进程将快速推进；随着本地城市经济的快速发展，就业吸纳能力提高，城镇综合服务能力增强，将吸引人口回流，促进城镇化进程。

采用综合增长率法。根据历年城镇率的变化和未来的影响因素，可以估算近期城镇化水平年均增长率为1.5%，远期城镇化水平年均增长率为1.2%。预测至2025年城镇化率为55%，至2035年城镇化率为62%。

采用经济相关法。通过对人均GDP和常住人口城镇化率的历史数据进行对数回归预测，规划期末城镇化水平。根据对数回归模型的预测结果，至2025年城镇化率为55%，至2035年城镇化率为60%。

综合预测结果，2025年某县常住人口城镇化率预计为55%，2035年常住人口城镇化率为62%。

4. 城镇常住人口预测

根据全县常住人口和城镇化水平的预测结果，综合确定全县城镇人口规模。规划至2025年城镇人口为52万，至2035年城镇人口为63万。

（二）中心城区常住人口预测

1. 中心城区概念

中心城区一词最早出现于《城市规划编制办法》（建设部令第146号，2005年10月28日），其含义大约是城市规划建成区的扩展界限。但这个术语至今仍无明确的定义和划定办法。《城区范围确定规程》（TD/T 1064-2021）定义了城区，并给出了确定城区范围的方法，但这个规程并不适用于市级和县级国土空间总体规划中的中心城区，原因有二:（1）该规程是从实体地域范围来划定城区范围的，即它是实际已经开发建设、市政公用设施和公共服务设施基本具备的建成区范围，等同于以前城市总体规划中的中心城区现状建成区，而国土空间规划所说的中心城区是包括未来发展建设用地或空间的，与现状建成区有本质的区别;（2）该规程要兼顾行政区划界线，最小统计单元为居（村）民委员会，这个最小统计单元对于县级中心城区而言太大了，导致统计的建设用地面积会明显失真，所统计的建设用地面积里面将掺杂大量的非建设用地，在自然村屯边界线难以获得、只能使用行政村边界线作为最小统计单元的情况下，这种失真情况更加严重。

在实际项目中，不同的省、市、自治区有不同的中心城区界定和划定方法，本教程把中心城区等同于县城的城镇开发边界。根据《城镇开发边界划定指南（试行）》（征求意见稿，自然资源部2019年6月），城镇开发边界是在国土空间规划中划定的，一定时期内指导和约束城镇发展，在其区域内可以进行城镇集中开发建设，重点完善城镇功能的区域边界。城镇开发边界内可分为城镇集中建设区、城镇弹性发展区和特别用途区。

中心城区或县城是县域发展的最大核心，对全县的发展发挥着巨大的政治、经济、社会、文化等全方位的作用。

2. 不同产业发展情景下的综合增长率法

2020年某县中心城区常住人口为26.64万人。城市生活环境和产业的发展对其人口规模的影响非常大，所以预测中心城区时需要重点考虑这两个因素，分为三种情景进行人口预测。

情景一：如果延续现状发展基础，城区周边乡村人口稳步向县城集聚。取自然增长率为10‰，暂住人口年均增长取值为2000人。至2025年，中心城区人口规模为27万人；至2035年，中心城区人口规模为38万人。

情景二：随着城市环境优化及公共服务设施逐渐完善，县域内部乡村人口稳步向县城集聚。县域内就地转移人口明显增加。自然增长率取15‰，暂住人口年均增长取值为2500人。至2025年，中心城区人口规模为31万人；至2035年，中心城区人口规模为40万人。

情景三：随着工业园区建设、产业结构升级，港口发展迅速，城区呈现规模效应，就业岗位增加，吸纳大量常住人口，人口向中心城区大量集聚。自然增长率为15‰，暂住人口年均增长取值为3000人。至2025年，中心城区人口规模为35万人；至2035年，中心城区人口规模为45万人。

3. 人均用地预测法

根据双评价结果，中心城区中适宜建设用地总量为64平方公里。根据《城市用地分类与规划建设用地标准》(GB 50137-2011)，规划人均建设用地为85~105平方米/人。规划人均城镇建设用地控制在105平方米以内，则在严格的土地政策下，中心城区可承载人口上限为57万。

综合考虑多种情景分析结果，选定中心城区2025年常住人口31万，2035年40万。

第二节 县域城乡体系的规模等级结构规划

一、城乡体系规模等级结构规划的方法和数据

城乡或城乡体系的规模等级结构（也可称为等级规模结构）是指将各乡镇人口进行分级，形成大中小的序列结构。构建城乡规模等级结构的理论基础是中心地理论和位序—规模法则，简单说就是人口多的城镇数量少，距离远，人口少的城镇则相反。一般来说，符合这些特征的城乡体系的规模等级结构才是合理的，也就是说原则上应该按照这样的理论来规划或构建规模等级结构。

严格地说，城乡规模等级结构是按照县城、镇区（集镇）常住人口进行划分的，但现在的规划项目多使用乡镇总常住人口，因此城乡居民点（城乡体系）规模等级结构规划可以分为乡镇总常住人口和镇区（集镇）总常住人口两种结构。

规模等级结构规划的方法比较简单：将人口预测数据的EXCEL表格连接到乡镇区划图层，导出为另一个shapefile图层，在【符号系统】中对预测的人口字段值进行自然间断点分级，县域一般分为三或四个等级即可，以分级符号进行表达，由此绘制城乡规模等级结构规划图。

城乡体系规模等级结构规划所需的数据有：（1）各乡镇人口预测数据（全乡镇和镇区或集镇的），一般为EXCEL表格，要确保存为97-2003版本的xls格式；（2）各乡镇行政区划图。

二、城乡规模等级结构规划示例

根据历年各乡镇城镇人口的变化态势，结合发展阶段、人地关系和人口结构特征等因素，预测各乡镇城镇人口规模。将人口规模表格与乡镇行政区划图层相连接，用【符号系统】制作规模等级结构图（图7.2.2-1、图7.2.2-2，勾选【使用要素值显示类范围】，使数值的分布不连续，更符合人口数量的分布特征，即各个乡镇人口数量的分布是不需要连续的），据此对EXCEL表格进行分级，得到规模等级结构表（表7.2.2-1）。

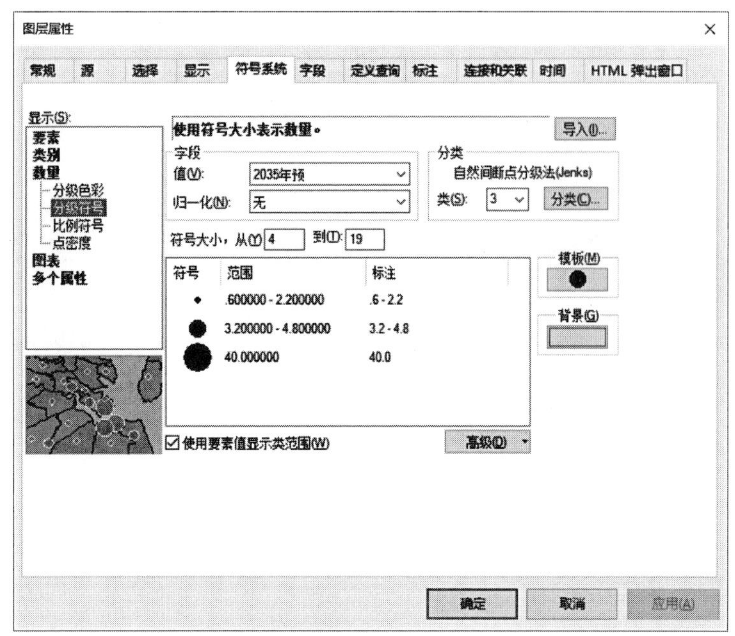

图7.2.2-1　符号系统中的分级设置

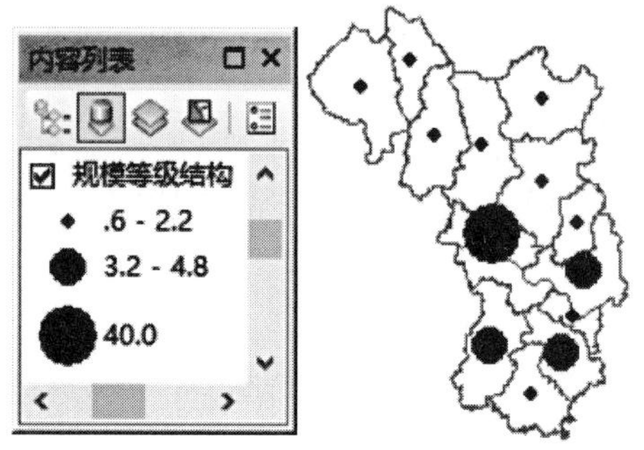

图7.2.2-2　某县城乡规模等级结构

某县城乡体系规模等级结构　　表 7.2.2-1

等级	常住人口规模	乡镇	数量
Ⅰ级	40万	中心城区（由街道1和街道12组成）	1
Ⅱ级	3.2万～4.8万	乡镇6、乡镇8、乡镇13、	3
Ⅲ级	0.6万～2.2万	乡镇2、乡镇3、乡镇4、乡镇5、乡镇7、乡镇9、乡镇10、乡镇11、乡镇14	9

第三节
县域城乡体系的职能结构规划

一、城乡体系的职能划分方法和数据

城乡职能特指县城和乡镇在县域内的经济、社会发展中所发挥的作用和承担的分工，一个乡镇可有一个或几个职能，其中的主要职能即为乡镇发展定位。县域城乡体系的职能一般划分为综合型职能（一般在中心城区）、交通枢纽型职能、工业或工贸型职能、旅游或生态旅游型职能、集贸或商贸型职能，等等。

在符合上位规划的城镇主体功能分区的前提下，分析和确定职能的方法为分析各个乡镇的产业发展基础和现状职能，根据县城市性质和发展目标的合理落实来综合确定各乡镇的城镇职能。然后编写职能表格，至少要有乡镇名称和职能的文本型字段，以便在【符号系统】中用分级色彩进行表达。

分析和规划职能结构所需的数据有现状和规划的经济数据、人口预测数据、乡镇行政区划图。

二、城乡职能结构规划示例

（一）城乡主体功能分区

根据某县所在地级市的乡镇主体功能分区，将全县乡镇划分为城市化发展区、农产品主产区、重点生态功能区三类基本主体功能区（表7.3.2-1）。

某县乡镇主体功能分区表 表7.3.2-1

城市化发展区	农产品主产区	重点生态功能区
中心城区（街道1、街道12）	乡镇2、乡镇3、乡镇4、乡镇5、乡镇6、乡镇8、乡镇9、乡镇13、乡镇14	乡镇7、乡镇10、乡镇11

（二）城乡产业发展状态

1. 农业

某县是农产品主产区，富硒土壤比例高达70%，农业发展条件优良。农业种植方面，主要集中在乡镇1、乡镇2、乡镇4、乡镇5、乡镇6，乡镇8、乡镇12等，耕地以种植水稻、玉米、蔬菜、花生、马铃薯、木薯等粮食作物为主，同时发展稻虾综合种养；园地以种植龙眼、沙糖桔、沃柑、余甘果、大青枣等水果和中药材、茶叶为主；林地用于积极发展玉桂、油茶种植等林业经济。农业养殖主要集中在街道1、乡镇5、乡镇6、乡镇9等，以生猪、家禽、肉牛、山羊、墨底鳖等养殖为主。

目前，某县已建成省级农业核心示范区3个、县级农业示范区4个、乡级示范园24个，已建设万亩富硒优质水稻示范基地，创建富硒品牌9个，182家规模养殖场通过生态养殖认证，农林牧渔业总产值突破百亿。

2. 工业

某县乡镇工业基础薄弱，规模较大的现代化企业数量较少，集中在工业园区，散布于乡镇的产业类型以服装加工、木材加工、电子厂、砖厂、农副产品初加工等轻工业为主，普遍存在技术含量不高、产品低端、经营能力弱、就业带动能力不足等问题。

3. 旅游业

某县乡村旅游资源丰富齐全，四级以上的旅游资源占比6.7%，三级资源占比30.3%，优良级旅游资源比例可观。县域北部和中部优良级资源相对集中，全县共有10个传统村落，亦多集中在县域北部乡镇。简而言之，县域中部与北部乡村旅游开发优势明显，具有较大的开发潜力，但目前整体开发程度较低，未能有效发挥促进地方经济发展、带动农民就业增收的作用，发展潜力较大。

（三）城乡职能结构

综合各城镇产业发展现状以及在区域分工中所处的地位和作用，将各城镇划分为综合型、工贸型、旅游型、农贸型共四种职能类型（表7.3.2-2、图7.3.2-1）。

某县乡镇职能结构规划一览表　　表7.3.2-2

职能	街道和乡镇
综合	中心城区（街道1、街道12）
工业	乡镇2
工贸	乡镇5、乡镇6、乡镇8、乡镇13、乡镇14
农贸	乡镇3、乡镇4、乡镇9、乡镇11
旅游	乡镇7、乡镇10

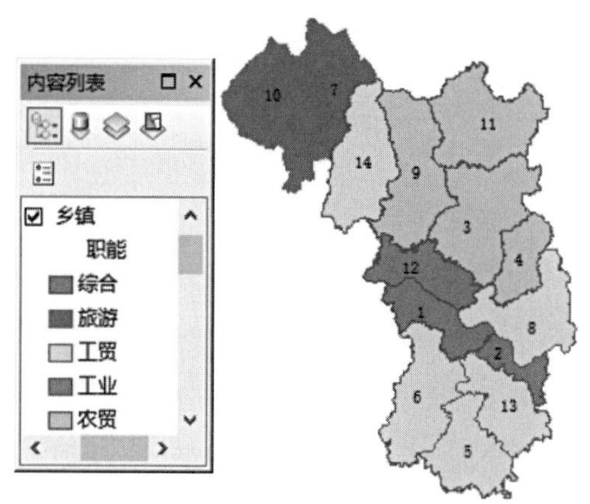

图7.3.2-1　某县城乡职能结构规划

各街道和乡镇的发展定位和主要职能如下（仅列少部分作为示例）：

中心城区（街道1、街道12）：沿江经济带上重要节点城市和交通枢纽，以临港制造业集群为特色，集现代物流、商贸服务为一体。

乡镇2：以制造、造船、建材、物流等临港沿江产业为主的城镇。

乡镇3：县城后花园，以食品加工、集市贸易、旅游服务为主，大力特色种养（龙眼、茶叶）、农产品及食品加工、旅游业。

乡镇4：县域中部农贸型生态宜居城镇，以农务管理、集市贸易、食品加工为主，发展特色种养、农副产品加工及生态休闲旅游。

可以用一张图把规模等级结构和职能结构同时表达出来，在图7.3.2-2中点击【符号大小】，在图7.3.2-3中，【字段】的【值】选择2035年预测规划人口，【类】选择3，然后修改符号大小、标注、模版、背景等，得到图7.3.2-4。

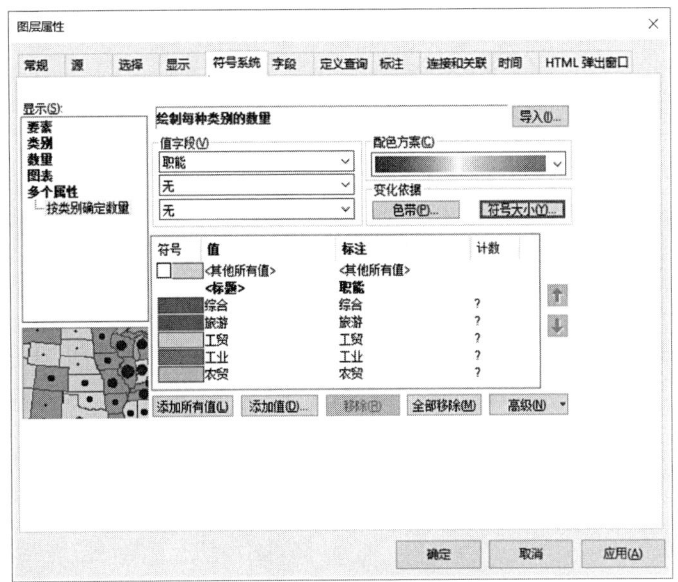

图7.3.2-2　按类别确定数量

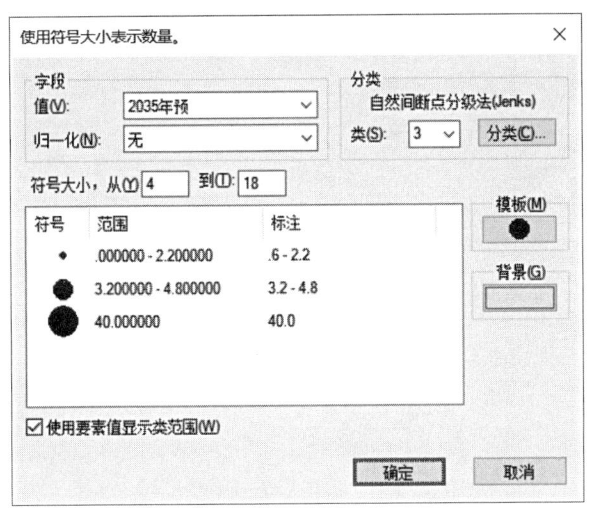

图7.3.2-3　设置符号

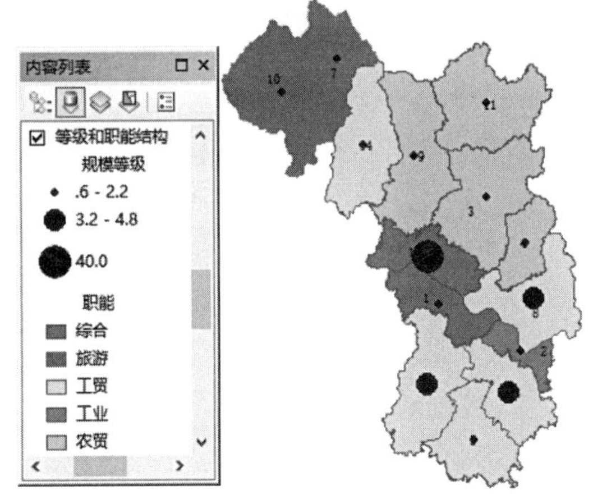

图7.3.2-4　同时表达规模等级结构和职能结构

第四节 县域城乡空间结构规划

一、城乡空间结构规划方法

县域城乡空间结构规划主要以点-轴系统理论为基础指导，结合县域城乡规模等级结构和城乡职能结构的规划，选择能吸引和带动周边乡镇发展的增长级和各级节点，依据上位规划中的交通体系规划、县域的城市性质和发展战略、县域国土空间总体格局，将它们串联起来成为发展轴，形成多层级、多节点、组团式、网络化协同发展的城乡空间结构。

具体步骤为：（1）确定主核、副核、次核、主轴、副轴、次轴的位置和走向；（2）用绘制工具绘制各种核与轴；（3）利用【绘制】工具条中的【将图形转为要素】工具，将核与轴分别转为点和线图层；（4）对点线图层进行符号化绘制，得到空间结构图。如果想把点、线合并为一个图层，需要把点线稍作缓冲，变为面图层后，利用【合并】工具把两个图层合并即可。

二、城乡空间结构规划示例

按上位规划，在某县形成“两横一纵”铁路通道、“三纵三横”高速公路通道、“四横一纵”普通国省道干线网；规划建设6个现代化大型公用码头和一级航道；在乡镇8规划建设通用机场。据此并结合规模等级结构与职能结构的规划，构建“一核四轴多节点”空间结构，形成核心引领、点轴联动的发展格局（图7.4.2-1）。

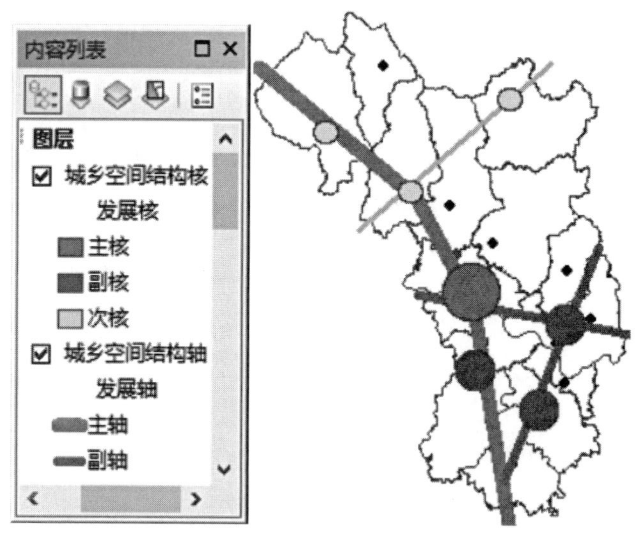

图7.4.2-1　某县城乡体系空间结构规划

“一核”即中心城区，作为全县政治、经济、文化和公共服务核心，承担引领城乡发展和人口集聚职能，强化资源要素集聚优势和综合服务功能，增强对县域各乡镇的辐射带动力。

“四轴”即南北向依托国道和高速公路等交通干道的城镇发展主轴，带动县域南北山丘与平原特色化发展；东西向的滨江城镇发展副轴和南北向的平原发展副轴；县域北部的东西向城镇发展次轴，引导人口在交通可达性较高、设施便利性较好的乡镇适度集聚。

“多点”由主核、副核、次核构成，发挥对周边的辐射带动作用。

第五节
县域城乡建设用地规划

一、城乡建设用地需求计算方法

本节的城乡建设用地指各个乡镇政府所在地的中心城区（县城）、镇区或集镇建设用地。在县域双评价、三区三线的底线管控基础上，按各乡镇的镇区或集镇的建设用地条件、周边和相同发展阶段县域的城乡人均建设用地、相关技术规范等来确定新增城乡人均建设用地面积，可以将乡镇进行分类，不同类型的乡镇设置不同的新增人均建设用地面积。根据镇区（集镇）人均建设用地面积和预测镇区（集镇）常住人口，得到乡镇的镇区（集镇）的建设用地总面积，总面积不应大于城镇开发边界的面积。

二、城乡建设用地规划示例

（一）确定新增城乡人均建设用地分类配置标准

依据相关政策《关于建立城镇建设用地增加规模同吸纳农业转移人口落户数量挂钩机制的实施意见》（国土资发〔2016〕123号），对规划期新增城乡人均建设用地按5个级别进行差异配置：现状人均<80平方米，按新增人均110平方米配置；现状人均80～100平方米，按新增人均100平方米配置；现状人均100～120平方米，按新增人均88平方米配置；现状人均120～150平方米，按新增人均80平方米配置；现状人均＞150平方米，按新增人均55平方米配置。按照现状人均城乡建设用地情况，分别确定各乡镇新增人均建设用地配置标准（表7.5.2-1）。也可依据地方性的技术规范设定人均建设用地标准。

某县城乡人均建设用地配置标准　　表 7.5.2-1

地区	现状城镇人口（万人）	现状城镇建设用地（平方公里）	现状人均城乡建设用地（平方米）	新增人均建设用地配置标准（平方米）
中心城区（街道1、街道12）	26.64	17.24	64.71	110
乡镇2	0.68	1.15	169.12	55
乡镇3	0.89	0.69	77.53	110
乡镇4	0.74	0.52	70.27	110
乡镇5	1.48	1.03	69.59	110
乡镇6	2.70	1.12	41.48	110
乡镇7	0.54	0.36	66.67	110
乡镇8	3.20	2.88	90.00	100

续表

地区	现状城镇人口（万人）	现状城镇建设用地（平方公里）	现状人均城乡建设用地（平方米）	新增人均建设用地配置标准（平方米）
乡镇9	0.90	0.72	80.00	100
乡镇10	0.66	0.33	50.00	110
乡镇11	1.23	0.61	49.59	110
乡镇13	4.56	2.42	53.07	110
乡镇14	1.09	1.34	122.94	80

（二）计算城乡建设用地需求

以规划新增城镇人口为基础，结合各乡镇发展潜力与用地需求，计算各乡镇的镇区或集镇新增城乡建设用地需求，进而得到规划城乡建设用地指标（表7.5.2-2）。

各乡镇规划城镇建设用地需求 表7.5.2-2

地区	规划新增城镇人口（万人）	新增人均建设用地配置标准（平方米）	现状城乡建设用地（平方公里）	规划城乡建设用地（平方公里）
中心城区（街道1、街道12）	13.36	110	17.24	31.94
乡镇2	0.42	55	1.15	1.38
乡镇3	0.21	110	0.69	0.92
乡镇4	0.06	110	0.52	0.59
乡镇5	0.12	110	1.03	1.16
乡镇6	0.5	110	1.12	1.67
乡镇7	0.06	110	0.36	0.43
乡镇8	0.4	100	2.88	3.28
乡镇9	0.5	100	0.72	1.22
乡镇10	0.44	110	0.33	0.81
乡镇11	0.27	110	0.61	0.91
乡镇13	0.24	110	2.42	2.68
乡镇14	1.11	80	1.34	2.23

第六节
县域城乡生活圈规划

一、城乡生活圈规划方法

（一）城乡生活圈和公共服务设施分类

按照《市级国土空间规划编制指南（试行）》，城乡生活圈是指按照以人为核心的城镇化要求，围绕全年龄段人口的居住、就业、游憩、出行、学习、康养等全面发展的生活需要，在一定空间范围内，形成日常出行尺度的功能复合的城乡生活共同体。对应不同时空尺度，城乡生活圈可分为都市生活圈、城镇生活圈、社区生活圈等，其中，社区生活圈应作为完善城乡服务功能的基本单元。

参按照《社区生活圈规划技术指南》（TD/T 1062-2021），社会公共服务设施分为公益型公共设施和商业服务型设施，前者指文化、教育、行政管理、医疗卫生、体育等，后者包括金融、商业、餐饮、酒店、保险、娱乐场所等。公益型设施除行政管理外亦可称为社会服务设施，是社会事业发展的主要载体。

（二）城乡生活圈配置原则

分级配置原则。社会服务设施应根据城镇层次等级的差异分级配置，考虑社区化、生活圈化的要求，不同层次的城镇包括县城、副中心、一般乡镇、中心村和基层村应设置不同级别的公共设施。

差异配置原则。立足地方实际，统筹考虑经济能力和资源条件，结合居民需求，根据城乡人口规模，差异化确定各类服务设施的建设内容。

需求导向原则。围绕公共服务中心形成服务于一定规模人口的生活服务圈层，基础的服务需求在较低层级的生活圈内提供，高级的服务需求在高层级的生活圈内提供。

设施可达原则。强调各级生活圈之间、各级生活圈与公共服务中心之间的公共交通联系，按照居民出行规律及日常活动需求，结合行政边界划定，以车行1小时可达范围构建城市生活圈，以车行30分钟可达范围构建城镇生活圈，以慢行15分钟可达范围构建乡村生活圈。

二、城乡生活圈规划示例

基于全域生活服务圈的基本公共服务设施体系，某县构建“城市级—乡镇级—乡村级”三级城乡公共服务设施体系。全县规划“一主、六副、多节点、小组团”的多层级、全覆盖的县域公共服务体系，构建1个县城（城市）生活圈、12个乡镇生活圈和多个乡村生活圈。

其中，“一主”为县城综合服务中心，构建县城社区公共服务生活圈，县城生活圈重点完善高等级的教育、医疗、体育、文化、养老等各类设施，承担县域公共服务职能；“六副”为乡镇3、乡镇6、乡镇8、乡镇10、乡镇11、乡镇13重点乡镇生活圈，是县级部分服务功能的补充；“多节点”为其他乡镇生活圈，合理配置基本公共服务设施，保障功能完善、便捷可达，促进基本公共服务均等化；“小组团”即乡村社区生活圈，主要依托中心村屯，建设村民日常使用的基层公共服务设施，实现村域居民非机动车出行15分钟内可达（表7.6.2-1）。

某县城乡生活圈公共服务设施配置表　　表7.6.2-1

<table>
<tr><th colspan="2" rowspan="2">设施类别</th><th rowspan="2">县城生活圈</th><th colspan="2">乡镇生活圈</th><th rowspan="2">乡村生活圈</th></tr>
<tr><th>重点镇</th><th>一般镇</th></tr>
<tr><td colspan="2">教育设施</td><td>高中、职业技术教育学校、特殊学校、成人（社会）教育机构、科教馆</td><td>高中、职业技术教育学校、初中、小学</td><td>初中、小学</td><td>小学、幼儿园</td></tr>
<tr><td colspan="2">医疗卫生设施</td><td>300～500床综合医院、各类专科医院、卫生防疫设施、妇幼保健院、残疾人康复中心、护理院等</td><td>卫生院、社区卫生服务中心</td><td>卫生院</td><td>社区卫生服务站</td></tr>
<tr><td colspan="2">公共文化设施</td><td>图书馆、文化馆、博物馆、美术馆、艺术馆等</td><td>文化活动中心、地方文化展览馆</td><td>文化活动中心</td><td>文化活动室</td></tr>
<tr><td colspan="2">体育设施</td><td>全民健身中心、游泳馆</td><td>体育活动中心</td><td>体育活动中心</td><td>社区体育活动室/场</td></tr>
<tr><td rowspan="5">社会福利设施</td><td>养老设施</td><td>县级养老院</td><td>养老院、社区一站式居家养老服务中心、老年人日间照料中心（日托所）</td><td>养老院、社区一站式居家养老服务中心</td><td>居家养老服务站</td></tr>
<tr><td>残疾人设施</td><td>残疾人康复中心、残疾人托养中心、残疾人文体艺展能中心</td><td>残疾人之家</td><td>残疾人之家</td><td>残疾人之家</td></tr>
<tr><td>儿童福利设施</td><td>县级儿童福利院</td><td>乡镇儿童福利院</td><td>—</td><td>—</td></tr>
<tr><td>救助设施</td><td>救助管理站、未成年人救助保护中心</td><td>—</td><td>—</td><td>—</td></tr>
<tr><td>行政管理与社区党群服务设施</td><td>—</td><td>街镇行政管理中心、社区党群服务中心、派出所</td><td>街镇行政管理中心、社区党群服务中心、派出所</td><td>基层社区党群服务中心</td></tr>
</table>

第八章

县域重要设施规划

第一节 县域设施规划的概述

一、设施种类与规划方法

在县级国土空间总体规划中，县中心城区（县城）和各乡镇都要规划公共管理与公共服务（见第七章第六节）、商业服务、仓储、交通运输、公用等设施，以便指导乡镇国土空间规划。

设施虽然繁多，但规划内容基本是相通的，都是预测一定指标一定规模一布局。规划方法或技术路线都是差不多的，也就是理论一法规和政策一技术规范一案例参考一规划。以给排水工程规划为例说明如下。

给水工程规划主要依据《镇（乡）村给水工程规划规范》（CJJ/T 246-2016）、《村镇供水工程技术规范》（SL 310-2019），规划内容为各乡镇需水量预测、供需平衡分析、明确水源地及其保护区、供水设施的规模和布局。供水设施的布局应在全县统筹考虑，实行城乡一体化供水，尽可能选择集中式供水和规模化供水。

排水工程规划主要依据《室外排水设计标准》（GB 50014-2021）、《农村生活污水处理导则》（GB/T 37071-2018）、《镇（乡）村排水工程技术规程》（CJJ 124-2008），规划内容为设计流量的计算、排水体制的确定、污水处理设施（含自然处理）的布局、对村排水的规定。

二、重要设施

在诸多的设施当中，有些设施（例如公路、高压变电站、垃圾填埋场）是服务于多个乡镇和全县的，甚至有可能是跨县的（例如垃圾焚烧发电厂），在单个乡镇中难以考虑周全，需要在全县中统筹规划。本章主要是介绍这类设施规划。

第二节 交通设施规划

一、县域交通设施规划的主要内容

县域交通设施规划依据的基础理论是点-轴系统理论和公共交通导向的TOD模式（二者本质上是一致的），即交通体系与城镇互相依托、彼此靠近。在县级国土空间总体规划中，交通设施规划分为两个部分，一部分是落实国家和省市的交通规划，包括铁路、水路、飞机场、公路、轨道等线路和枢纽规划；一部分是落实县的城市性质、发展目标和发展战略，优化和新规划县域内部的交通网络，尤其是提升公路等级和枢纽、站场的规划，以提高县域内交通的可达性和便捷性。

二、县域交通设施规划的方法

国家和省市的交通规划图一般以JPG等格式的栅格数据提供，需要通过【地理配准】把它们校准到某县域的地图上，然后再进一步处理（例如矢量化），使其能灵活表达，这时有两种处理方法。

第一种方法是新建shapefile文件，打开【编辑器】，以配准了的图为底图，在其上描绘交通规划内容，例如描绘上位规划的铁路和高速公路。

第二种方法是对地理配准后的图层进行【重分类】，然后用【栅格计算器】提取需要的规划内容。

至于县域本身的交通规划内容，可在交通现状图层上进行修改，并相应地更改或增加属性表内容。如果有新增的公路，例如连通发展核心的公路、在某两个乡镇之间新建公路，则可按相关技术规范的选线原则来绘制基本走向的路线。

三、三级公路基本走向的选线示例

某县两个位于山丘的偏远乡镇尚无公路直通（图8.2.3-1中的A和B两个乡镇），需要规划一条直通的三级公路。

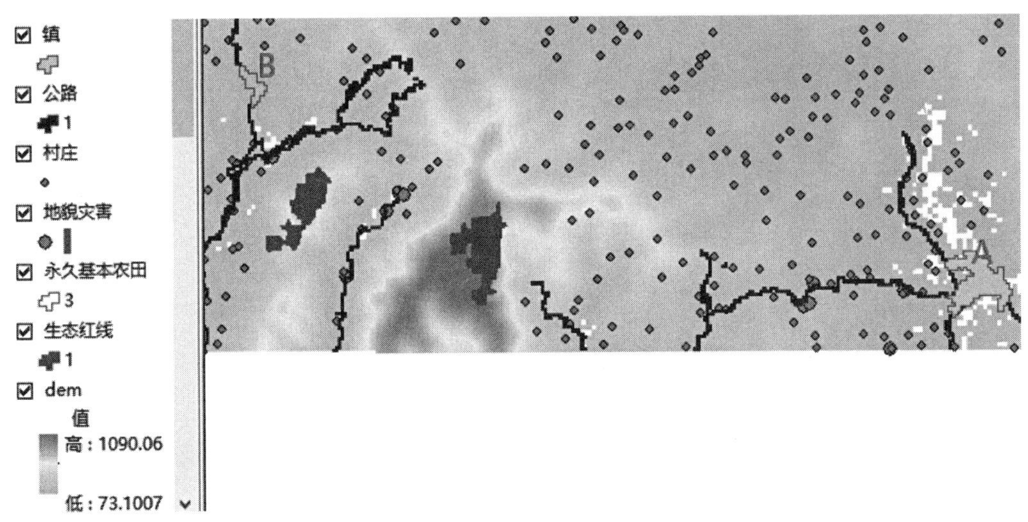

图8.2.3-1　A和B两个乡镇尚未直通公路

（一）选线原则

在国土空间总体规划中，选线只需绘制公路的大致走向（路线基本走向）即可。根据《公路路线设计规范》（JTG D20-2017）和某县的实际情况，该公路基本走向的选线原则如下：

（1）避让生态红线、永久基本农田、自然灾害多发区。

（2）经过主要的村庄居民点。

（3）有利于与现有公路衔接。

（二）选择步骤

1. 确定公路路线的起讫点

根据第三条原则，以【绘制】工具条中的【标记】点选起讫点，为C、D两点。将C和D点转换为要素图层。这两点之间分布很多村庄，公路应该可以靠近其中一部分（图8.2.3-2）。

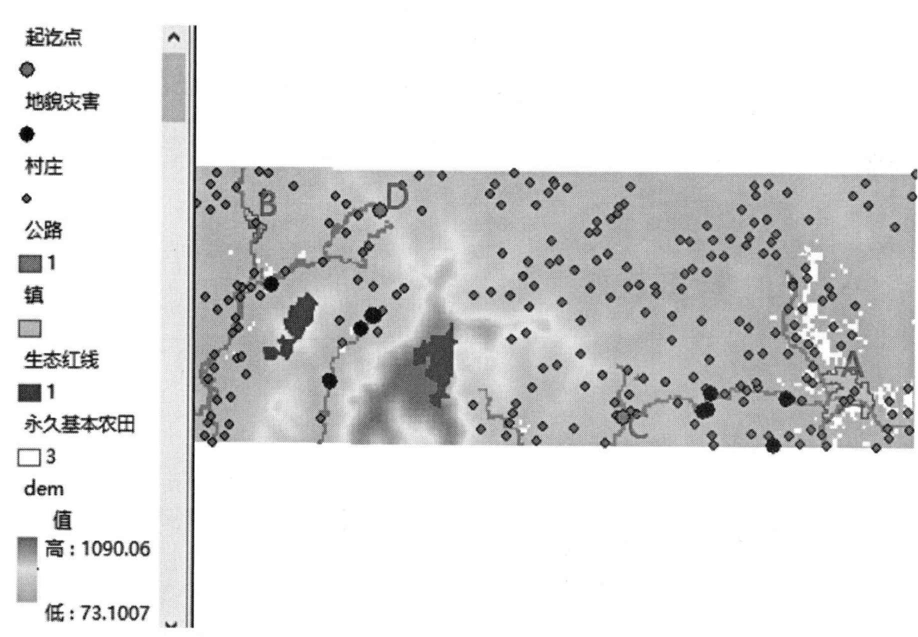

图8.2.3-2　公路的起讫点选择

对图进行目视判断，选线应该可以完全避开生态红线、永久基本农田、地貌灾害多发区。如果选线可能会经过这些图斑，则可先用【镶嵌至新栅格】工具把这些图层与坡度图层镶嵌成一个新图层，再用【设为空函数】工具在该图层中去掉这些图斑。

2. 确定阻力值

可以把阻力值或成本值通俗地理解为车辆行驶时需要支付的单位里程价格或者油耗。显然平地阻力低，陡坡阻力高，即成本与地形坡度相关。因此对不同的坡度赋予不同的阻力值（成本值），见表8.2.3-1。

坡度阻力值　　表 8.2.3-1

坡度（度）	0～8	8～15	15～25	25～35	>35
阻力值	1	4	9	16	25

注：本表是示意性的，只适用于本例。

用【坡度】工具绘制【坡度】图层。然后打开【重分类】工具，根据坡度阻力值表把坡度图层重新分类（图8.2.3-3、图8.2.3-4）。

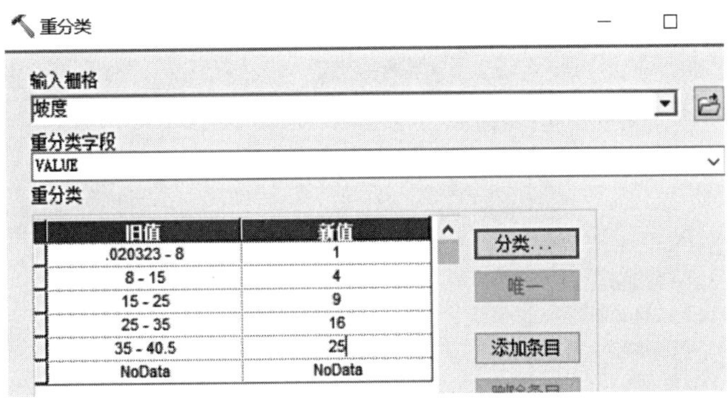

图8.2.3-3　按阻力值表把坡度重新分类

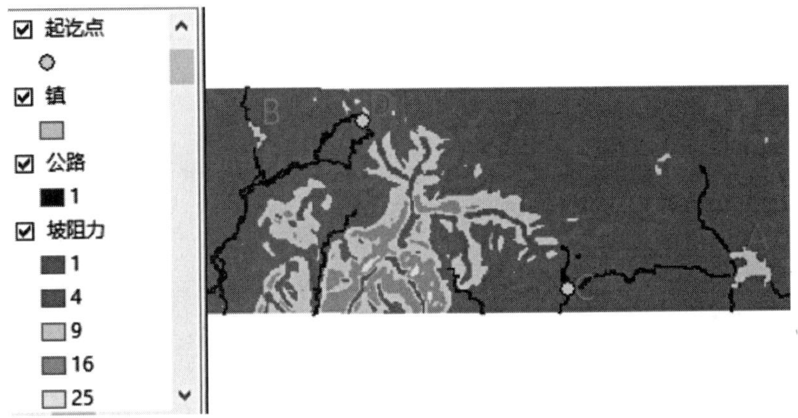

图8.2.3-4　坡度阻力值分布

3. 生成阻力面（成本面）

打开“起讫点”图层属性表，选中其中一行，例如选中C点所在行（图中C点高亮，这意味着它是源点），下面的【成本距离】工具只对它进行运算。打开【成本距离】工具进行设置（图8.2.3-5），得到成本面（图8.2.3-6）。

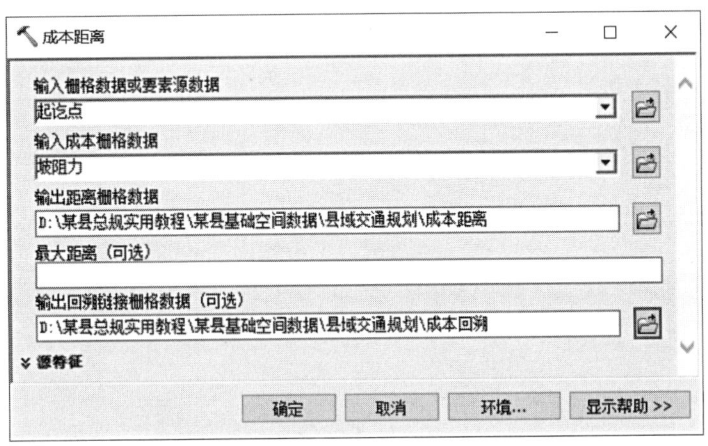

图8.2.3-5　成本距离工具设置

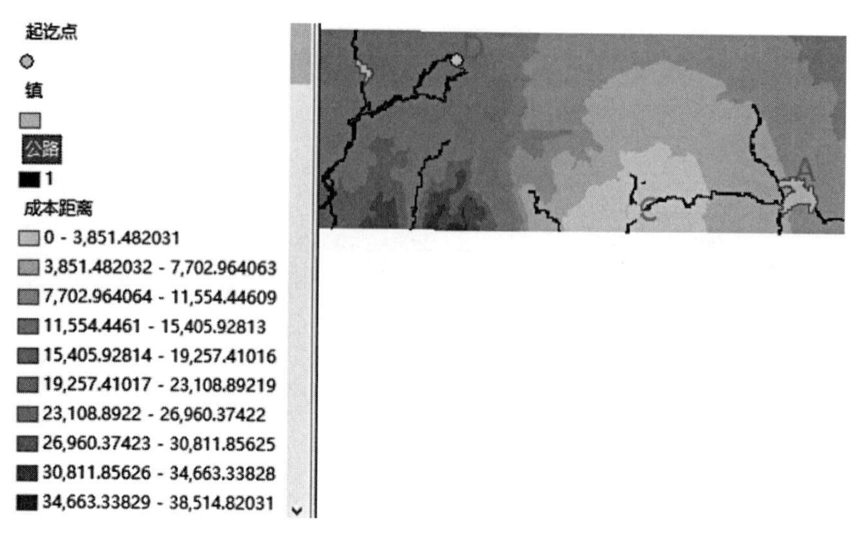

图8.2.3-6　以C点源点的成本面

4．计算最小成本路径

打开【成本路径】工具进行设置（图8.2.3-7），它计算从D点到C点的最小成本路径，得到最小成本路径图8.2.3-8。最小路径成本的含义是：从D点（目标点）到C点（源点）有很多条路，其中有一条是每走一个单位里程的成本都是最小的，把它们加总起来，就是最小路径成本，这条路径也就是最小成本路径。必要时可用【栅格转折线】工具把它转为线要素。

图8.2.3-8中，成本路径图例1和3的含义是：1代表路径终止于源点的那个像元，就是终点的意思；3代表成本路径绘制中的第一条路径。由于只有两个点，所以只有一条路径。

如果以D为源点、C为目标点，则所得的最小成本路径略与上面所得的略有不同（图8.2.3-9），最终选定哪条路线都可以。

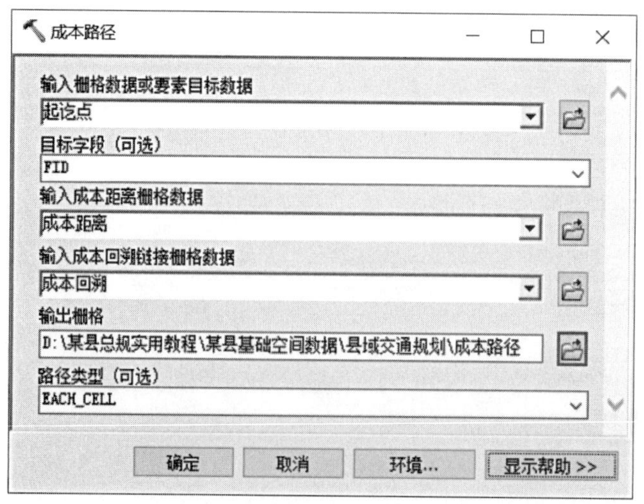

图8.2.3-7　成本路径设置

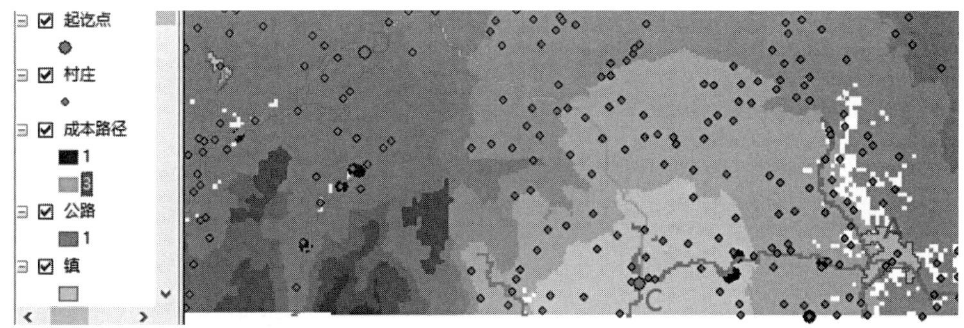

图8.2.3-8　从D点到C点的最小成本路径

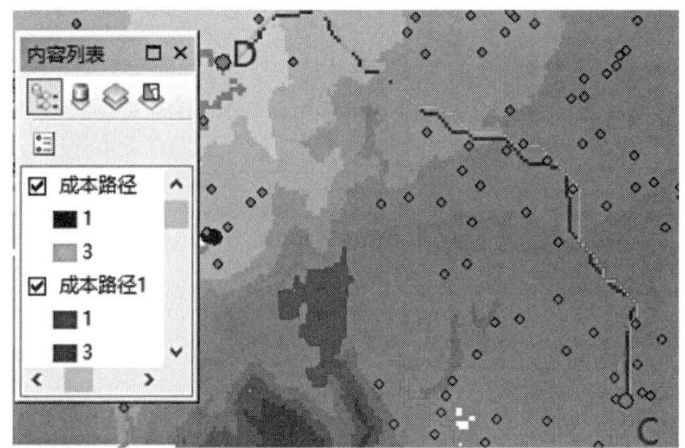

图8.2.3-9　两条成本路径差异不大

第三节
供电设施规划

在县级的国土空间总体规划中，供电设施的规划主要是高压变电站的选址及其进出电力线路的选线，其规划方案既可以来自电网企业，也可以先在县域总体规划中提出。

一、供电设施规划的主要内容

根据《农村电力网规划设计导则》（DL/T 5118-2010），县域供电设施规划的主要内容如下。

（一）负荷预测

一般采用自然增长率法、用电单耗法、外推法、相关法及智能预测方法等进行预测。可根据负荷预测的条件和所搜集的数据综合选用两种及以上适宜的方法进行预测并相互校核。先预测用电量，再预测用电负荷。一般先进行各目标年的电量需求预测，再根据年综合最大负荷利用小时数求得最大负荷需求的预测值。

（二）电压等级和供电半径

对于采用110kV/35kV/10kV电压级的县域，在新建或改造时，宜优先采用110kV/10kV电压级，发达县可配220kV电压级。110kV、66kV高压配电网的供电半径分别不宜大于120km、80km，中压配电网的供电半径与负荷密度有关（表8.3.1-1）。

中压配电网合理供电半径推荐值 表 8.3.1-1

变电层次	下列负荷密度（kW/km^2）时合理供电半径（km）						
	10	30	50	100	300	500	1000及以上
110kV/10kV	16	12	10	8～9	6	5	≤4

注：本表引自《农村电力网规划设计导则》（DL/T 5118-2010）。

（三）变电站布局

35～110kV变电站的布局选址应满足以下要求：

（1）接近负荷中心。

（2）便于进、出线的布置，交通方便。

（3）少占农田，利用自然地形有效排水。

（4）避开易燃、易爆及严重污染地点。

（5）有扩建的用地空间。

（6）不对公用通信设施造成干扰。

（7）土壤电阻率不要过大，使接地易于实现。

（四）高压配电线路

高压配电线路应该架空，通过县城的高压配电线路应采用双回路或多回路同杆架设。

二、变电站选址步骤

第一步：预测县城和各乡镇用电量和用电负荷，计算县城和各乡镇需要增加的变电站数量及其电压等级。

第二步：根据现状变电站位置创建泰森多边形，这一步要确保坐标系是投影的。泰森多边形的每条边是其两侧已有设施的中分线，这意味着多边形里的任一点到该多边形里的设施（即变电站）比到其他多边形里的设施要近，即理论上一个设施只为其多边形的范围提供服务，而各个多边形的顶点离已有设施最远，它们是候选的设施所在位置。这其实与克里斯泰勒的中心地理论是一致的。

第三步：根据县域发展空间结构和选址要求或原则，从候选位置中确定变电站的规划位置。

三、变电站选址示例

某县按电力负荷的计算，需新增两个110kV/220kV变电站。该县南北长约81千米，东西宽约33千米。全县现状的110～220kV的9个变电站分布如图8.3.3-1，集中分布在平原。经量算得知全部9个点彼此间的直线距离很近，尤其是县城的5个站彼此距离在6～8千米左右，即供电半径在3～4千米左右，按照表8.3.1-1来看，属于高负荷密度区域，新增的两个高压变电站应该设置在外围，以使供电半径更加合理。

打开【创建泰森多边形】工具进行设置（图8.3.3-2），得到图8.3.3-3。

根据某县的发展空间结构和变电站应该靠近负荷中心的选址要求，规划的两个变电站选址如图8.3.3-4，其中靠近次轴的为110kV等级，靠近主轴的可以是110kV等级，也可以是220kV等级，都可以为经济社会发展提供更好的电力保障。

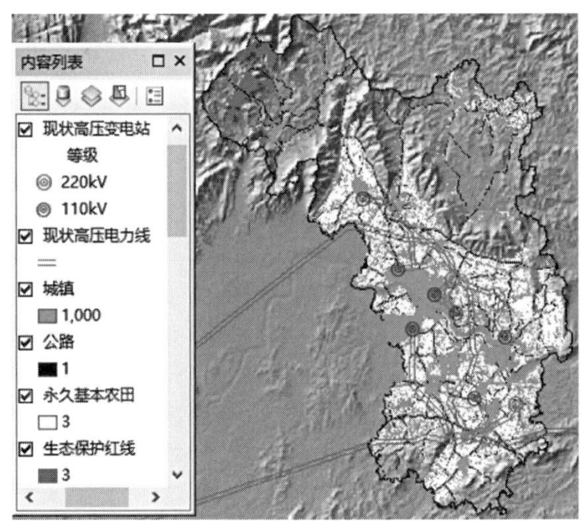

图8.3.3-1　某县现状高压变电站分布图

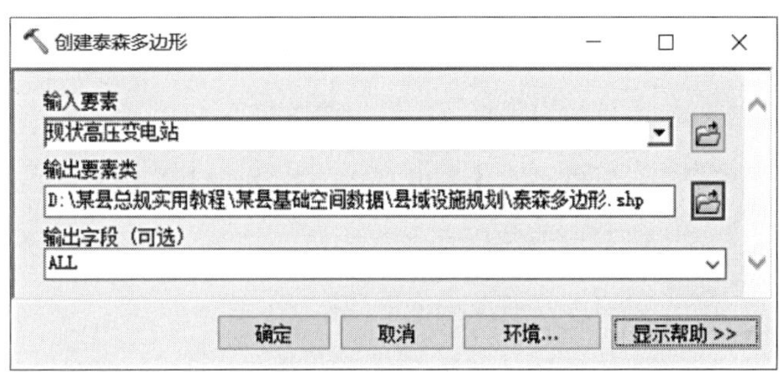

图8.3.3-2　创建泰森多边形的设置

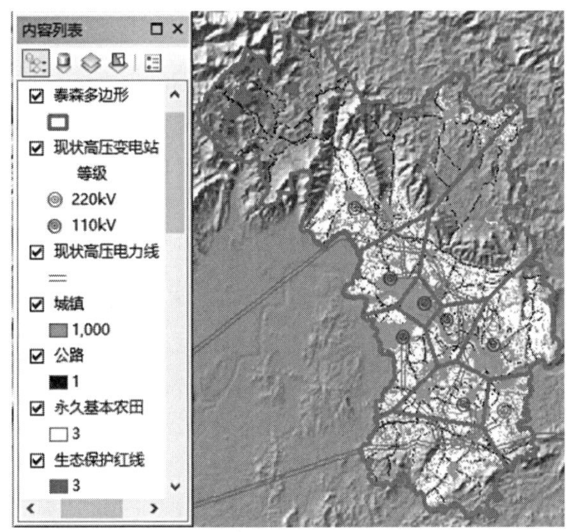

图8.3.3-3　泰森多边形

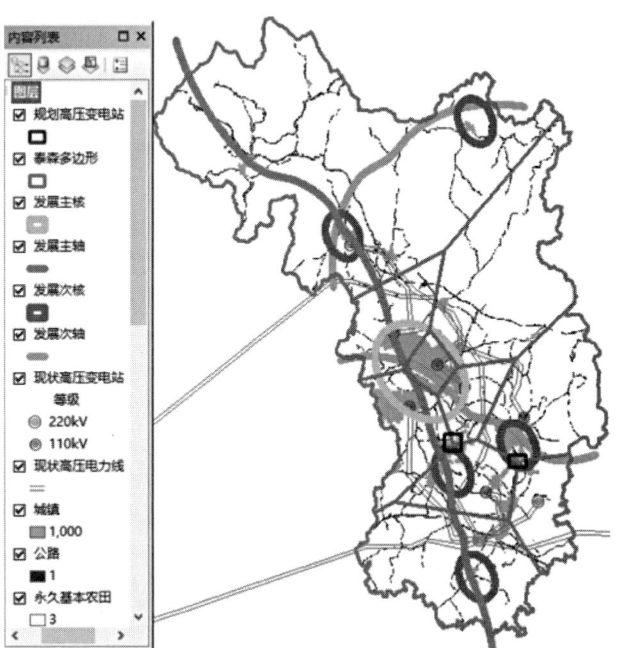

图8.3.3-4　规划变电站的选址

第四节
环境卫生设施规划

一、环境卫生设施规划的主要内容

县级国土空间总体规划中的环境设施规划主要内容是生活垃圾量的预测、垃圾收集与处理设施的布局，可以按《环境卫生设施设置标准》（CJJ 27-2012）要求进行预测和布局。在跨乡镇的设施布局上，主要是生活垃圾填埋场的选址，《城市环境卫生设施规划标准》（GB/T 50337-2018）和《环境卫生设施设置标准》（CJJ 27-2012）都要求区域共享和城乡共享生活垃圾填埋场。

二、生活垃圾填埋场的选址要求

根据《生活垃圾卫生填埋处理技术规范》（GB 50869-2013）或《环境卫生技术规范》（GB 51260-2017），生活垃圾填埋场的选址要求如下：

（1）避开地下水集中供水水源地及补给区、水源保护区。

（2）避开洪泛区和泄洪道。

（3）避开尚未开采的地下蕴矿区。

（4）避开珍贵动植物保护区和国家、地方自然保护区。

（5）避开公园、风景、游览区，文物古迹区，考古学、历史学及生物学研究考察区。

（6）避开军事要地、军工基地和国家保密地区。

（7）填埋库区不敞开式渗沥液处理区边界距居民居住区或人畜供水点的卫生防护距离在500米以外，距河流和湖泊50米、民用机场3千米以外。

（8）位于地下水贫乏地区、环境保护目标区域的地下水流向下游地区及夏季主导风向下风向。

（9）运输方便，运距合理。

（10）人口密度、土地利用价值及征地费用合理。

三、生活垃圾填埋场的选址步骤

第一步：确定影响生活垃圾填埋场选址的影响因素，例如从上述选址要求中选定合适的影响因素。

第二步：将不同的影响因素分成同样的优先等级序列并同等赋值，例如所有因素都分为完全不适宜、很不适宜、比较适宜、很适宜、完全适宜5个等级，都依次赋值为1、2、3、4、5，1代表完全不适宜，5代表完全适宜。

第三步：由于不同的因素对选址的影响程度不同，所以要给它们赋予不同的权重。

第四步：叠加各个因素，得到选址图。

第五步：结合未参与叠加的其他因素来分析选址图的合理性，调整选址，形成选址比选方案（至少需要3个比选方案）。

四、生活垃圾填埋场选址示例

（一）确定影响因素

根据某县的实际情况，选定生活垃圾填埋场选址的影响因素：水源地保护区、生态保护红线、永久基本农田、城镇建设用地、公路、河流水库。

根据选址与影响因素的距离，把选址分为完全不适宜、很不适宜、比较适宜、很适宜、完全适宜5个等级，依次赋值为1、2、3、4、5，1代表完全不适宜，5代表完全适宜（表8.4.4-1）。

生活垃圾填埋场选址适宜性分级　　（单位：米）　　表8.4.4-1

距离 / 级别	水源保护区	生态保护红线	永久基本农田	城镇建设用地	公路	河流和水库
1	100	50	100	500	＜50;＞2000	50
2	100～500	50～200	100～300	500～800	1000～2000	50～200
3	500～1000	200～500	300～500	800～1000	500～1000	200～300
4	1000～2000	500～1000	500～1000	1000～1500	200～500	300～500
5	＞2000	＞1000	＞1000	＞1500	50～200	＞500
权重	0.2	0.15	0.2	0.25	0.1	0.1

注：本表是示意性的，仅适用本例。

（二）对各因素生成多环缓冲区

对影响因素的图层做多环缓冲区。如果图层是栅格，则要先转为要素类面或线。打开【多环缓冲区】工具，按照表8.4.4-1进行设置，在【距离】栏内输入距离值，点击【+】，再输入另一个距离值，再点击【+】，不要勾选【仅外部面】（图8.4.4-1），得到多环缓冲区（图8.4.4-2）。

图8.4.4-1　多环缓冲区工具的设置

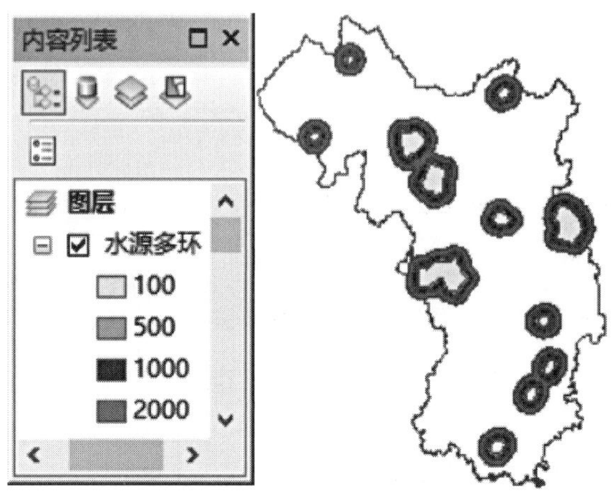

图8.4.4-2　水源保护区多环缓冲区

（三）将多环缓冲区图层转为栅格

以【面转栅格】工具将各个因素的多环缓冲区转为栅格图层（图8.4.4-3），【值字段】选择“distance”，【像元大小】统一为50（取表中的最小缓冲距离值）。点击确定，得到图8.4.4-4。

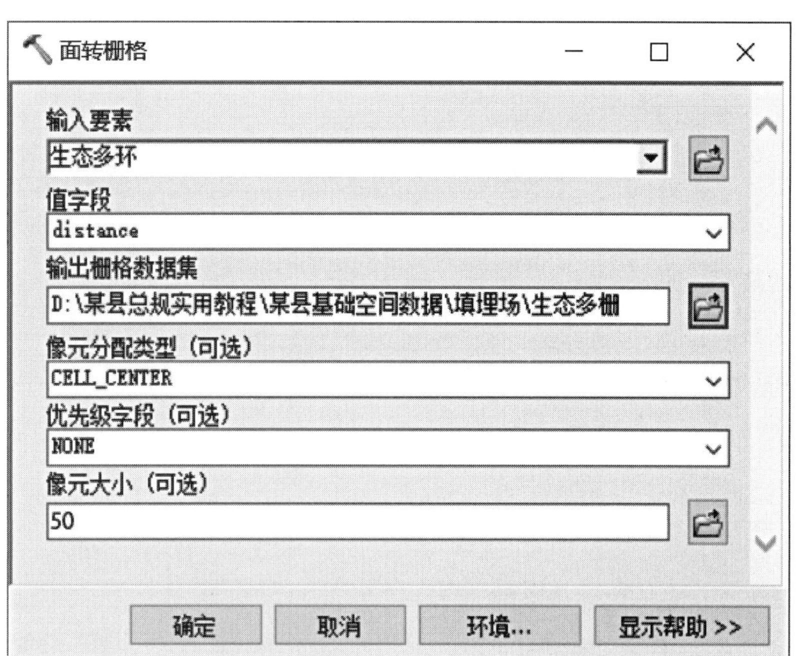

图8.4.4-3　面转栅格工具的设置

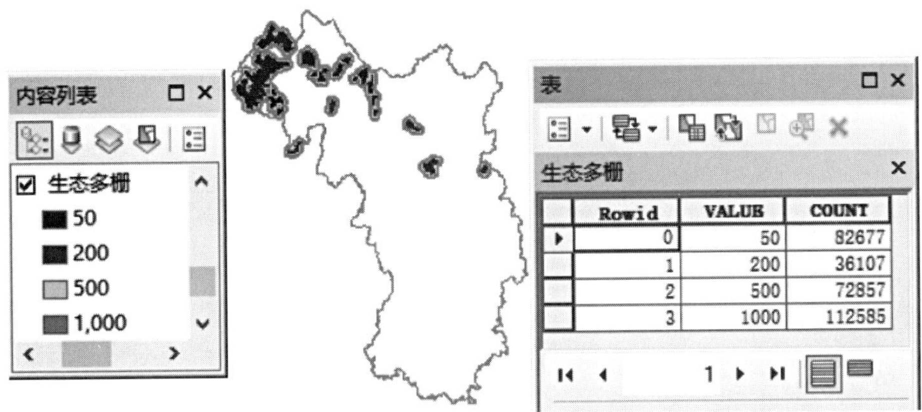

图8.4.4-4　面转栅格后的图与属性表

（四）对栅格图层进行重分类

以【重分类】工具对各栅格图层进行重新分类，按表8.4.4-1赋予适宜级别的值，再点开【环境】，在【处理范围】里选择县域行政范围的面图层，在【栅格分析】-【掩膜】里还得再选一次这个面图层，这样设置后可以裁剪出县域范围。

对于公路图层的重分类要注意分类的正确性（图8.4.4-5、图8.4.4-6），太靠近公路和离公路太远都是完全不适宜的。

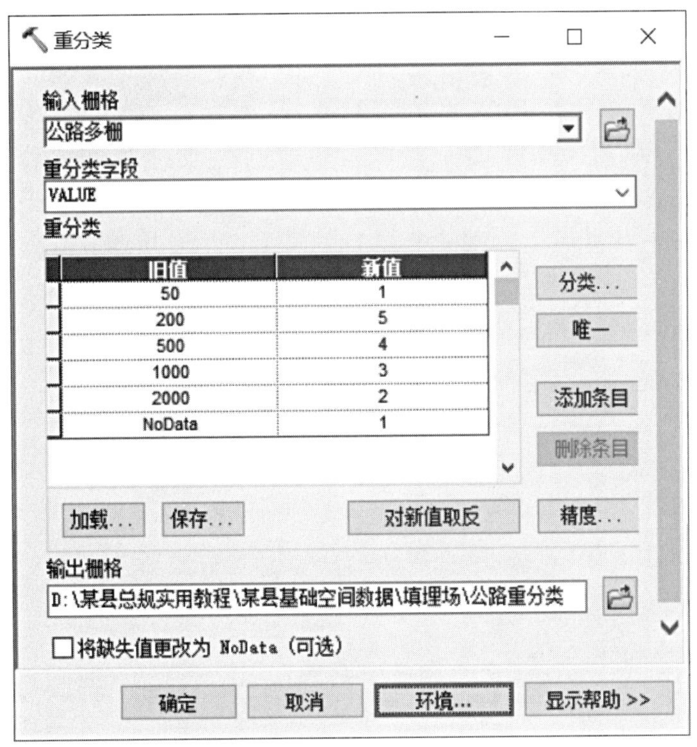

图8.4.4-5　重分类工具的设置

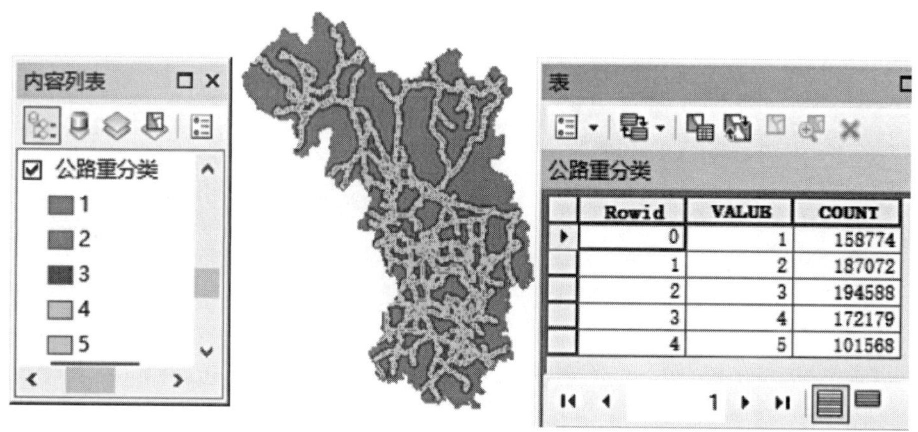

图8.4.4-6　重分类后的图和属性表

（五）加权叠加

由于各个图层有不同的权重，因此要用加权叠加方法来运算。根据ArcGIS帮助文档，加权叠加的过程如图8.4.4-7所示。图中两个输入栅格已重分类为常用测量等级 1 到 3，每个图层即每个像元均分配了影响力百分比。将像元值乘以其影响力百分比，然后将结果相加，所得的和即为输出栅格的像元值。以左上角像元为例，两个输入的值分别为（2×0.75）= 1.5 和（3×0.25）= 0.75，1.5 与 0.75 相加等于 2.25，由于加权叠加的输出栅格为整数型数值，最终值四舍五入为 2。

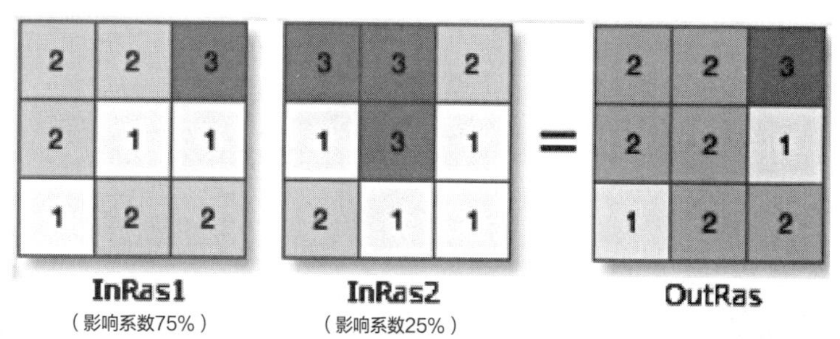

图8.4.4-7　加权叠加的图示

打开【加权叠加】工具，操作顺序如下：第一步，选择评估等级，把【起始值】设为1，【终止值】设为5，【增量】设为1；第二步，点击【+】添加要叠加的图层，【输入字段】要选择【value】，将所有图层都添加进来；第三步，点击【等级值】下的1栏，选择【restricted】，其含义是把等级为1的设定为“受限”，不参与运算；第四步，修改【%影响】下面的权重值，注意要写成两位数，例如0.2写成20（图8.4.4-8）。设置完成后检查【等级值】是否有误，无误则点击【确定】，得到图8.4.4-9。

图8.4.4-9中，0表示受限制（它是原来的值减1的结果，1-1=0），即完全不适宜，5即绿色区域表示完全适宜。完全适宜的范围看起来很广，但本图只是初步运算而得的方案，远不是最终的选址，影响因素还有很多，都需要考虑进来，更需要实地调查和广泛征求意见。

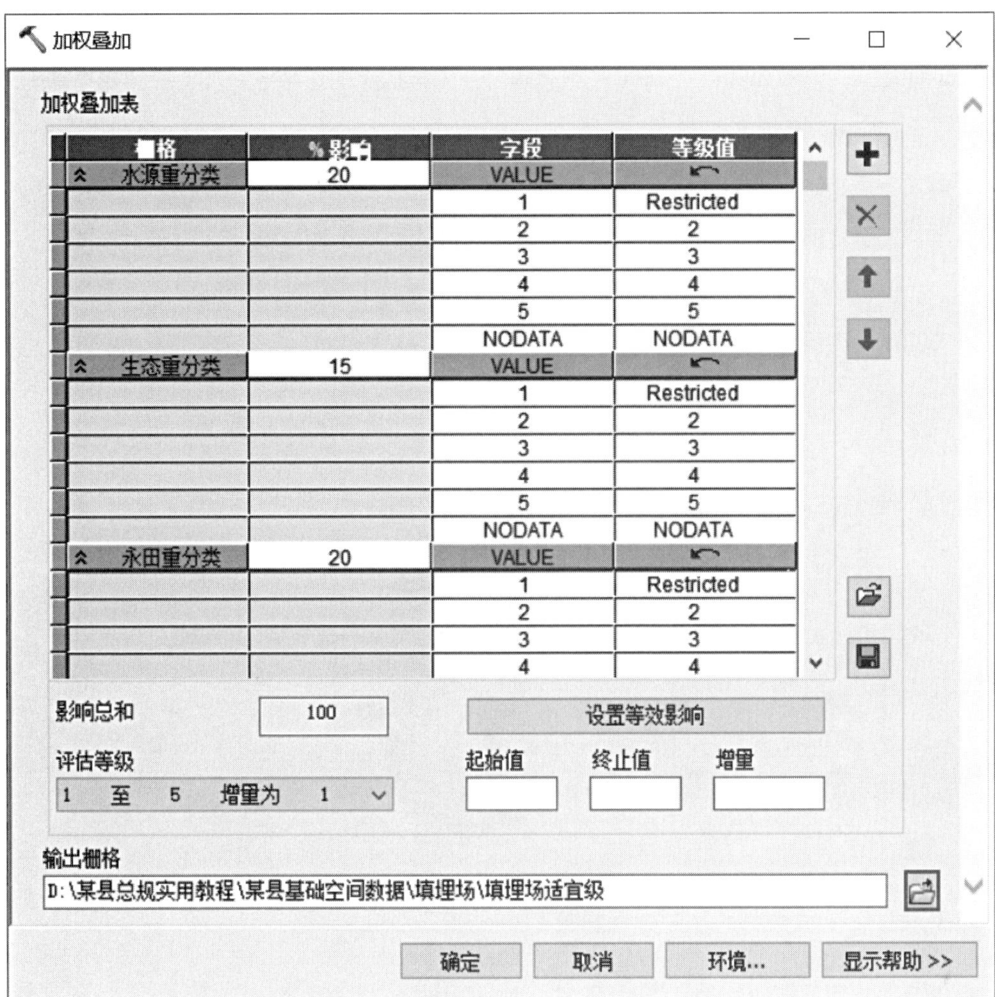

图8.4.4-8　加权叠加工具的设置（部分截图）

图8.4.4-9　垃圾填埋场初步选址

例如村民的意见非常重要，要把它考虑进来。这里作为示例，假设村庄为点状数据，离村1000米远的地方可以设置垃圾填埋场。先以村为圆心做1000米的缓冲区，再与初步的选址图叠加（二者权重均为50%），得到图8.4.4-10，完全适宜的范围大大缩小了。

将该图层转为要素类面，添加面积字段，把位于平原和被永久基本农田包围的图斑和小于100公顷的图斑删去，再逐个与参加运算的因素叠加进行观察，删去不合理的图斑（例如叠加到河流上的图斑），到此为止，得到4个候选场址（图8.4.4-11），总规阶段可以到此为止。也可以把这个过程继续下去，例如从地形、主导风向、地下水等因素考虑，进一步筛选。

图8.4.4-10　加入村庄因素后的垃圾填埋场选址范围

图8.4.4-11　4个候选的填埋场位置

第九章

中心城区空间结构和分区规划

第一节 中心城区的空间结构规划

一、中心城区空间结构的组成要素

中心城区的空间结构含义与县域的国土空间结构含义相同，也是由点（核心或中心）、线（轴或廊）、面（组团或片区）组成，以点和线为主，点和线又可以分为几个等级，例如主核、副核、主轴、副轴。中心城区空间结构也可分为现状和规划的两种，每一种又可分为保护性空间结构和发展性空间结构两部分。现状和规划的保护性空间结构一般是公园、绿道和河流，现状和规划的发展性空间结构一般是由公共中心尤其是商业中心（传统CBD）、主要道路两侧构成。

但是对于发展性中心的理解有广义和狭义之分。狭义的发展性中心是商业（以及商务）中心，广义的发展性中心包括商业中心、行政中心、休闲活动中心、其他就业中心（例如都市型工业中心，甚至城区边缘的工业区）。本章采用广义的中心定义。

构建中心城区空间结构的理论基础是克里斯泰勒的中心地理论和TOD模式。但县域的中心城区一般范围比较小，还在快速成长过程中，空间结构很不完善，缺失比较多，因此即使是规划的空间结构，看上去可能还是不完整的。

二、中心城区空间结构的影响因素

影响中心城区空间结构规划的因素有主要职能、现状空间结构、发展方向、用地条件。

（一）主要职能

城市性质或主要职能是影响空间结构的根本因素。县域的中心城区承担着落实城市性质的重要任务，发挥着推动全县发展的核心动力作用。因此主要职能必然是空间结构的主要内容，空间结构是主要职能的载体，要在各级核心和轴中落实适宜的主要职能。

（二）现状空间结构

现状空间结构是中心城区长期发展的结果，对规划空间结构有着基础性的影响作用，是规划空间结构的重要组成部分。

现状的保护性空间结构体现为公共绿地、绿廊和湖泊、河流，等等，这些在图上很好识别。现状的发展性空间结构可通过地块的用地性质、容积率、建筑密度等指标来进行判别，公共管理、商业商务和公共服务设施密集的地段可确定为核心，将沿路的若干核心串联起来即为轴。确定现状发展性空间结构的另外一种更常用的判别方法是基于POI的核密度计算，分析核密度后再以工业、旅游等功能集中的地段补充现状发展性空间结构。

（三）发展方向

《城市规划基本术语标准》（GB/T 50280-98）把城市发展方向定义为：城市各项建设规模扩大所引起的

城市空间地域扩展的主要方向。

中心城区的发展方向除了满足自身的发展需求外，还要有利于带动全县的发展，并考虑与周边市县的联系与协调关系。重要的交通干线或枢纽、周边发达地区往往是中心城区发展方向要考虑的因素。

（四）用地条件

用地条件主要是指地形、水文、地质、自然灾害等影响职能或建设项目布局的自然因素，极端情况下，天窗式（飞地）的生态保护红线和永久基本农田也会有所影响。

三、中心城区空间结构规划的流程

第一步：先识别现状空间结构，必要时可对其进行取舍。

第二步：识别未来的生态保护核心和轴。

第三步：根据不同职能的区位原则布局主要职能，成为规划的发展中心。

第四步：将发展中心串联起来，成为发展轴。

第五步：将上述的各项核心和轴叠加，得到规划的空间结构。

从规划的逻辑或流程看，先有规划的空间结构（和下一节的规划分区），然后才有土地使用规划，前者指导后者，因此空间结构和分区规划图应该以土地使用现状图为底图进行绘制。但是指导不是一蹴而就的，也不是单向的，很有可能需要在土地使用规划中不断试验和调整空间结构和分区，即土地使用规划也会反过来影响空间结构规划和分区规划，因此应该允许土地使用规划编制完成后再来调整空间结构规划和分区规划。这样一来，空间结构和分区的规划图就有两种底图，土地使用现状图或土地使用规划图，视情况而定。

第二节
中心城区分区规划

一、分区的概念

中心城区由不同的功能（职能）地域组成，为了各个功能地域和中心城区整体的有序发展和管理，必须把诸多的功能进行合理组合和配置，也就是要进行适当的功能分区。《城市规划基本术语标准》（GB/T 50280-98）将城市功能分区定义为：将城市中各种物质要素，如住宅、工厂、公共设施、道路、绿地等按不同功能进行分区布置组成一个相互联系的有机整体。功能分区是主体功能与多种功能的有机结合，是混合功能区。例如居住生活区需要有商业和公共服务的基本功能，其他功能分区也需要有居住生活功能。

根据县域中心城区常有的功能，一般可将其划分为居住生活区、行政管理服务区、商业商务区、工业物流区、历史文化区、休闲游憩区、体育运动区、文教区等。

二、分区的布局原则

不同的功能分区有不同的布局原则。

居住生活区应该分散配置，靠近工作场所，以实现职住平衡。

行政管理服务区是为全体市民服务的，因此应该位于中心城区交通便捷和位置适中的地段。特殊情况下可以布局新旧两个行政管理服务区。

商业商务区应该遵循地租竞价原则，布局在地价高的地段。可以有多个商业区。

工业物流区应靠近对外交通的便捷地段，还要有适宜的用地条件，满足风向要求等。

历史文化区要根据历史文化遗产资源所在地段进行布局。

休闲游憩区要依托自然与生态条件良好的地段进行布局。

体育运动区应该布局在交通便捷地段。

分区宜粗不宜细，可以有多种比选方案，通过多方论证后选定方案。

三、分区的方法和流程

（一）现状分区的识别

可以通过自然界线、地块用地性质、主要道路、空间特征等来进行分区。首先是确定分区的界线，它一般是自然界线、主要道路和用地性质。然后是空间特征，例如建筑特征、街巷肌理、夜景，根据它们空间分布的差异性来进行分区。最后以功能的差异及功能多样性的组合来核实分区和命名分区。分区范围宜大不宜小。

（二）规划分区的确定

（1）根据现状的建设用地面积、规划的常住人口和人均建设用地指标来计算需要增加的建设用地总面积。这个总面积约束着要增加的建设范围。

（2）根据国家或地方的技术标准计算城市建设用地结构。例如《城市用地分类与规划建设用地标准》（GB 50137-2011）规定的规划建设用地结构如表9.2.3-1所示。这个用地结构虽然要在土地使用规划编制完成后才能准确计算，但先粗略规定一下用地结构有助于划定各种规划功能分区的大小。

城市规划建设用地结构　　表 9.2.3-1

用地名称	占城市建设用地比例（%）
居住用地	25.0～40.0
公共管理与公共服务设施	5.0～8.0
工业用地	15.0～30.0
道路与交通设施用地	10.0～25.0
绿地与广场	10.0～15.0

注：本表引自《城市用地分类与规划建设用地标准》（GB 50137-2011）。

（3）在现状分区的基础上，根据核心和轴即空间结构规划来布局适宜的规划分区。例如在工业中心或其附近宜布局工业分区，沿保护轴宜布局游憩区。规划分区的形状和大小应该满足其功能的实施。

（4）编制中心城区规划分区统计表，例如表9.2.3-2。

中心城区规划分区统计　　表 9.2.3-2

分区	集中建设区								弹性发展区	特种用途区
	居住生活区	综合服务区	商业商务区	工业物流区	绿地休闲区	交通枢纽区	历史文化区	战略预留区		
面积										

第三节 中心城区空间结构和分区规划示例

一、用地条件分析

严格和完整的城乡建设用地分析或评估要依据《城乡用地评定标准》（CJJ 132-2009）来进行，本节只做用地评定中最基础的地形分析，包括高程、坡度以及坡向。

1. 高程

某县中心城区的高程或海拔高度在14～88米之间（图9.3.1-1），远远小于《城乡用地评定标准》（CJJ 132-2009）中对建设有影响的3000米，因此高程不成为影响建设用地适宜性的因素。

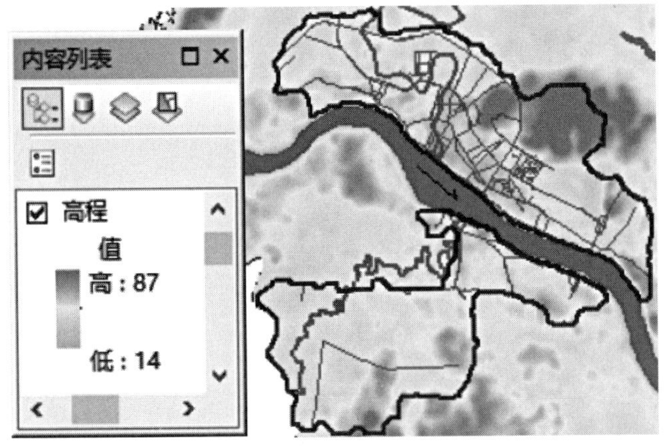

图9.3.1-1　某县中心城区高程

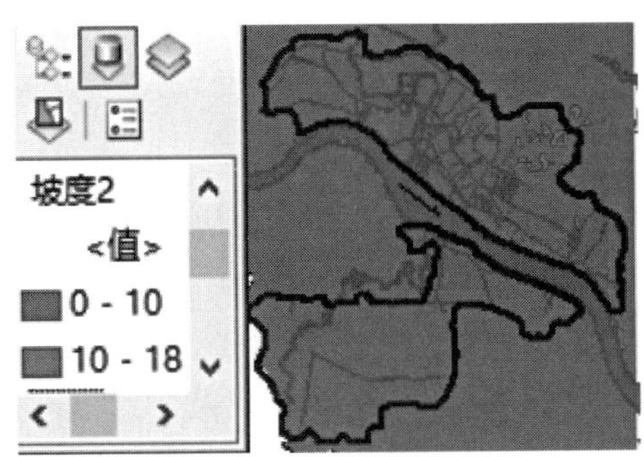

图9.3.1-2　某县中心城区坡度

2. 坡度

按照《城乡用地评定标准》(CJJ 132-2009)的坡度(以百分比表示)分级表(表9.3.1-1),绘制和分级某县中心城区的坡度(以百分比表示)如图9.3.1-2所示,坡度绝大部分在10%以下,属于适宜级,只有极少部分在10%~25%之间,属于较适宜级。

坡度适宜性分级　　表 9.3.1-1

适宜性分级	不适宜级	适宜性差级	较适宜级	适宜级
坡度(%)	≥50	50~25	25~10	≤10

注:本表根据《城乡用地评定标准》(CJJ 132-2009)绘制。

3. 坡向

《城乡用地评定标准》(CJJ 132-2009)将坡向分为4个建设适宜性级别:适宜(平面、南、东南、西南);较适宜(东、西);适宜性差(西北、东北);不适宜(北)。据此制作坡向适宜分级(表9.3.1-2)。可将它们分别设为1(适宜)、2(较适宜)、3(适宜差)、4(不适宜)。

坡向适宜性分级　　表 9.3.1-2

坡向(方位角)	建设用地适宜性分级
平面(-1)	1(适宜)
北(0~22.5)	4(不适宜)
东北(22.5~67.5)	3(适宜差)
东(67.5~112.5)	2(较适宜)
东南(112.5~157.5)	1(适宜)
南(157.5~202.5)	1(适宜)
西南(202.5~247.5)	1(适宜)
西(247.5~292.5)	2(较适宜)
西北(292.5~337.5)	3(适宜差)
北(337.5~360)	4(不适宜)

注:本表根据《城乡用地评定标准》(CJJ 132-2009)绘制。

先用【坡向】工具绘制坡向图,再用【重分类】工具对它重新分类(图9.3.1-3、图9.3.1-4)。

在坡向分级图层的属性表中添加面积字段,计算各个级别的面积及其百分比,得知1、2、3、4级的面积百分比分别为37.27%、23.95%、25.82%、12.96%,大部分的坡向还是适宜建设的。

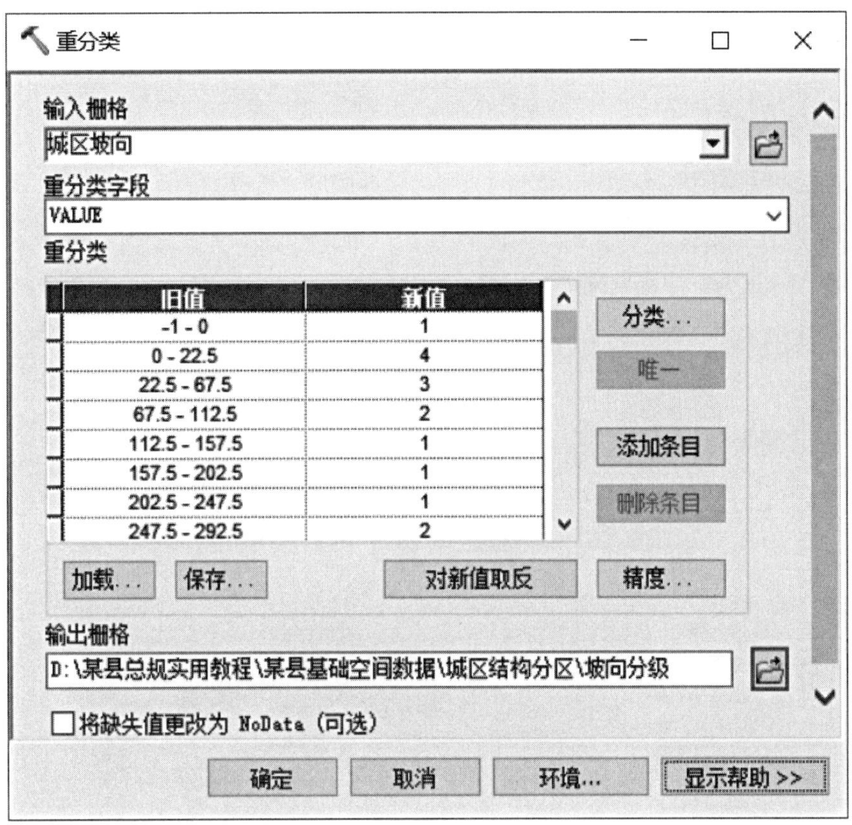

图9.3.1-3　坡向重分类设置

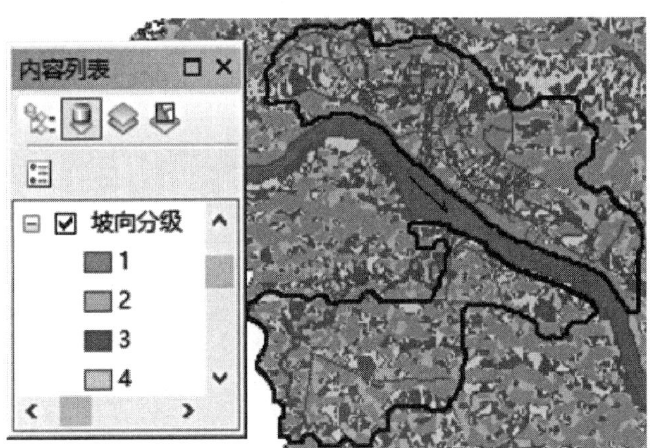

图9.3.1-4　坡向适宜性分级

4. 自然灾害风险

第三章第五节已经进行了某县的自然灾害风险评估，中心城区位于低风险区。

总体来看，某县中心城区的用地条件很适宜建设。

二、空间结构规划

（一）现状空间结构的识别

根据某县中心城区的建设用地现状图识别出河流、公园等用地，选择大的河流和公园，得到现状保护性空间结构（图9.3.2-1）。用【核密度分析】工具对某县中心城区的全部POI数据进行分析（图9.3.2-2、图9.3.2-3），可选择多个【搜索半径】来绘图，从中选择核心和轴比较明显的，再补充南部工业功能集中的地段，作为发展核心和轴，得到现状发展性空间结构（图9.3.2-4）。

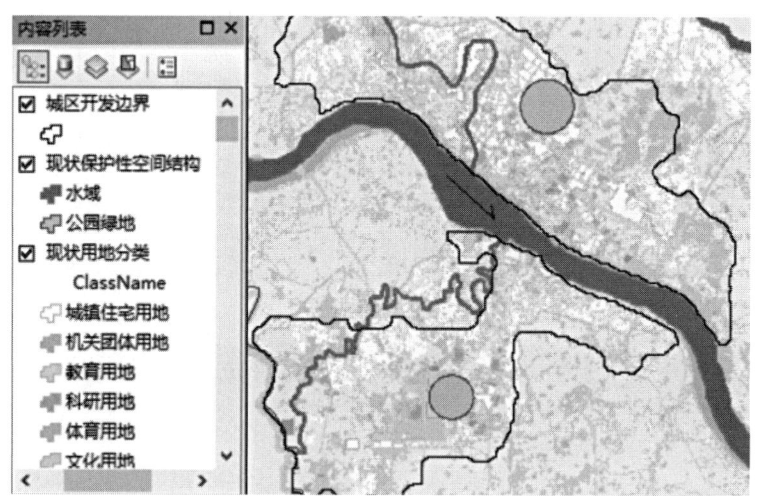

图9.3.2-1　某县中心城区现状保护性空间结构

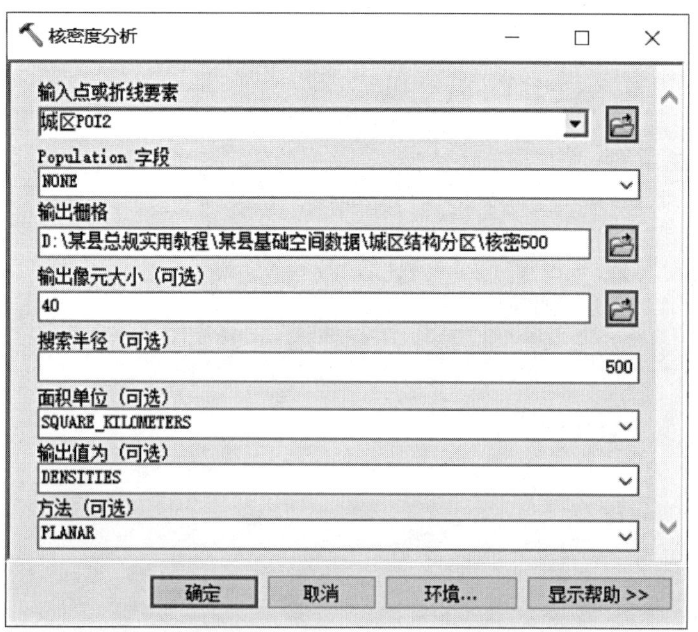

图9.3.2-2　核密度工具的设置

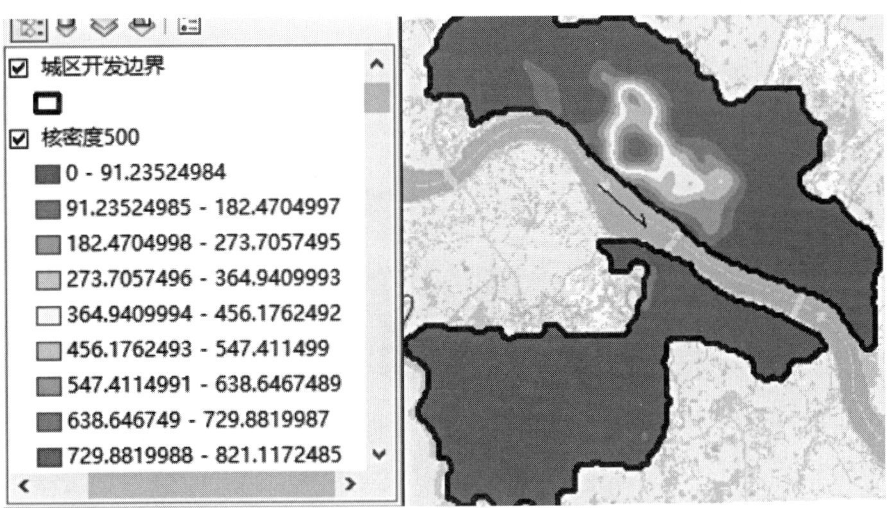

图9.3.2-3　搜索半径为500米的POI核密度分布

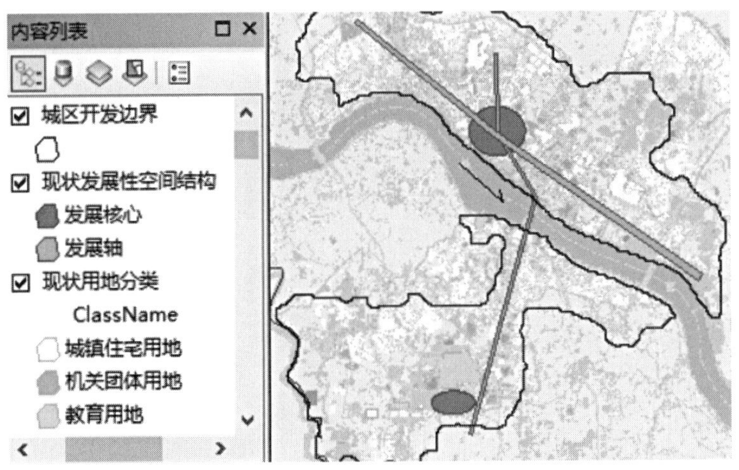

图9.3.2-4　某县中心城区现状发展性空间结构

（二）空间结构规划

根据某县的城市性质或主要职能，中心城区要承接东部制造业转移，要建设临河港的制造基地和物流枢纽。现状用地中，江北的城区东部已有一定的工业和仓储物流基础，可将其扩建为临河港的制造基地和物流枢纽，由此增加一个发展核心。又由于人口的增加，需要新的商住功能中心，从用地条件和自然灾害分布看，它布局在江南并靠近休闲绿地中心比较合适，而且那里已经有局部的商住开发建设，地势也较高，可以避免洪水隐患，尽管自然灾害风险评估低。

从空间发展方向看，中心城区应该向南发展，向高铁站靠拢，这符合TOD模式，同时也与周边的县域副中心建立更为紧密的经济社会联系，共同构建发达的城镇发展圈，在本县尤其是周边县组成的区域当中形成强大的增长极。

综上，把现状和未来新中心叠加后，得到中心城区的空间结构规划（图9.3.2-5），必要时可用【合并】工具将它们合并为一个图层。

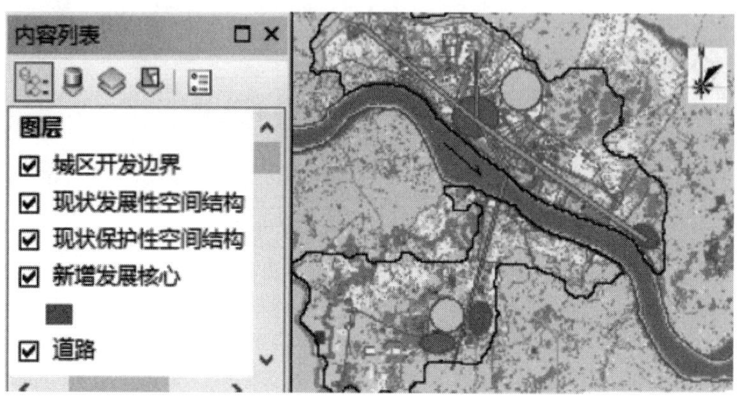

图9.3.2-5　某县中心城区空间结构规划

三、功能分区规划

（一）现状功能分区的识别

新建面要素图层，打开【编辑器】，根据路网（宽度、密度和走向）、建筑风貌和地物景观（从卫星影像图进行判断），把某县的现状中心城区划分为综合区、教育区、游憩区、工业区、居住区（图9.3.3-1）。

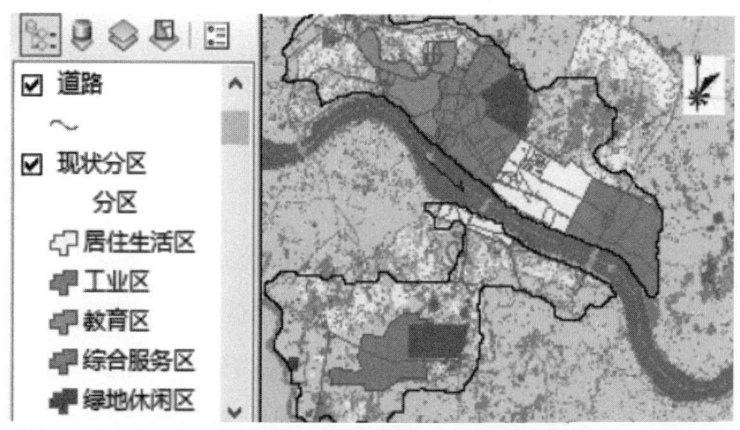

图9.3.3-1　某县中心城区的现状功能分区

（二）功能分区规划

1. 规划增加的建设用地

某县中心城区的现状常住人口为26.64万人，建设用地面积为17.24平方公里，规划常住总人口为40万人，即比现状增加13.36万人，增加的人口按人均110平方米来配置建设用地，即增加总建设用地面积为14.7平方公里。

2. 建设用地结构

在某县中心城区现状用地中，公共服务设施、绿地和广场比较缺乏，需要在规划中有明显的增加。按照某县的城市性质，中心城区的工业用地规模也要有保证。这是两个比较刚性的用地布局要求，因此某县中心城区的建设用地结构安排如表9.3.3-1。根据此表在划分功能区时适当控制好分区的面积。

某县中心城区规划建设用地结构 表9.3.3-1

用地名称	占城市建设用地比例（%）
居住用地	32
公共管理与公共服务设施	8
工业和仓储用地	20
道路与交通设施用地	18
绿地与广场	15

注：本表为示意性，仅适用本例。

3. 功能分区

某县中心城区中行政管理中心虽然居中，但用地空间局促，难以扩展，可以考虑在新的规划建设用地中增设政务功能分区。

城区缺乏一个规模化和现代化的商业商务区，可在主干路（交通便捷、地价高）的一侧布局一个商业商务区。

现状已有两个工业区，可适当扩展其用地。

在大江南侧布局大型休闲娱乐区和体育运动区。

居住生活区分散配置，靠近工作场所，以实现职住平衡。

在靠近居住生活区的位置布局基础教育区。

把现状分区图层另存为规划分区，打开【编辑器】，以自动完成面工具来描绘分区边界，最后用中心城区开发边界面来裁剪规划分区图层，在【符号系统】里进行简单设置后，得到规划分区图（图9.3.3-2）。

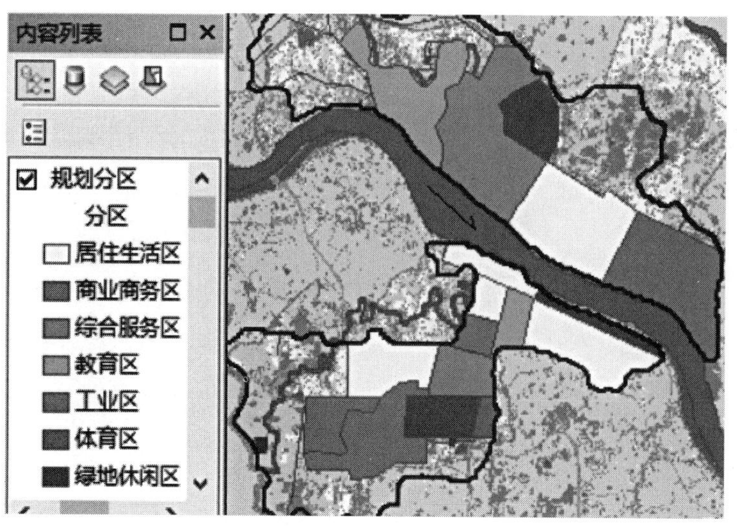

图9.3.3-2　某县中心城区规划分区

需要再次说明的是，本章的空间结构规划图和分区规划图不是最终的，还需要在土地使用规划绘制完成后进行调整优化。

第十章

县域国土综合整治与生态修复规划

第一节
概念和内容

一、几个重要概念

国土综合整治。《土地整治术语》(TD/T 1054-2018)将国土综合整治定义为：针对国土空间开发利用中产生的问题，遵循“山水林田湖草生命共同体”理念，综合采取工程、技术、生物等多种措施，修复国土空间功能，提升国土空间质量，促进国土空间有序开发的活动，是统筹山水林田湖草系统治理、建设美丽生态国土的总平台。

以下四个术语皆引自《国土空间生态保护修复工程实施方案编制规程》(TD/T 1068-2022)。

国土生态修复工程。在一定国土空间范围内，按照山水林田湖草是生命共同体的理念，依据国土空间规划以及国土空间生态保护修复等相关专项规划，为提升生态系统自我恢复能力，增强生态系统稳定性，促进自然生态系统质量的整体改善和生态产品供应能力的全面增强，遵循自然生态系统演替规律和内在机理，对受损、退化、服务功能下降的若干生态系统进行整体保护、系统修复综合治理的过程和活动。

参照生态系统。一个能够作为生态恢复目标或基准的生态系统。通常包括破坏前的生态系统、未因人类活动而退化的本地生态系统，以及能够适应正在发生的或可预测的环境变化的生态系统。

工程范围。在调查基础上，根据自然地理单元划定的、具有相对完整生态功能、由相互作用的多类生态系统或多个自然生态要素组成的空间范围，包括生态保护修复工程的实施区域及其主要影响区域，是一个封闭连续的闭合区域。

生态保护修复单元。工程范围内，根据生态问题识别与诊断结果，在相对完整的自然地理单元内，统筹考虑小流域和行政区域、工程组织实施的便利性等划分的生态保护修复工程综合实施片区。单元内生态保护修复目标相对一致。

二、内容

不同的县域有不同的整治和修复内容和重点。一般而言县域国土综合整治与生态修复有如下内容。

明确县域生态保护修复的目标任务和策略路径，提出水生态修复、山体修复、林地修复、土地退化与污染修复、自然保护地生态修复、矿山生态修复、海洋生态修复等重点工程和实施区域。

明确县域水环境质量目标，以持续保护河湖水质为中心，提出重点水源保护、岸线修复、流域整治、水系连通、湖库调蓄、农田水利建设等重点工程指引。

提出城镇更新(“三旧”改造)、农用地整理、高标准农田建设、农村建设用地拆旧复垦、城乡建设用地增减挂钩等重点工程和实施区域。

开展耕地后备资源评估，明确补充耕地集中整备区规模和布局。划定耕地整备区范围，明确耕地开垦和恢复的目标和重点工程。增加耕地数量，提高耕地质量，改善农田生态。明确农用地整理项目的建设规模、新增耕地、建设时序、涉及区域等内容。统筹规划低效林草地和园地整理、农田基础设施建设、现有耕地提质改造等。

实施农村空心房、空心村整治以及其他低效闲置建设用地整理，明确腾退建设用地的规模和位置，节余建设用地指标优先用于农村新产业新业态融合发展用地，或用作农村集体经营性建设用地安排；节余指标用于本地今后长远发展，而目前无明确开发意向的可进行指标预留或用途“留白”。

以节约集约用地为原则，实施城乡建设用地存量更新，明确重点区域、重点工程及项目，盘活城乡闲散土地、低效城镇工业用地、老旧小区和城中村等存量低效用地。

县域国土综合整治以全域国土资源的开发利用为导向，重点突出综合性，针对各类型荒置废弃、利用不合理的国土资源进行综合评价与定级分类，提出县域国土空间整治分区和开发利用模式，优化国土资源利用结构，促进县域国土资源的高效利用。生态修复则是以县域生态系统的品质提升为导向，重点突出系统性，针对结构紊乱、功能严重受损的生态系统进行诊断评估，围绕生态系统的完整性、功能性和结构性等特征，补足、补齐和补好生态短板，提升县域国土空间魅力品质。从这个角度看，国土综合整治是生态修复的重要基础，生态修复是国土综合整治的关键目标。国土综合整治需要以生态修复来提升国土整治绩效，生态修复则需要借助国土综合整治来提高生态修复效能，两者均是塑造美丽生态国土的具体内容体现和方法支撑。

第二节
规划流程与方法

一、基础调查

确定调查范围，主要有重要生态屏障和国家战略支撑区、国土空间规划及生态保护修复确定的重点区域。

调查范围应选择在对生态安全具有重要保障作用、生态受益范围较广、生态系统受损严重的区域，以及生态保护修复的关键区或紧迫区，特别是重点生态功能区所在县域，且当地社会经济状况能满足生态保护修复客观要求，符合当地政府和群众的意愿。

应以基期年生长季最新遥感影像作为确定调查范围的底图，保持江河湖流域、山体山脉等自然地理单元的相对完整性，兼顾与之相关的区域。

基础调查内容包括社会经济、生态系统、自然灾害、土地利用状况、相关政策等。

二、生态问题识别和诊断

（一）自然与生态的整体性和关联性分析

自然界按照自然与生态的完整性、系统性和整体性的要求，在现状与本底调查的基础上，以江河湖流域、山体山脉等相对完整的地理单元为基础，结合山上山下、岸上岸下、上中下游等空间位置和关系，开展生态问题识别诊断与分析评价。

从大尺度向小尺度或从小尺度向大尺度进行渐次分析、类比分析，综合评判和评价区域生态空间格局、生态系统质量及服务功能，特别是珍稀濒危物种及栖息地状况，科学诊断生态系统的脆弱性和敏感性，以及受损的面积和范围、受损程度。从气候变化、土地利用结构和方式、生产生活造成的水土环境污染、自然资源开发强度、有害生物入侵等方面分析生态系统受损的原因，确定生态问题及其原因的关联性及保护修复优先级。

（二）确定参照生态系统

综合自然地理条件、生态系统自然演替规律等，采取类比、推演等方法为各个受损生态系统确定参照生态系统。参考本底调查结果，对于历史监测资料齐全完善的区域，可参考受损生态系统在历史上未受损的状态来设定参照生态系统；对于历史状况不清的区域，可参照周边未受损的本地原生生态系统，或类似生态系统作为参照生态系统。

从自然地理条件、物种组成、生态系统结构、生态系统功能、生态胁迫、物质能量外部交流等方面设定参照生态系统关键属性指标，并阐明参照生态系统关键属性指标的状态。

（三）大尺度问题识别与诊断

大尺度下（流域或区域尺度），应利用遥感解译与实地调查相结合的方法，分析景观的空间结构特征，判断景观格局破碎化程度，分析其形成的原因；从生态廊道的类型和功能，分析生态廊道的连通程度或生态网络安全问题及其形成原因，可按生物多样性保护型廊道、水资源保护型廊道等开展分析；可根据工程范围的生境特征，以植被生态退化诊断、土壤生态退化诊断、流域水环境退化诊断等诊断结果为基础，从生态系统的格局、质量、服务功能，分析和评价生态系统退化程度。生态问题评估和生态系统格局、质量、服务的评估方法可参考《全国生态状况调查评估技术规范——生态系统格局评估》HJ 1171、《全国生态状况调查评估技术规范——生态系统质量评估》HJ 1172、《全国生态状况调查评估技术规范——生态系统服务功能评估》HJ 1173、《全国生态状况调查评估技术规范——生态问题评估》HJ 1174的相关规定。

（四）中小尺度问题识别与诊断

中小尺度下（生态系统尺度），依据生态现状调查成果，采用历史数据法、类比法、指示物种生境法、指标最优法以及综合分析法等分析诊断自然生态系统（或生态保护修复单元）存在的问题。针对生态系统关键属性，对照参照生态系统关键属性指标，诊断受损生态系统在自然地理条件、物种组成、生态系统结构、生态系统功能，物质能量外部交流方面与参照生态系统存在的差异，分析评价生态系统退化程度，并判断其恢复能力。

三、生态评价

根据实际情况，可采取定性的经验分析评价法、半定量或定量的分析评价方法，分别形成生态系统格局评估、生态系统服务功能评估、生态系统质量评估、生态问题评价等相关图表。

四、确定工程范围

根据评价结果，在调查范围内综合考虑区域生态功能定位、生态问题严重性、修复的紧迫性和必要性、生态保护修复工作基础、政府财力和群众意愿等，结合资源环境承载力和国土空间开发适宜性评价结果，确定工程范围。

工程范围是实施区域及其主要影响区域，工程范围边界应以该区域基期年生长季最新遥感影像为底图，根据自然地理单元的相对完整性进行划定，应明确到所在的地（市）、县（市）、乡（镇）、行政村（组）。

工程范围应有明确的矢量边界，由若干生态保护修复单元组成。

依据调查分析评价结果，生态保护修复单元的划分可采用适宜性评价、图形叠加等方法，根据工程范围生态系统受损与退化诊断结果，在相对完整自然地理单元内，统筹考虑小流域、行政区域、工程组织实施的便利性等，结合自然地理条件（重点是基岩、土壤植被条件等）相对一致性、主要生态系统类型或主要保护修复目标、主要工程类型等确定，全国生态系统分类体系见《全国生态状况调查评估技术规范——生态系统质量评估》HJ 1172。

保护修复单元应有明确的矢量边界。

以大的自然边界为主划分工程范围，再兼顾小的自然边界和小行政区划边界来划分生态保护修复单元。

第三节
县域国土综合整治与生态修复规划示例

一、国土综合整治示例

第三章第五节对某县的地质灾害风险评估为最低级。对于影响人类活动（生活、生产和交通等）的灾害仍然需要进行治理，这里以居住和交通为例，识别需要治理的灾害点。

由于有几种地貌（地质）灾害，且都是点状矢量数据，故用【合并】工具把它们合并为一个图层（图10.3.1-1）。

在总体规划层面上，一般是把灾害进行分区并提出治理措施，而对点进行分区的一个原则是它们彼此靠近，然后再根据它们与人类的空间关系（即距离）识别是否需要治理。用【平均最近邻】工具（图10.3.1-2）计算灾害点彼此的平均距离，然后打开【结果】（图10.3.1-3）查看计算结果，可知灾害点彼此的平均距离为1674米（图10.3.1-4），距离太远，难以把它们按集聚程度进行分区。也可以用【计算近邻点距离】工具来做出同样的判断。

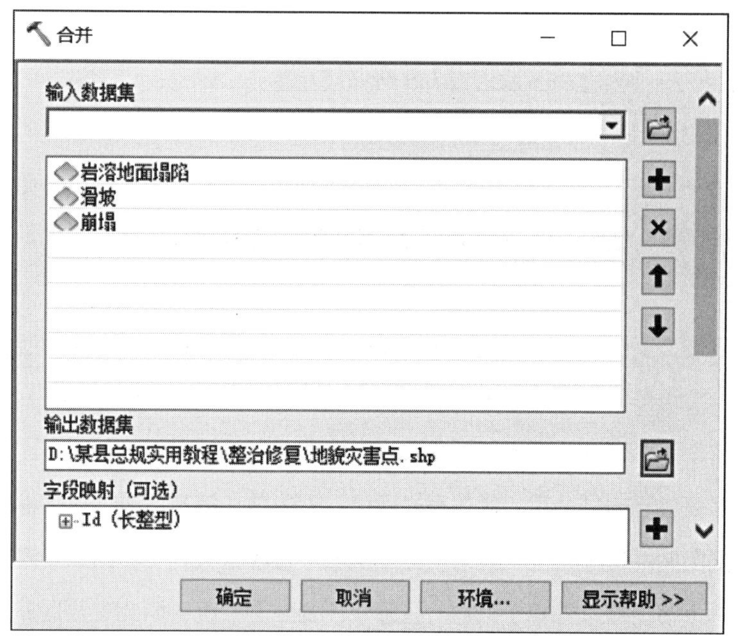

图10.3.1-1　合并灾害点

图10.3.1-3 【结果】窗口所在位置

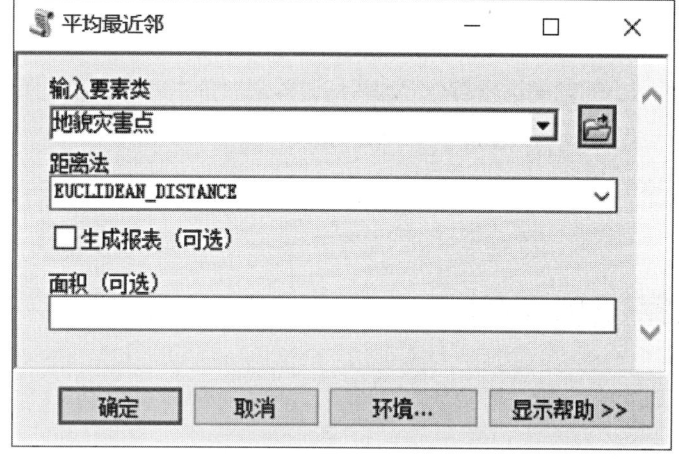

图10.3.1-2　平均最近邻的设置

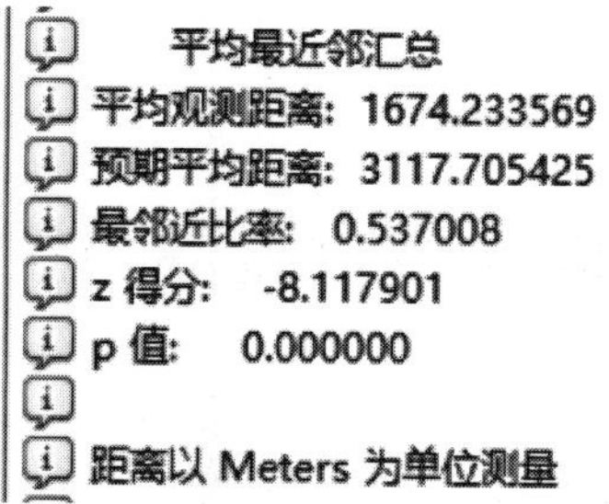

图10.3.1-4　在【结果】窗口里查看计算结果

因此只能一个一个地对这些灾害点进行判断，确定是否需要治理，例如根据它们与人类生产和生活的距离来进行识别，找出需要治理的灾害点。

点击菜单栏-【选择】-【按位置选择】，按图10.3.1-5进行设置，由于要找出满足一定条件（距离公路30米内）的灾害点，故把它选定为目标图层，【源图层】选择某县公路。【应用搜索距离】要具体情况而定，这里定为30米。点击确定，得到需要治理的灾害点（图10.3.1-6）。

清除选择。再次打开【按位置选择】，目标图层仍然是地貌灾害点，源图层为村落，应用搜索距离设定为300米（图10.3.1-7），得到村庄附近需要治理的灾害点（图10.3.1-8）。

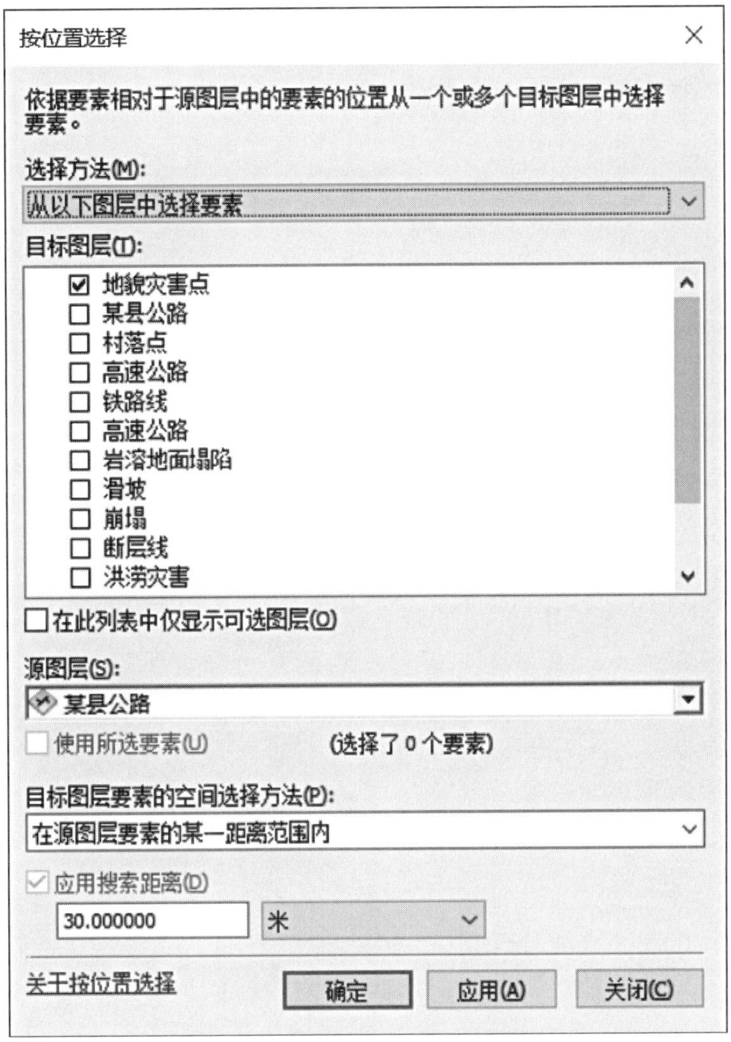

按位置选择

依据要素相对于源图层中的要素的位置从一个或多个目标图层中选择要素。

选择方法(M):

从以下图层中选择要素

目标图层(T):

- ☑ 地貌灾害点
- ☐ 某县公路
- ☐ 村落点
- ☐ 高速公路
- ☐ 铁路线
- ☐ 高速公路
- ☐ 岩溶地面塌陷
- ☐ 滑坡
- ☐ 崩塌
- ☐ 断层线
- ☐ 洪涝灾害

☐ 在此列表中仅显示可选图层(O)

源图层(S):

某县公路

☐ 使用所选要素(U)　　(选择了 0 个要素)

目标图层要素的空间选择方法(P):

在源图层要素的某一距离范围内

☑ 应用搜索距离(D)

30.000000　米

关于按位置选择　　确定　　应用(A)　　关闭(C)

图10.3.1-5　按位置选择的设置

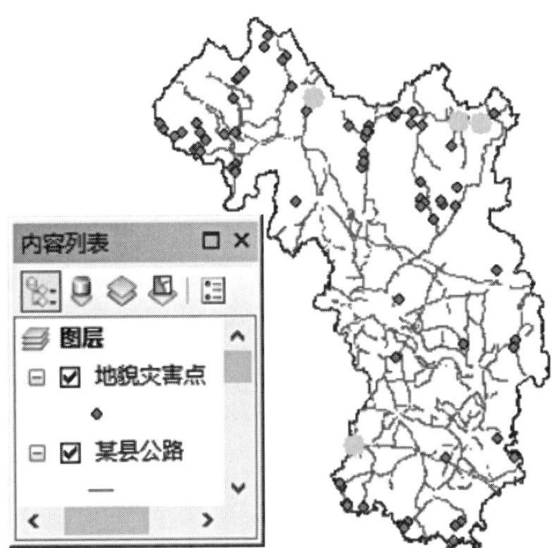

图10.3.1-6　符合条件的灾害点

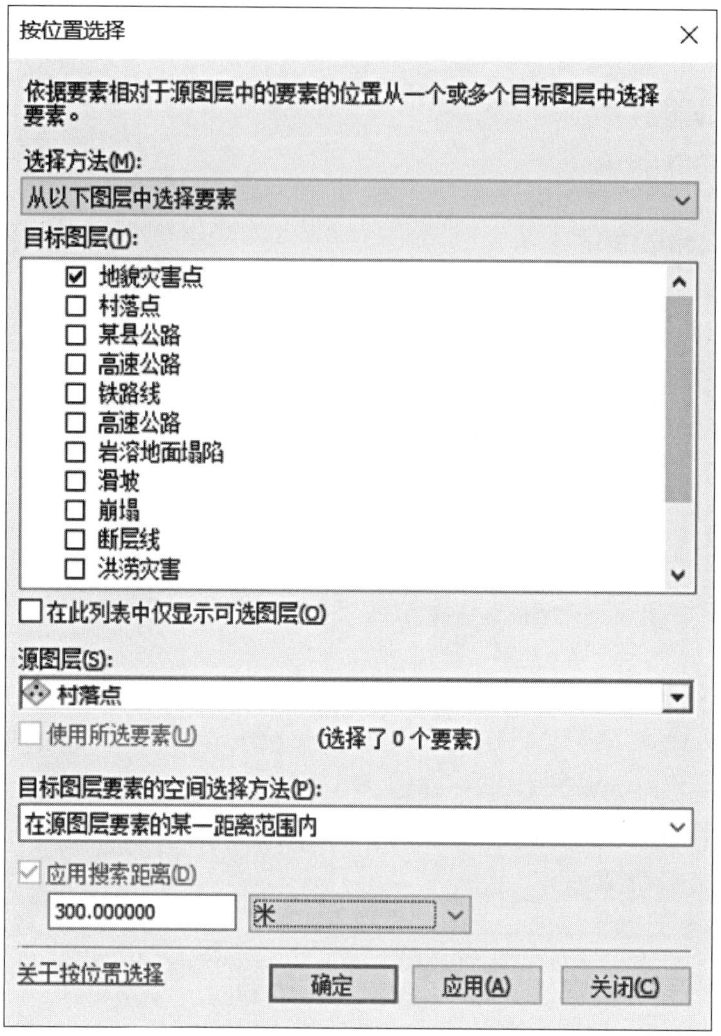

按位置选择

依据要素相对于源图层中的要素的位置从一个或多个目标图层中选择要素。

选择方法(M):

从以下图层中选择要素

目标图层(T):

☑ 地貌灾害点
☐ 村落点
☐ 某县公路
☐ 高速公路
☐ 铁路线
☐ 高速公路
☐ 岩溶地面塌陷
☐ 滑坡
☐ 崩塌
☐ 断层线
☐ 洪涝灾害

☐ 在此列表中仅显示可选图层(O)

源图层(S):

村落点

☐ 使用所选要素(U)　　(选择了 0 个要素)

目标图层要素的空间选择方法(P):

在源图层要素的某一距离范围内

☑ 应用搜索距离(D)

300.000000　米

关于按位置选择　确定　应用(A)　关闭(C)

图10.3.1-7　按位置选择的设置

图10.3.1-8　村庄附近需要治理的灾害点

二、生态修复示例

在第六章第二节中构建了保护性空间结构，这实际上已经指明了需要构建或修复的生态空间（图10.3.2-1）。

在修复性生态空间的核心区域中应该禁止种植速生桉，核心区包括饮用水水源保护区、农业灌溉区、水库库区周边、江河两岸等区域；限制速生桉种植区包括森林公园、旅游景区和其他生态公益林区；允许种植区是除禁止种植区、限制种植区范围以外的商品林地。

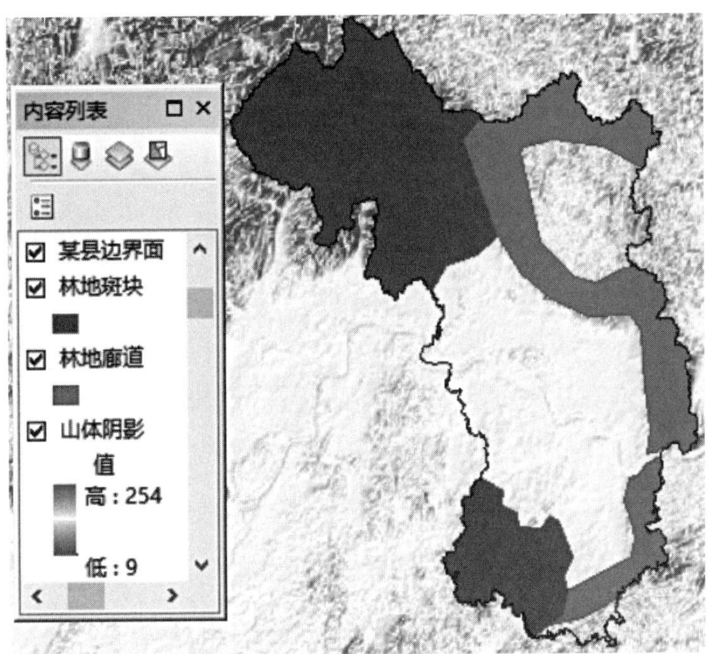

图10.3.2-1　需要生态修复的工程范围

第十一章

县域国土空间的城市设计

第一节
城市设计的概念、内容和流程

一、城市设计的概念

根据《国土空间规划城市设计指南》(TD/T 1065-2021),城市设计是营造美好人居环境和宜人空间场所的重要理念与方法,通过对人居环境多层级空间特征的系统辨识,多尺度要素内容的统筹协调,以及对自然、文化保护与发展的整体认识,运用设计思维,借助形态组织和环境营造方法,依托规划传导和政策推动,实现国土空间整体布局的结构优化、生态系统的健康持续、历史文脉的传承发展、功能组织的活力有序、风貌特色的引导控制、公共空间的系统建设,达成美好人居环境和宜人空间场所的积极塑造。城市设计是国土空间规划体系的重要组成,是国土空间高质量发展的重要支撑,贯穿于国土空间规划建设管理的全过程。

这里的城市设计超出了原有城市设计的范畴(见《城市设计管理办法》,原住建部令第35号,2017年3月14日),作为一种思维方式和技术方法全面介入国土空间规划的各领域中。

二、县域总体城市设计的内容

根据《国土空间规划城市设计指南》(TD/T 1065-2021),在总体规划层面上,城市设计的内容如下(可理解为总体城市设计的内容)。

统筹整体空间格局。落实宏观规划中自然山水环境与历史文化要素方面的相关要求,协调城镇乡村与山水林田湖草沙的整体空间关系,对优化空间结构和空间形态提出框架性导控建议。

提出大尺度开放空间的导控要求。梳理并划定县全域尺度开放空间,结合形态与功能对结构性绿地、水体等提出布局建议,辅助规划形成组织有序、结构清晰、功能完善的绿色开放空间网络。

明确全域全要素的空间特色。根据县域自然山水、历史文化、城镇发展等资源禀赋,结合规划明确的城市性质、功能布局、制约条件,以及公众意愿等,总结县域整体特色风貌,提出需重点保护的特色空间、特色要素及其框架性导控要求。

三、县域总体城市设计的流程

有多种方法和流程进行县域总体城市设计,例如凯文·林奇的城市意象理论很适用于此。基于上述的设计内容和城市意象理论,这里提出一种县域总体城市设计流程:

第一步,在县域国土空间结构的基础上构建县域初步的结构性空间景观系统,增补必要的景观单元,明确单元功能和风貌,并提出设计的导引和管控建议。

第二步,依据比较明显的界线(河流、山麓、地类边界、交通干线等)划分大尺度开放空间,把开放空间划分为特征和功能不同的空间景观单元。一般而言,可把单元分为自然地理和人文地理单元,其中自然地理单元的范围比较大，对整个县域空间景观起着基础性的作用，故应先划分，然后是人文地理景观单元的划分，并提出设计的导控建议。

第三步，识别和营造特色鲜明的自然、生态、人文历史的空间景观，并提出设计的导控建议。

第四步，将上述所得综合在一起，构建县域完整的结构性空间景观系统。

第五步，设计县域空间意象的路径（道路）、边缘（边沿）、区域、节点（结点）和标志（地标）等五要素，由此构建县域空间意象系统，并提出设计的导控建议。

第二节 县域国土空间总体城市设计示例

一、构建初步的结构性空间景观系统

在某县国土空间结构基础上，增加水库作为结构性的景观单元，以林地、河流、水库、城镇、城镇大道、高速公路、铁路等组成县域初步的结构性空间景观系统（图11.2.1-1）。

结构性景观系统的导控建议：维护景观单元功能，凸显其空间特征和风貌，设置景观单元的视点和视廊，根据景观单元特征和功能构建具有序列性和渐进性的单元标识体系，等等。

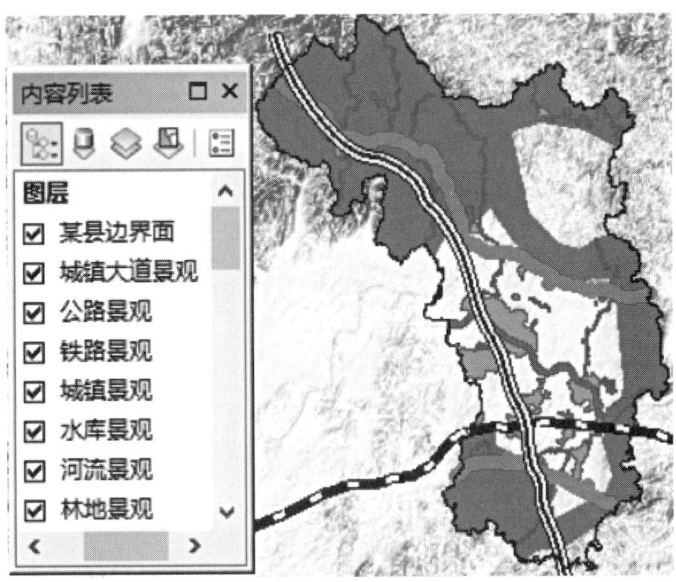

图11.2.1-1　某县域初步结构性景观系统

二、划分大尺度开放空间

某县的大尺度开放空间目视可以划分为山地、丘岭（丘陵）和平原三种自然地理景观单元，具体的边界线可通过等高线来确定，只需DEM数据（填不填洼都可以）。

打开【等值线】工具进行设置（图11.2.2-1），【输入栅格】为DEM图层，由于单元划分是粗略的，所以等值线的间距可以大一些，以加快计算和显示，例如20，得到等高线图11.2.2-2。

图11.2.2-1　等值线工具的设置

图11.2.2-2　某县20米间距的等高线

在北部选定某条等高线作为山脚线，把它作为北部山地和平原的分界线。点击常用工具中的【识别】按钮，在北部山地的山脚处（等高线从稀疏向密集的过渡处）选定一条线，点击它，识别窗口即显示该线的属性，由此知道该线的FID编号为1771（图11.2.2-3）。

同理得到南部丘岭与平原交界等高线的FID编号。三条等高线的FID编号分别是1771、2047和2349。

打开等高线图层的属性表，点击属性表顶部的【按属性选择】按钮，在表达式栏里输入（要在英文输入法下输入，否则会因标点符号不对而出错）："FID" =1771 OR "FID" =2047 OR "FID" =2349（图11.2.2-4）。

点击【应用】，显示了选中的三条等高线（图11.2.2-5，南部是两条）。

在【内容列表】里右击等高线图层，点击【数据】-【导出数据】，把三条等高线另存为一个图层，暂且命名为地理分界线。

把这三条等高线放大后发现它们与县的行政边界不相交，因此要把它们延伸到行政边界外。打开【编辑器】，点击一条线（图11.2.2-6），点击【编辑折点】按钮（图11.2.2-7），把分界线拉到县行政边界外（图11.2.2-8）。三条线编辑完成后进行保存编辑，再退出编辑器。

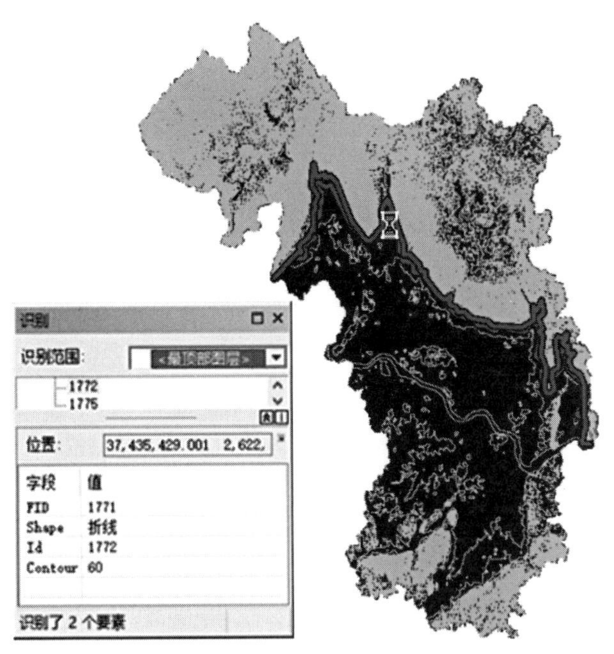

图11.2.2-3 选定的等高线

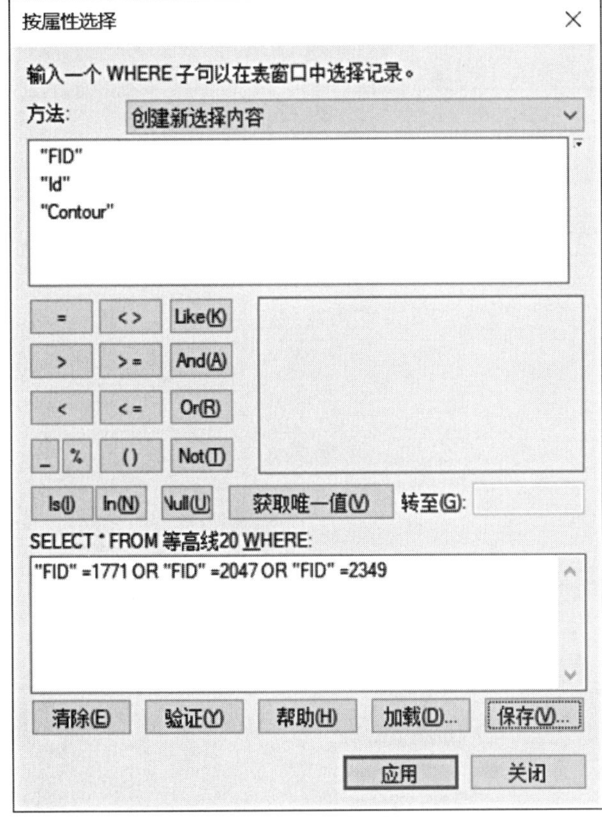

图11.2.2-4 按属性选择的表达式

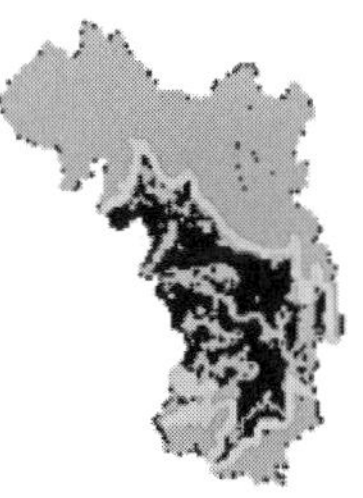

表

等高线20

FID	Shape *	Id	Contour
1771	折线	1772	60
2047	折线	2048	60
2349	折线	2350	60

图11.2.2-5 显示选中的三条等高线

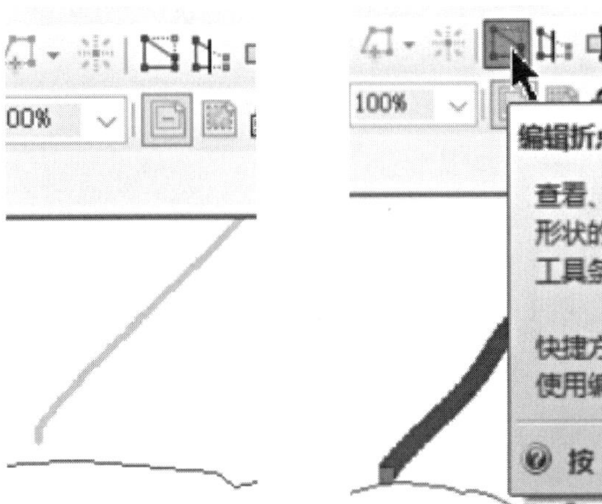

图11.2.2-6 选中分界线 图11.2.2-7 点击编辑折点

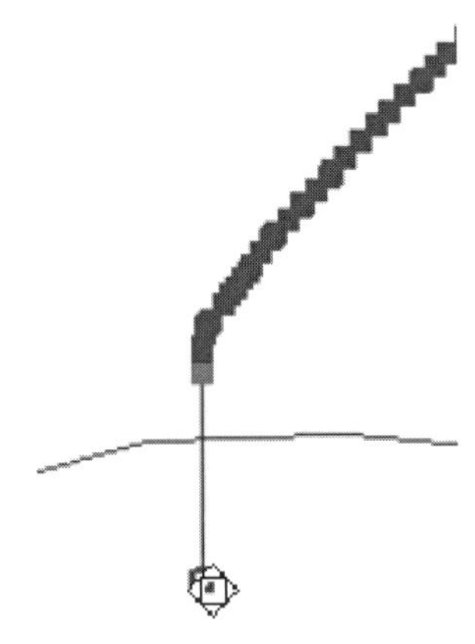

图11.2.2-8 把分界线延到县行政边界外

完成编辑后就可以用【要素转面】地理处理工具来分割县域面了。

打开【要素转面】工具，输入要素为地理分界线和某县边界面图层（图11.2.2-9），得到四个自然地理单元（图11.2.2-10）。

打开自地单元图层的属性表，添加“单元”字段，赋值为丘岭（或丘陵）开放空间、山地开放空间和田园开放空间，由此得到大尺度开放空间（图11.2.2-11）。

某县的人文地理单元尚小，且分布零散，可以不再划分。

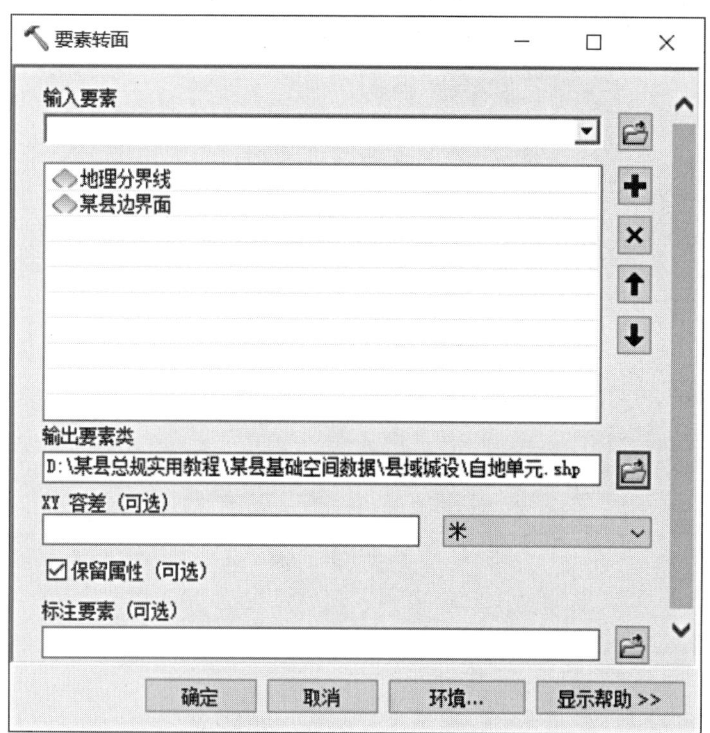

图11.2.2-9　要素转面的设置

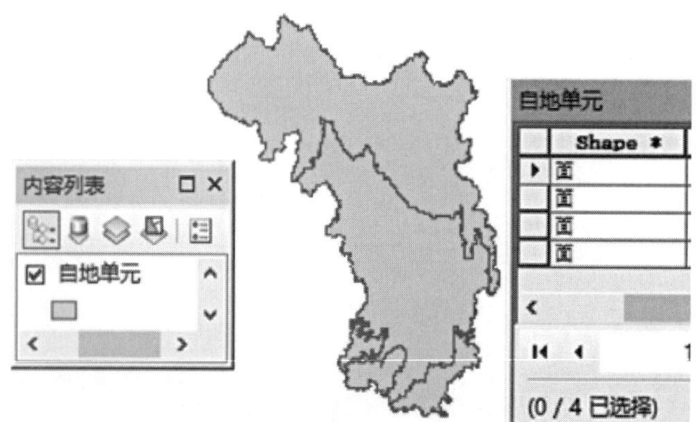

图11.2.2-10　四个自然地理单元

图11.2.2-11　某县域大尺度开放空间

大尺度开放空间的导控建议：维护开放空间的功能和特征的完整性，加强开放空间彼此之间的连通性，彰显开放空间的地域特色。

三、识别特色空间

某县属于亚热带湿润区，在耕地、林地、园地和城乡居民点等空间景观上都具有明显的地域特色，可将中部的大河、西北部的AAAA级山林风景区、开阔平整的稻田、果林、历史传统村落识别为特色空间景观（图11.2.3-1）。

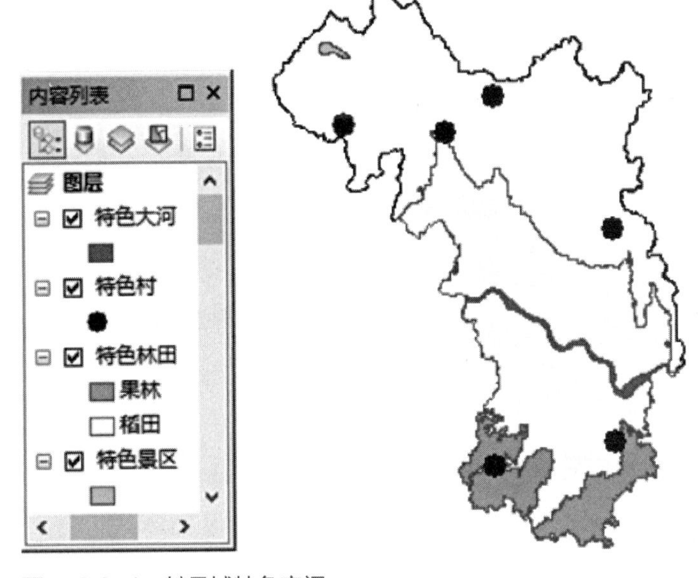

图11.2.3-1　某县域特色空间

特色空间的导控建议：保护和合理开发利用传统村落，强化特色旅游空间和标识，营造浓郁的林田特色景观及其游乐园。

四、县域完整的空间景观系统

将上述景观单元叠加在一起，得到了某县域完整的结构性景观系统（图11.2.4-1）。

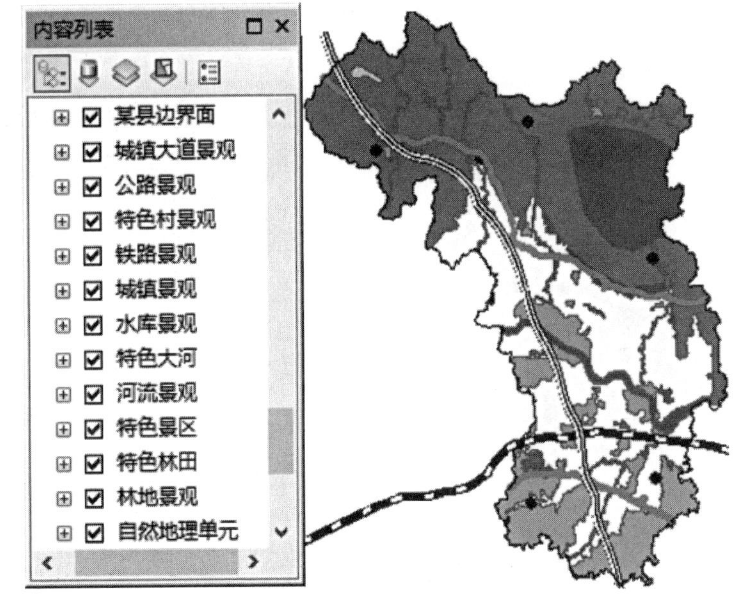

图11.2.4-1　某县域完整的空间景观系统

五、构建县域空间意象五要素

（一）路径

某县的路径为高速公路、铁路、城镇大道和大河。路径不仅有交通和指示方向的功能，还是展示地域景观系列的路线。

管控建议：维护路径的交通和指向功能，对不同的路径设计不同的系列景观标识，展示地域景观特色。

（二）边缘

某县的边缘是三条地理分界线。边缘除了分界的功能外，还有空间阻隔或延迟的作用，但同时也兼具可观赏两侧景观的积极作用。

管控建议：凸显边缘的特征，提升边缘的作用和魅力，例如修建步道、绿道、骑行道等。

（三）区域

某县的区域是四个自然地理单元。区域既体现县域的基本功能（基本的生活、生产和生态），也体现县域的主体功能（生产功能中的对外输出功能，例如某县是全省乃至全国的农产品生产基地）。

管控建议：巩固区域功能，优化区域的空间特征，增强区域的地域特色和吸引力。

（四）节点

某县的节点是中心城区。节点是多种重要功能交集或汇聚的局部地方，是县域的发展核心。

管控建议：增强节点功能，体现现代化城镇风貌。

（五）标志

标志可以是自然或人文景观中现有的，也可以设计和建造出来。

标志具有象征、代表和指示某个地域特征的功能，具备这些功能的空间物体都可以是标志。对于县域这样的大范围而言，还应该增加可见性高、位置适中等作为标志的选择条件。

例如某县中部的大河虽然具有象征和指示功能，位置也适中，但其可见性不高（除非俯瞰），不宜作为标志。现有的自然和人文景观中没有合适地物可作为标志，需要选择合适的位置建立。从某县的景观分布看，选择北部山地和南部丘岭的某个位置修建标志很合适。下面通过地理处理工具精准地选择标志的位置。

打开【要素转点】工具进行设置（图11.2.5-1），把面要素的城镇转为点，即把城镇作为观察点来浏览四周的景物。必要时可进一步做编辑，删除多余的点（某些城镇可能有几个图斑，转点后就出现几个点），相互靠近的点也可以只保留一个。另外，如果做视点分析，则观察点数不能大于16。

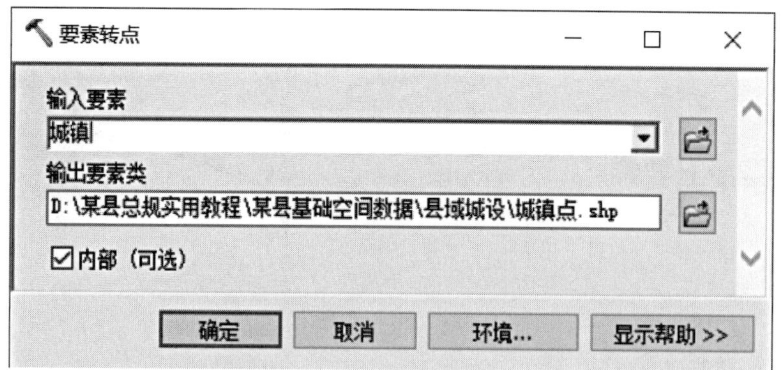

图11.2.5-1 要素转点的设置

观察点高度的微小变化对可见性分析的影响是显著的。打开转点后的图层属性表，把所有城镇点的高程都加上1.5米（这里主观假定1.5米是开始具备空间认知能力的少儿的平均身高），即人站在地上看周围景色。

分析可见范围的地理处理工具有好几个，这里选择【视域】。视域工具会创建一个栅格，它记录从输入视点或视点折线要素位置可看到每个区域的次数，这个次数记录在输出栅格表的 VALUE 字段中。

打开【视域】工具进行设置（图11.2.5-2），点击【确定】，得到视域图层（图11.2.5-3）。

打开视域图层的属性表，【VALUE】字段值就是从那些城镇点能看到的地表面某个像元或位置的次数（图11.2.5-3）。由于属性表不大，可以逐行判断哪些位置比较合适作为标志。太低的VALUE值显然不合适作为标志，因为能看见它的城镇点太少，而最高值的位置太偏，也不适合。最后选择VALUE值为8的三个位置为标志的候选位置（图11.2.5-3中的三个小圆），待进行详细的城市设计时再勘察、论证和决定标志的位置。

管控建议：标志的场地要严格保护，标志的设计应反映县域的历史文化底蕴、发展愿景等。

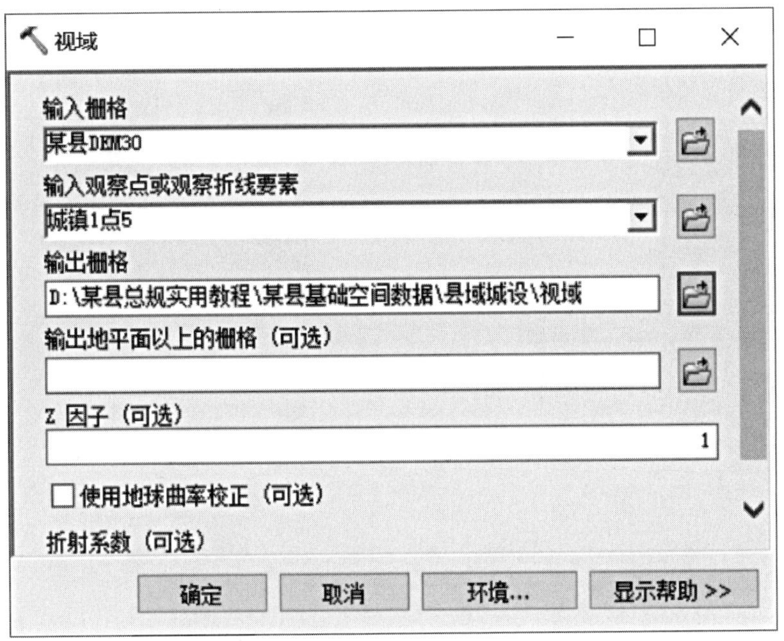

图11.2.5-2　视域的设置

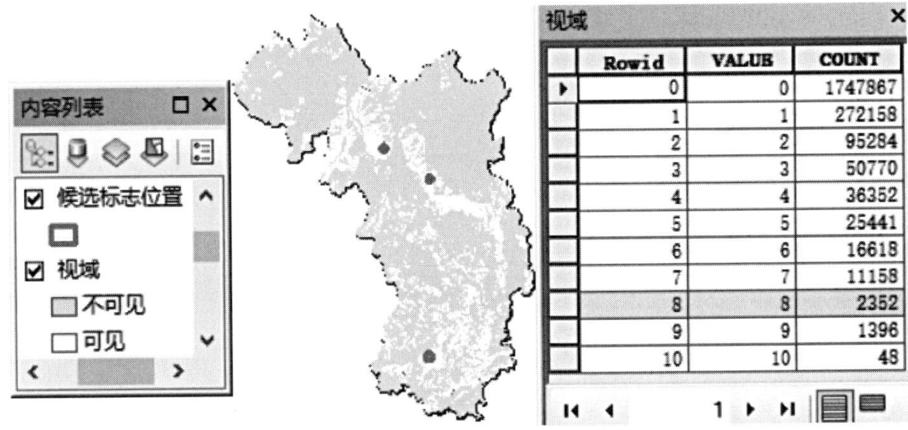

Rowid	VALUE	COUNT
0	0	1747867
1	1	272158
2	2	95284
3	3	50770
4	4	36352
5	5	25441
6	6	16618
7	7	11158
8	8	2352
9	9	1396
10	10	48

图11.2.5-3　某县域视域、属性表及标注候选位置

（六）县域空间意象架构

用【合并】工具将路径、边缘、区域、节点、标志进行合并（不是面的图层先做缓冲，变为面），用【符号系统】进行表达，得到县域空间意象架构图（图11.2.5-4）。

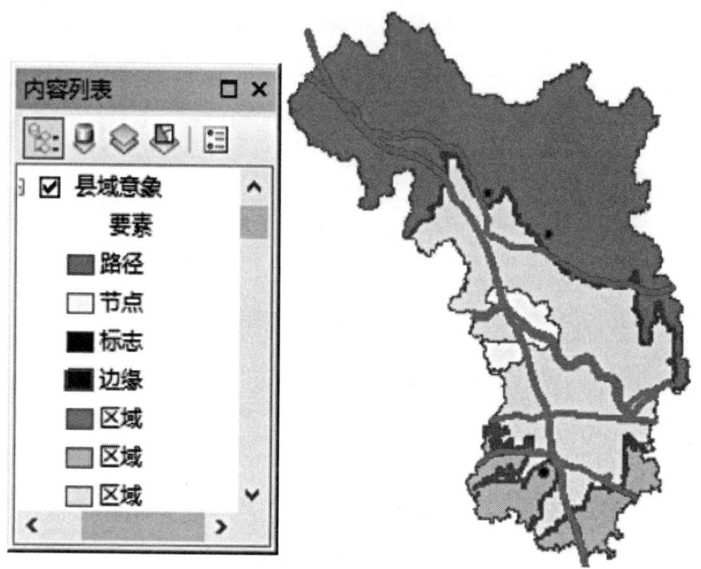

图11.2.5-4　某县域空间意象架构

第十二章

自制符号与插入地图元素

ArcGIS有自制各种图例符号、添加地图元素和打印地图的丰富功能，可以制作满足特定要求的地图。

第一节
自制符号

国土空间规划有自己的图例符号，包括色彩、线形和形状，ArcGIS自带或默认的符号库不能满足这样的要求，需要自己制作。目前尚无统一的县级国土空间规划符号标准，可参照《市级国土空间总体规划制图规范（试行）》（自然资源部2021年3月）来自制符号。

一、创建新样式

在ArcMap中单击第一栏菜单的【自定义】-【样式管理器】（图12.1.1-1），在打开的【样式管理器】中单击【样式】-【创建新样式】，弹出新样式文件要保存的目录，命名（例如市级国空规）并保存新样式文件。此目录可以是当前（默认）的，也可以更改。如果将新样式放置在当前样式路径中，它可以马上使用。样式路径的默认位置为 <安装目录>\ArcGIS\Desktop<版本>\Styles 文件夹。最好记住保存的目录位置，以便不需要新样式时到该目录去删除。

国土空间规划的符号有色块、线条、标记（含带文字标记）、文本等四种，要分别对它们进行制作。这里只介绍前三种，文本符号比较简单容易，就略去了。

默认目录和保存新样式文件后再打开【样式管理器】，就可以看见新建的样式文件（图12.1.1-2）。

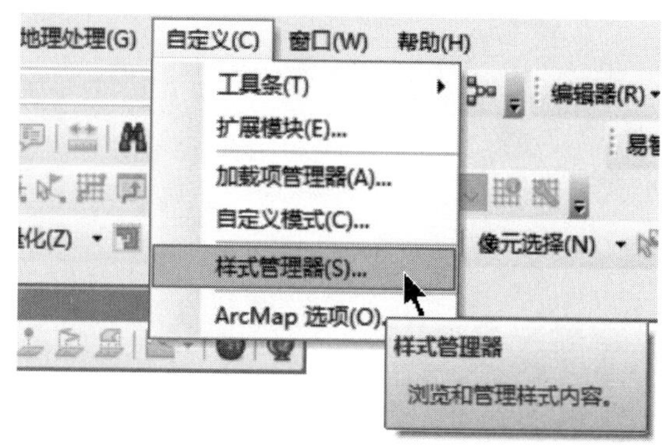

图12.1.1-1　打开样式管理器

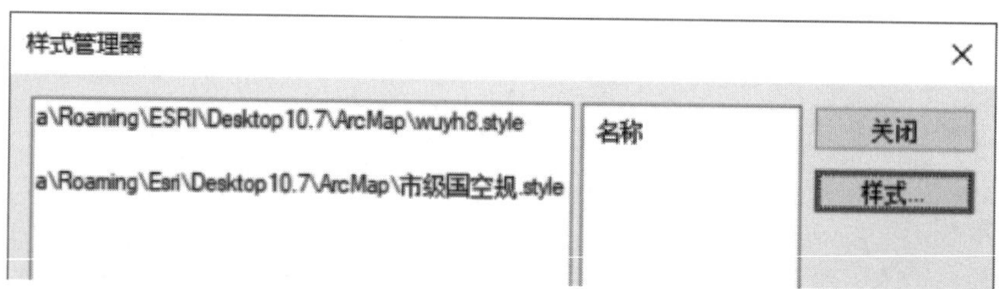

图12.1.1-2　新建的样式文件

二、制作填充符号和线符号

双击新样式所在的路径或点击其左侧的+号，把它展开，找到【填充符号】，点击它，在右侧空白窗口里右击，出现【新建】，点击它，再点击【填充符号】（图12.1.2-1）。

在弹出的【符号属性编辑器】中点击【颜色】-【更多颜色】（图12.1.2-2）。

在【颜色选择器】中输入所要的色值，例如输入耕地的色值RGB（245,248,220）（图12.1.2-3）。色值

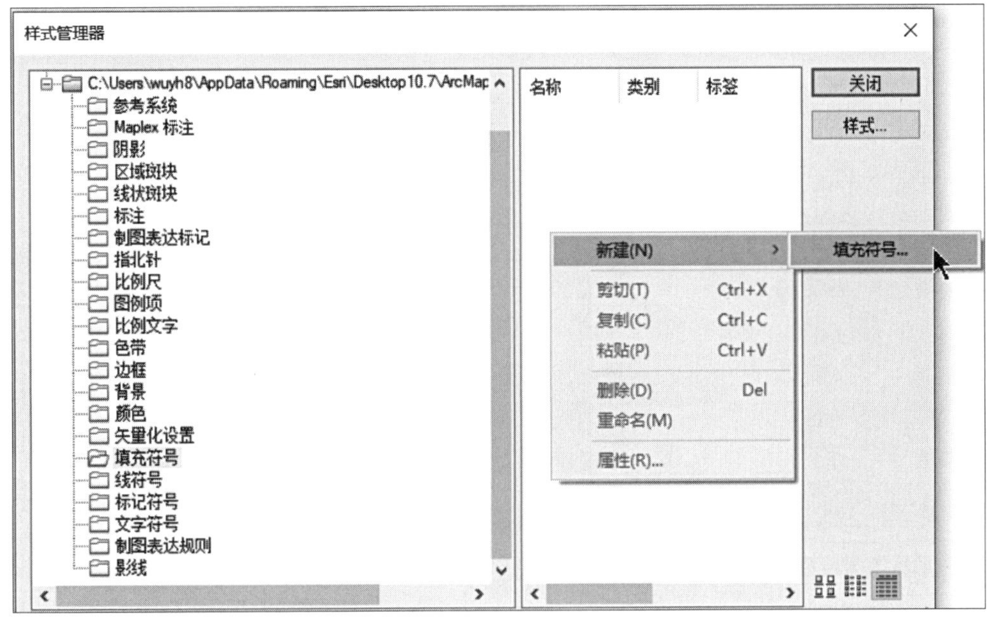

图12.1.2-1　点击【填充符号】

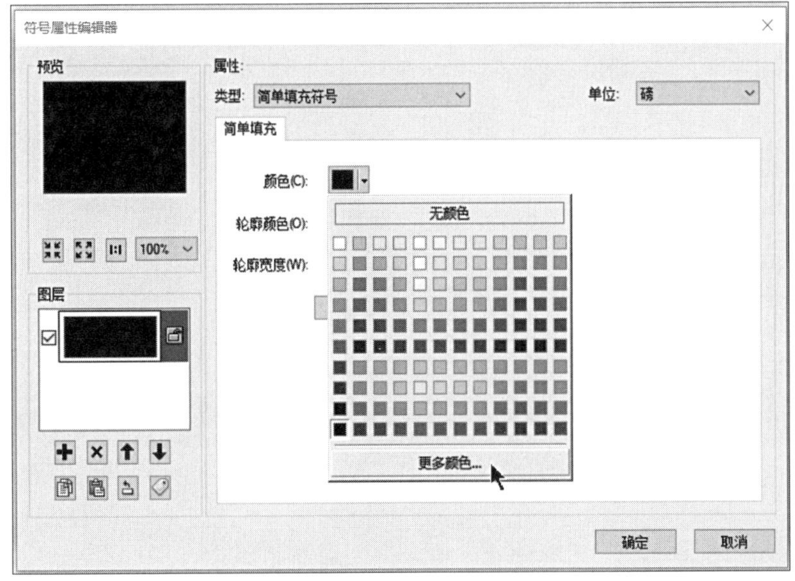

图12.1.2-2　点击【更多颜色】

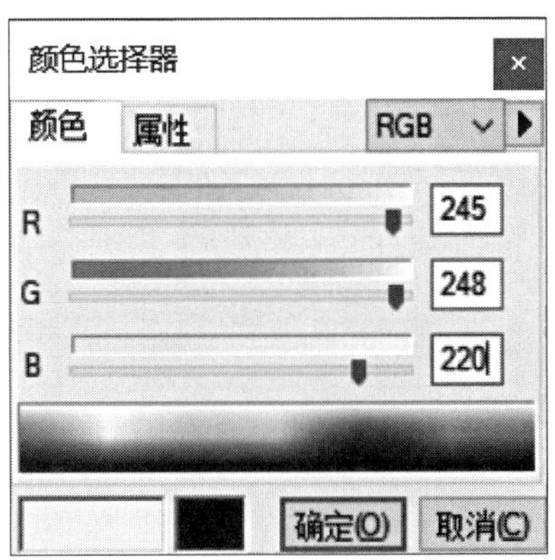

图12.1.2-3　输入耕地的色值

是《市级国土空间总体规划制图规范（试行）》规定的。

点击【确定】，回到填充符号的窗口，手输修改【名称】下的【填充符号】，改为【耕地】,【类别】和【标签】也可以修改或填写（图12.1.2-4～图12.1.2-6）。

线符号的制作与填充符号一模一样，就不赘述了。

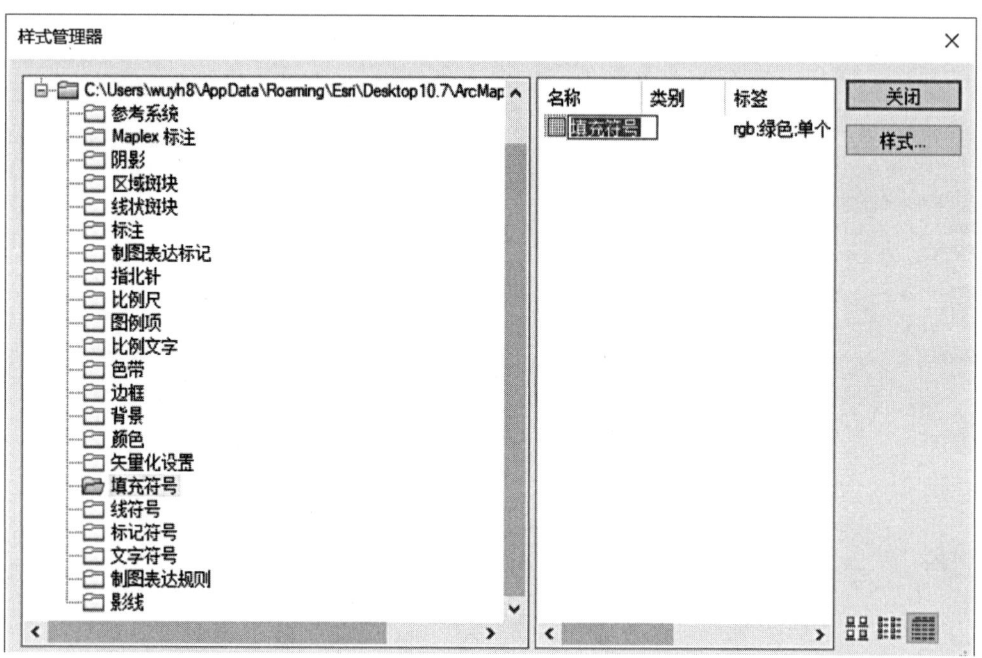

图12.1.2-4　修改填充符号名称1

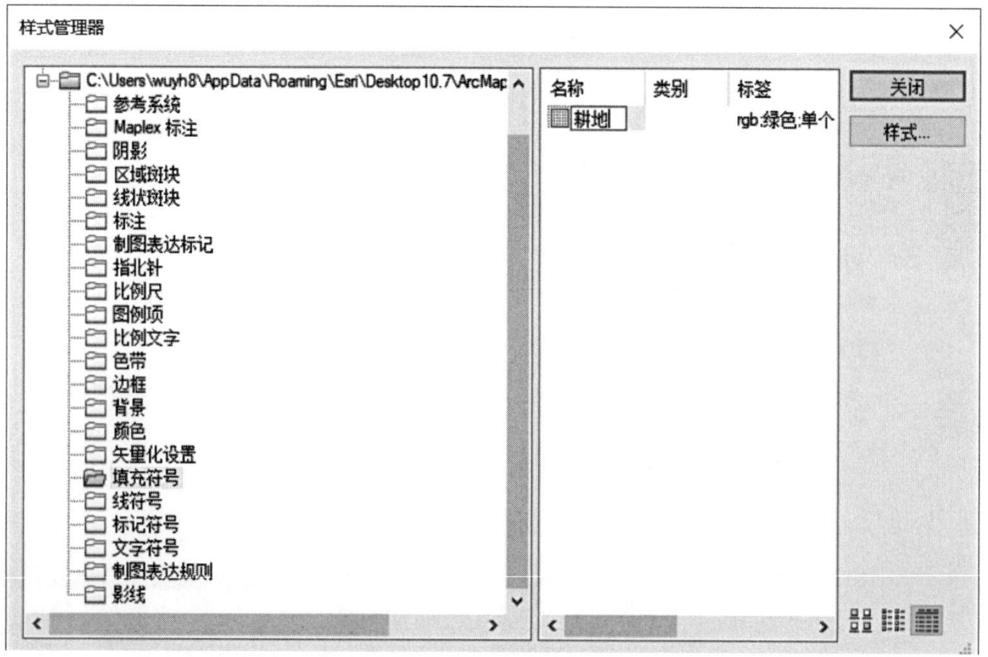

图12.1.2-5　修改填充符号名称2

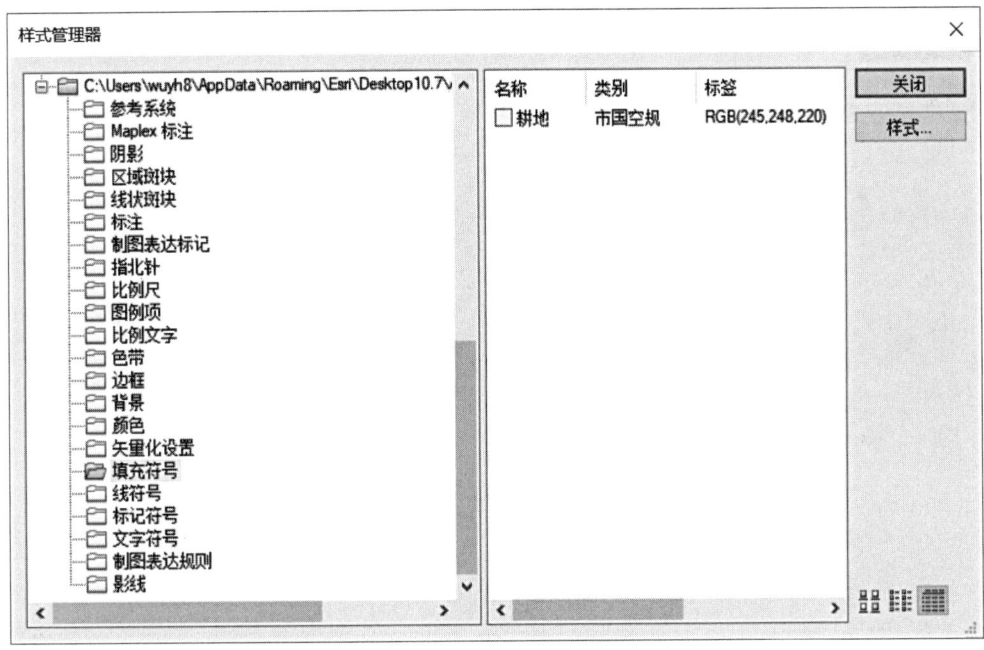

图12.1.2-6　填写类别和标签

三、制作标记符号

标记符号是指独立的点状符号，例如铁路枢纽、电厂。标记符号有简单的，也有复杂的。

（一）简单标记符号制作

1. 直接选定符号

点击样式文件下的【标记符号】，在右边对话框右击，点击【新建】-【标记符号】，在弹出的【符号属性编辑器】中点击【样式】，选择所要的图形，调整颜色、大小、偏移等（图12.1.3-1）。点击【确定】，即得所要的符号。

2. 稍作编辑的标记符号

和上一步的步骤一样进到【符号属性编辑器】。像水厂和污水厂之类的简单标记符号，需要改变角度、偏移等（图12.1.3-2、图12.1.3-3）。

（二）复杂标记符号制作

复杂一些的标记符号有两种制作方法，一是调用已经做好的图片，二是组合符号。

1. 调用图片

对于如图12.1.3-4所示的复杂标记符号，可以先在其他绘图软件中制作好，把它存为图片。再以同样步骤进到【符号属性编辑器】，点击【类型】，选择【图片标记符号】，在打开的【查找范围】中找到所需的图片，选中它后加载，就可以了。但是如此制作的符号不能更改颜色。

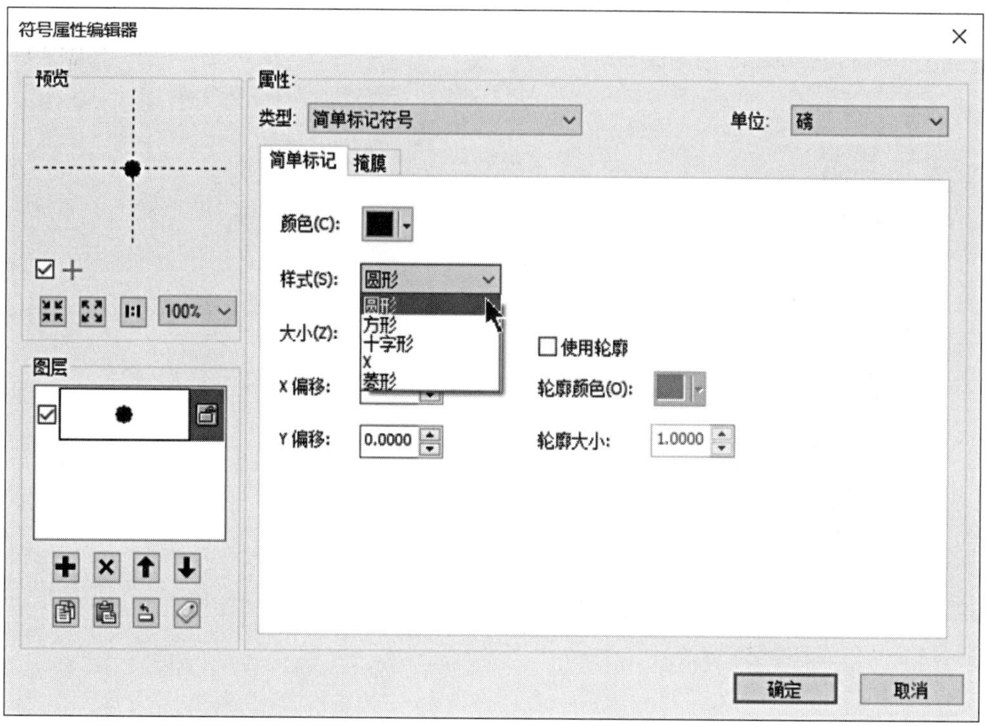

图12.1.3-1　简单标记符号的制作

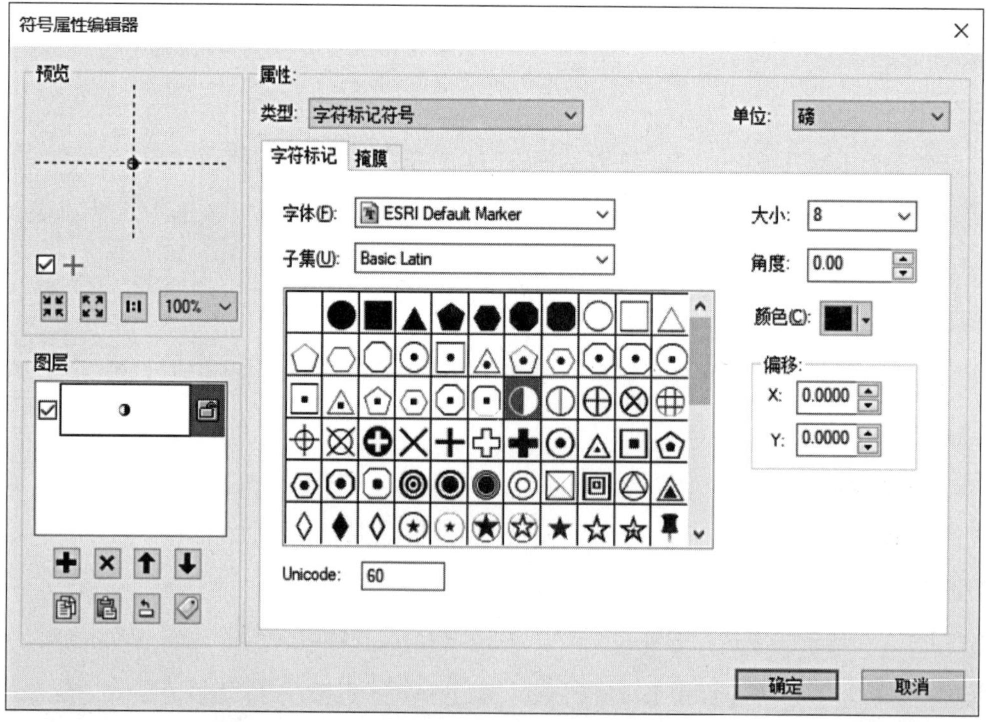

图12.1.3-2　稍作编辑的符号

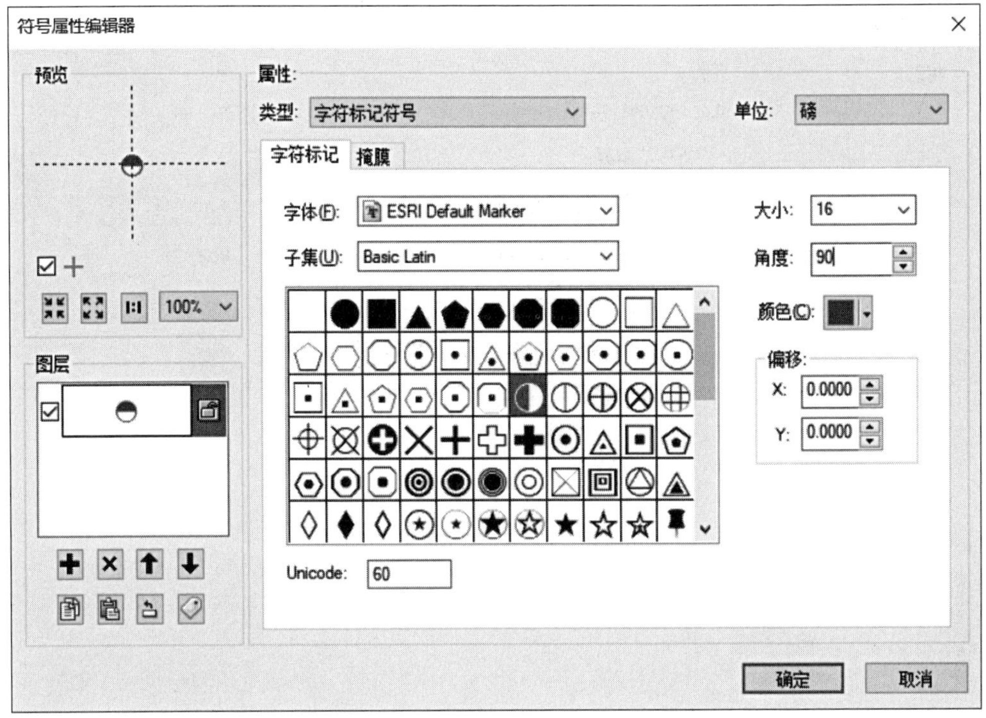

图12.1.3-3　调整角度后成为水厂符号

图面要素	图例	备注
垃圾处理厂		可根据等级调整配色
垃圾转运站		可根据等级调整配色

图12.1.3-4　复杂的标记符号

2. 组合标记符号

例如图12.1.3-4中的垃圾转运站由一个梯形和一个三角形组成，这意味着需要把一个梯形和三角形组合在一起。以同样步骤进到【符号属性编辑器】中，点击【类型】中的【字符标记符号】，在默认显示的符号框中很容易找到三角形，把它改颜色，作为第一个图层（图12.1.3-5）。

然后点击+号，添加图层，需要添加的是梯形。梯形需要在字符标记符号集里找。两个符号都找到后，【图层】也同时显示出来了（图12.1.3-6）。可以对它们进一步做大小和偏移等编辑，然后点击确定后就得到垃圾转运站的符号（图12.1.3-7）。

如果觉得垃圾转运站的梯形不对，可以对它进行编辑，即另选一个梯形，然后调整大小和角度（图12.1.3-8）。

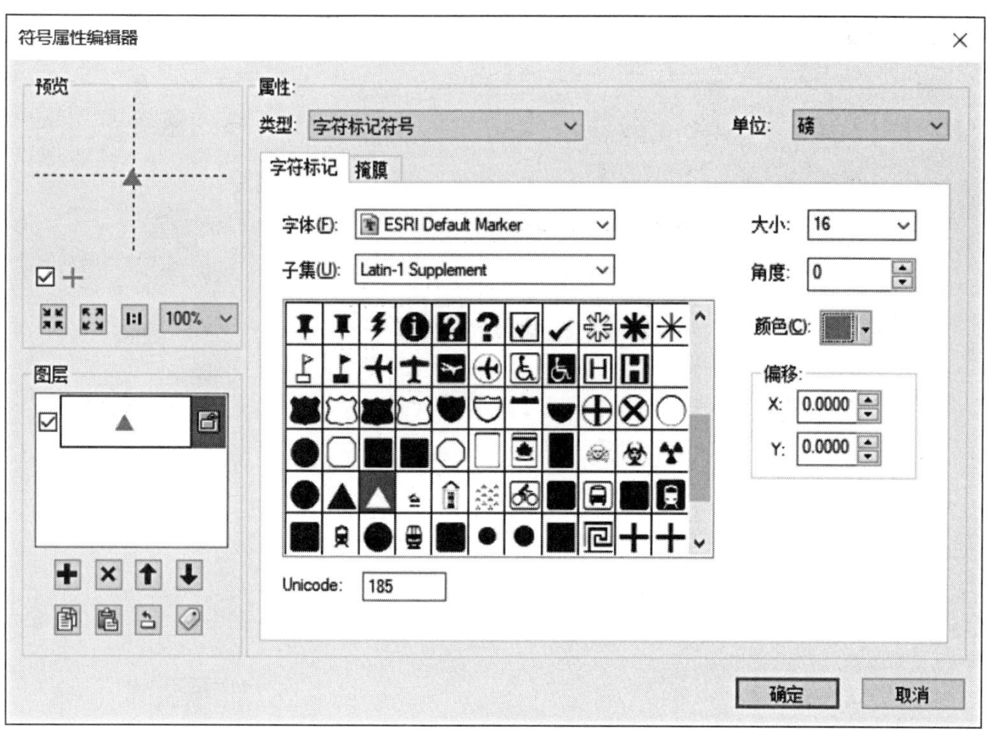

图12.1.3-5 三角形符号

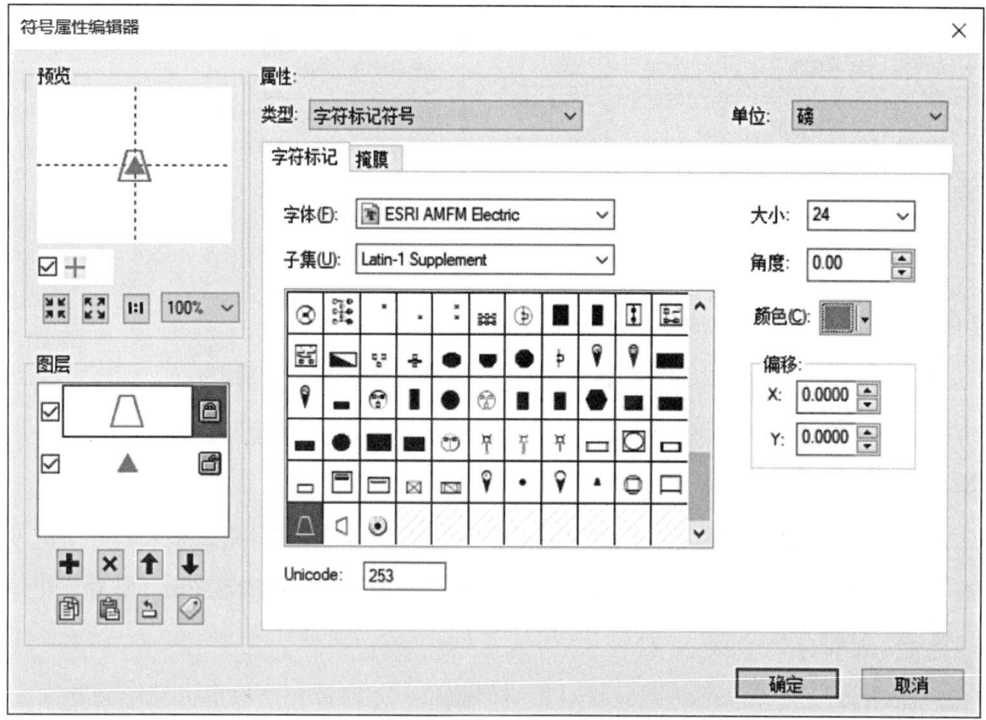

图12.1.3-6 梯形符号

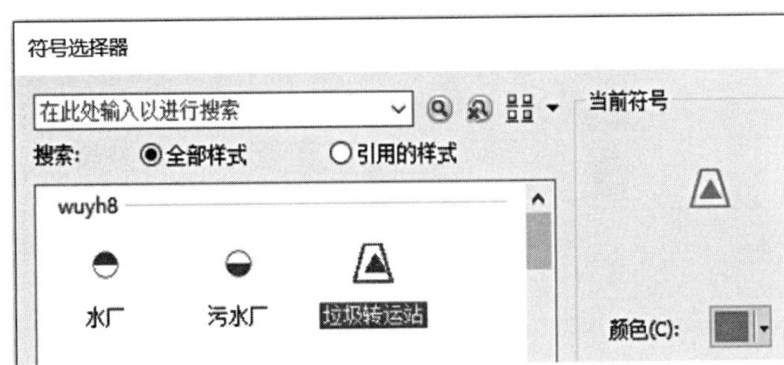

图12.1.3-7　自制的标记符号

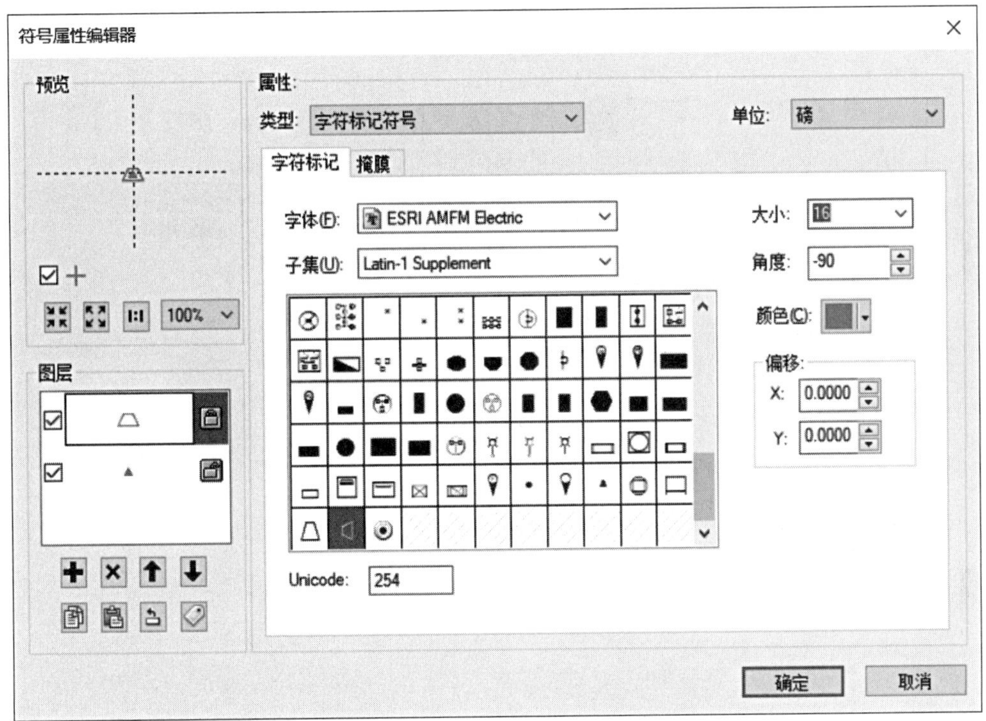

图12.1.3-8　另选一个梯形并调整

（三）带文字的标记符号

例如要制作图12.1.3-9之类带文字的标记符号。

制作的步骤和组合字符是一样的。先做好圆形图层，再添加一个图层（图12.1.3-10）。

所需的“文”字是黑体，故【字体】选择黑体。由于文字太多，很难找到所需要的字，可通过在线文本转十进制Unicode工具来查找，找到“文”的十进制编码为25991后，直接在【Unicode】框中输入25991，即出现“文”字（图12.1.3-11），调整其大小，点击【确定】即可。文化设施符号就出现在【符号选择器】里了（图12.1.3-12）。

图面要素	图例	备注
文化设施	文	可根据等级调整配色
教育设施	教	可根据等级调整配色

图12.1.3-9　带文字的符号

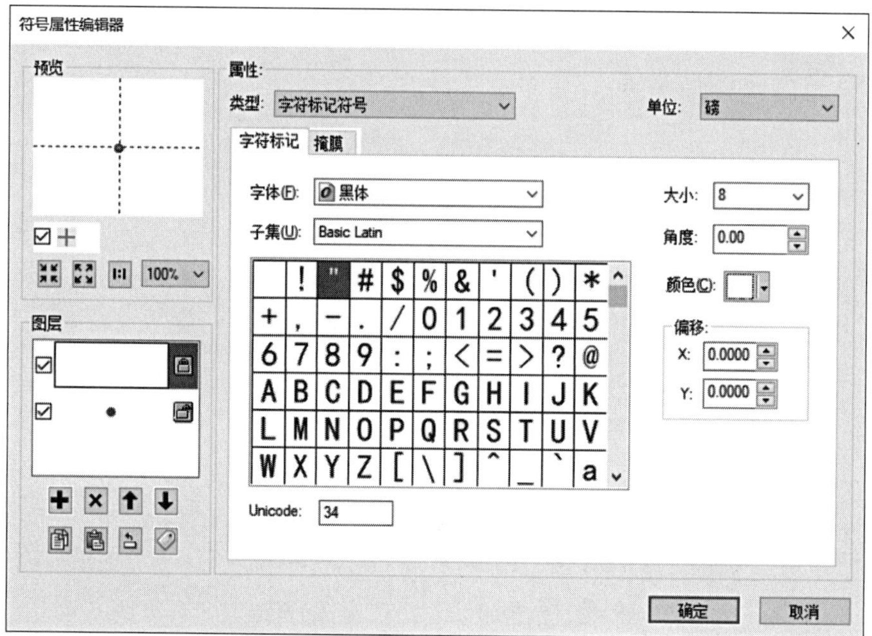

图12.1.3-10　添加图层

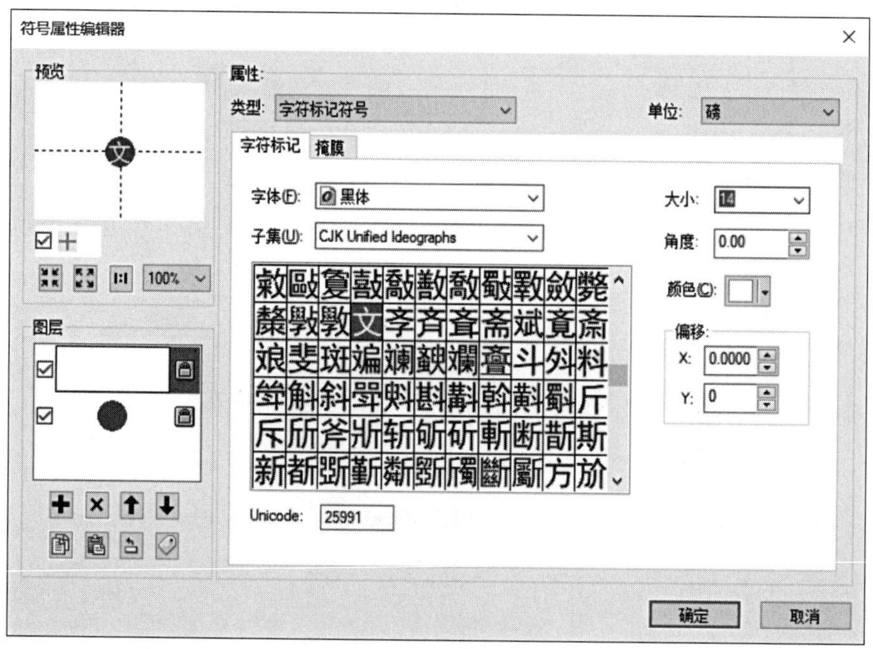

图12.1.3-11　在【Unicode】空白框中输入25991

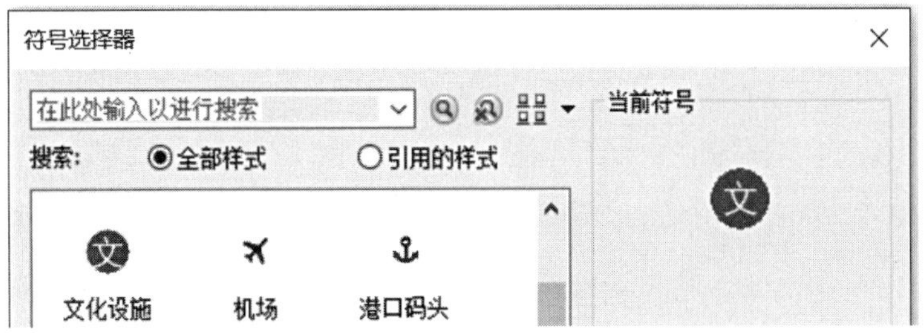

图12.1.3-12　文化设施符号出现在【符号选择器】里

第二节
风玫瑰的制作

风玫瑰的制作或使用有多种方法。

一、作为图片插入

从气象部门或原来的城市总体规划中获得风玫瑰图片后，点击菜单栏上的【插入】-【图片】(图12.2.1-1)，找到所需风玫瑰图片后插入到地图，再把它挪到合适的位置(图12.2.1-2)，还可以调整大小。

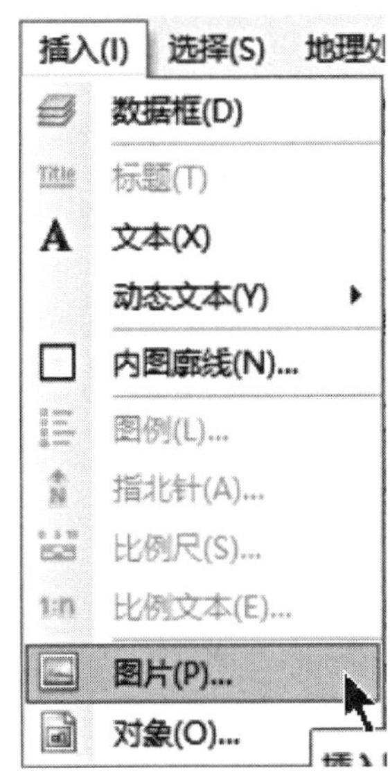

图12.2.1-1　插入图片

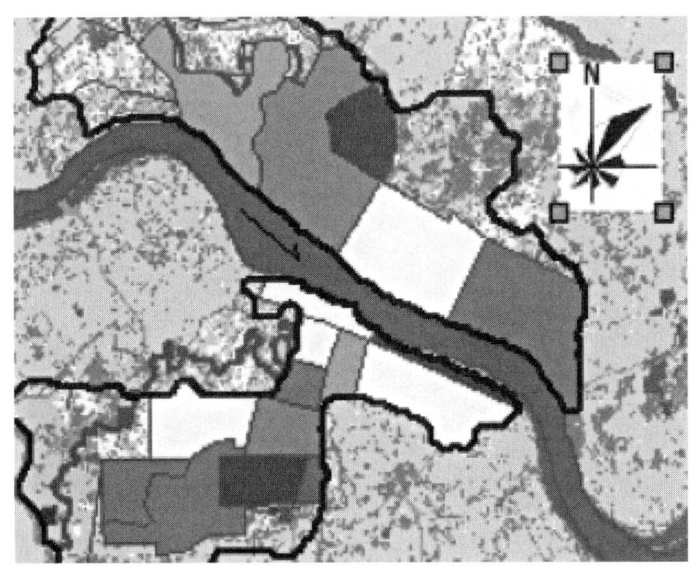

图12.2.1-2　把风玫瑰挪到合适位置

二、描绘并转为图层

在插入风玫瑰后，用绘图工具对它进行描绘（图12.2.2-1、图12.2.2-2），右击描绘的图，可以将颜色改为无颜色。此时可以分扇面描绘，也可以转为图层后编辑时再分。然后用【将图形转换为要素】工具将其转为图层（图12.2.2-3～图12.2.2-5）。然后打开【编辑器】，按需要对它进一步编辑，例如移动位置、修改形状、分扇面，等等。

还要新建一个线要素图层，然后打开编辑器，在风玫瑰上添加纵横轴。至于字母N，以和插入图片一样的方式插入文本即可。

如果需要坐标原点，还需要新建一个点要素图层。

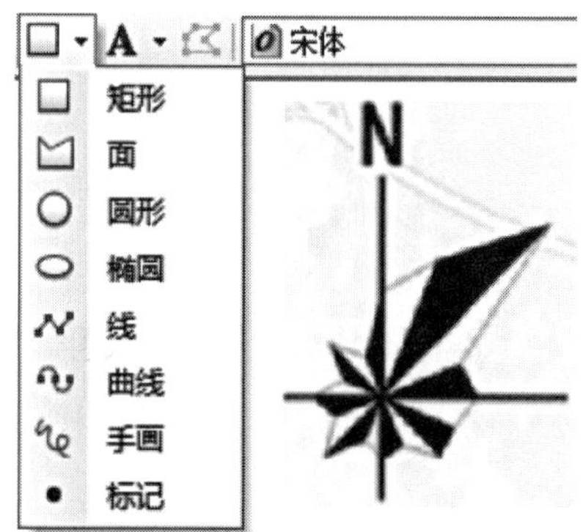

图12.2.2-1　选择绘图工具

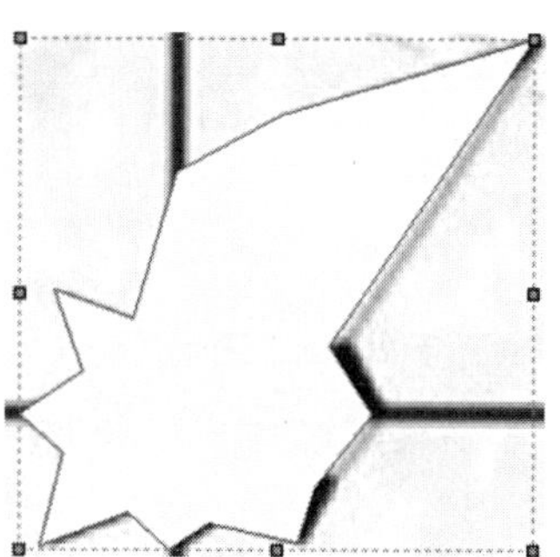

图12.2.2-2　以面工具描绘

图12.2.2-3　将图形转为要素1

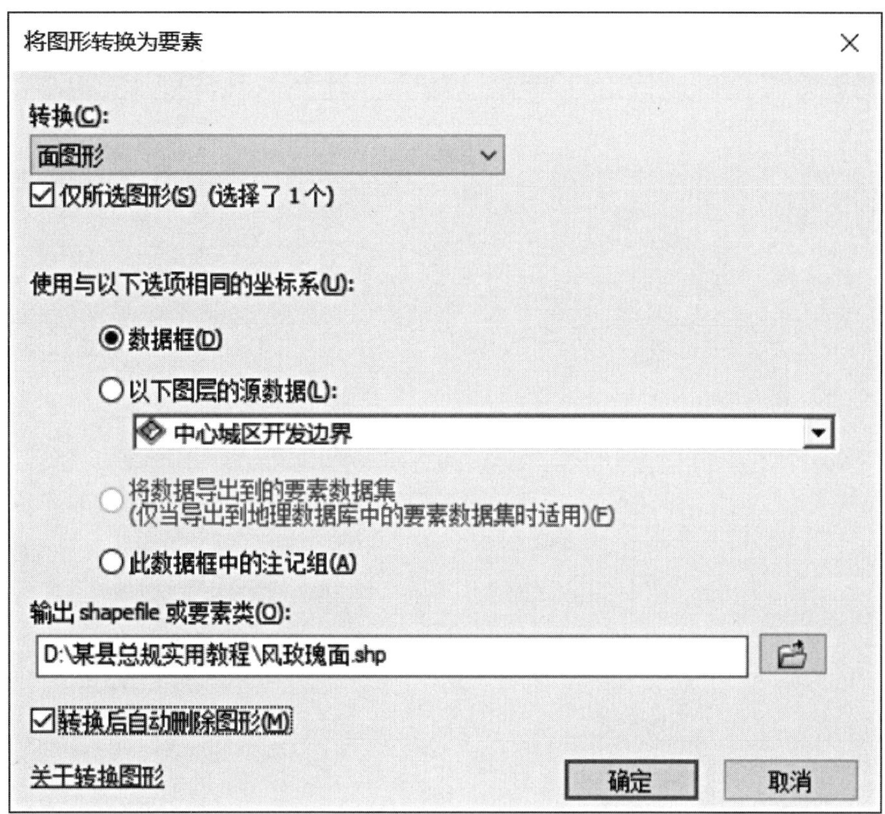

图12.2.2-4　将图形转为要素2

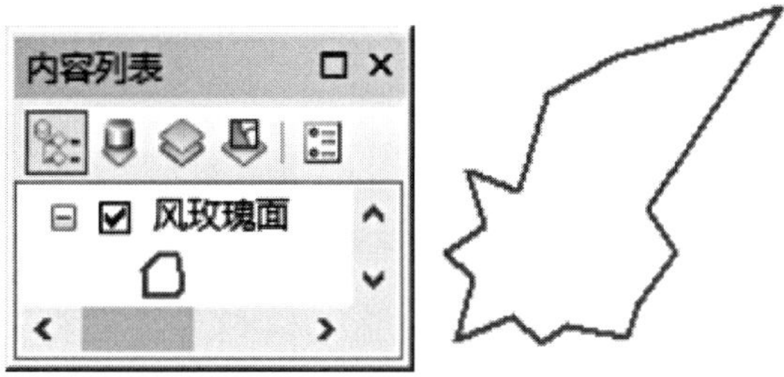

图12.2.2-5　风玫瑰的面要素图层（尚未制作完毕）

三、用地理处理工具生成

（一）风向和风频数据

如果能从气象部门得到风向和风频的数据，例如表12.2.3-1的数据，则可以用地理处理工具将其变为风玫瑰图。

南宁市风向和风频数据示例　　表 12.2.3-1

城市名称	经度坐标	纬度坐标	风向	风频
南宁	108.32	22.82	0	2.6
南宁	108.32	22.82	22.5	3.1
南宁	108.32	22.82	45	6.4
南宁	108.32	22.82	67.5	10.9
南宁	108.32	22.82	90	10.8
南宁	108.32	22.82	112.5	6.4
南宁	108.32	22.82	135	7.0
南宁	108.32	22.82	157.5	7.2
南宁	108.32	22.82	180	3.0
南宁	108.32	22.82	202.5	1.6
南宁	108.32	22.82	225	1.2
南宁	108.32	22.82	247.5	0.9
南宁	108.32	22.82	270	0.1
南宁	108.32	22.82	292.5	1.1
南宁	108.32	22.82	315	1.9
南宁	108.32	22.82	337.5	2.6

注：本表的风向和风频数据引自：廖雪萍，凌卫宁，凌洪，等．南宁市适应风气候环境总体规划的建议[J]．气象研究与应用，2007（02）：57-59.

（二）将表格数据转为空间数据

按照第二章第四节的方法把表12.2.3-1的数据转为空间数据，坐标系可以选择CGCS2000。

（三）运行【原点夹角距离定义线】工具

打开【原点夹角距离定义线】工具进行设置（图12.2.3-1），因为是地理坐标系，所以距离单位选千米，进行适当夸大才好显示图形。点击【确定】，运行结果为图12.2.3-2的风玫瑰定义线。

图12.2.3-1　原点夹角距离定义线的设置

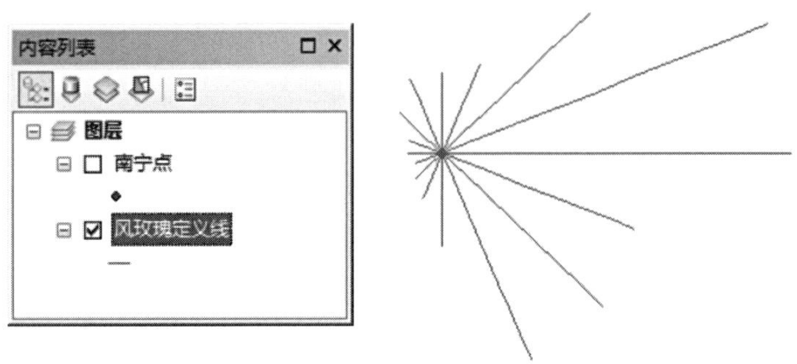

图12.2.3-2　风玫瑰定义线

（四）提取线段末端为点

打开【要素折点转点】工具进行设置（图12.2.3-3），点击【确定】，得到端点要素（图12.2.3-4）。

打开【点集转线】工具进行设置，要勾选【闭合线】（图12.2.3-5）。点击【确定】，得到初步的风玫瑰图（图12.2.3-6）。

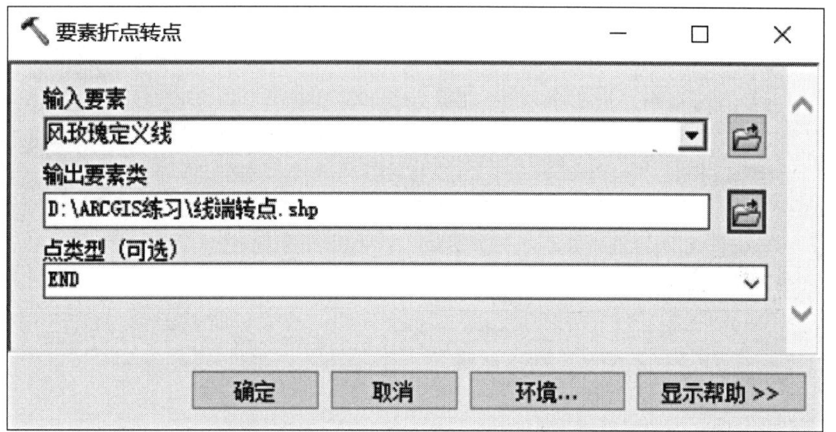

图12.2.3-3　要素折点转点的设置

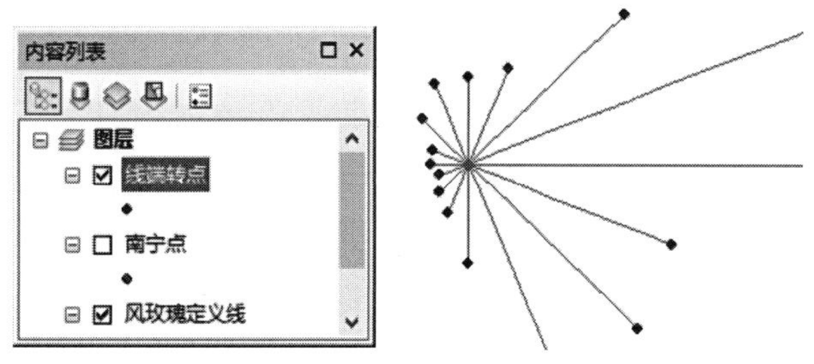

图12.2.3-4　风玫瑰端点

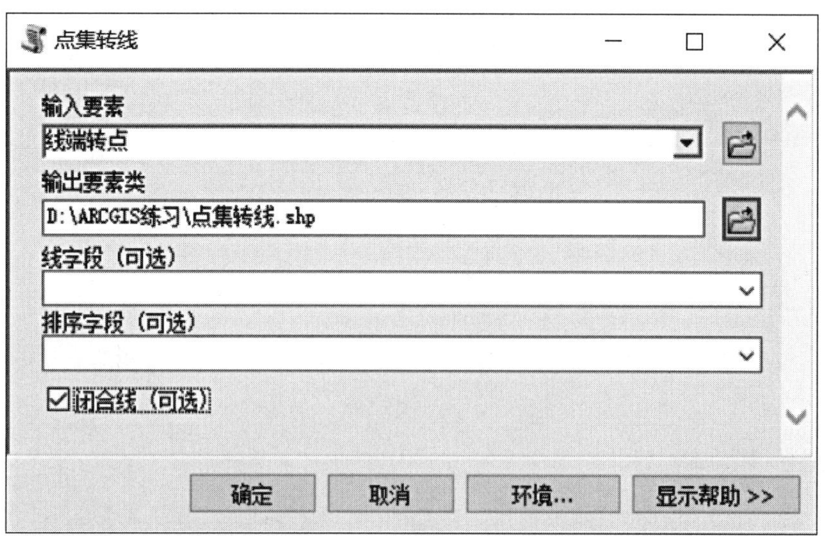

图12.2.3-5　点集转线的设置

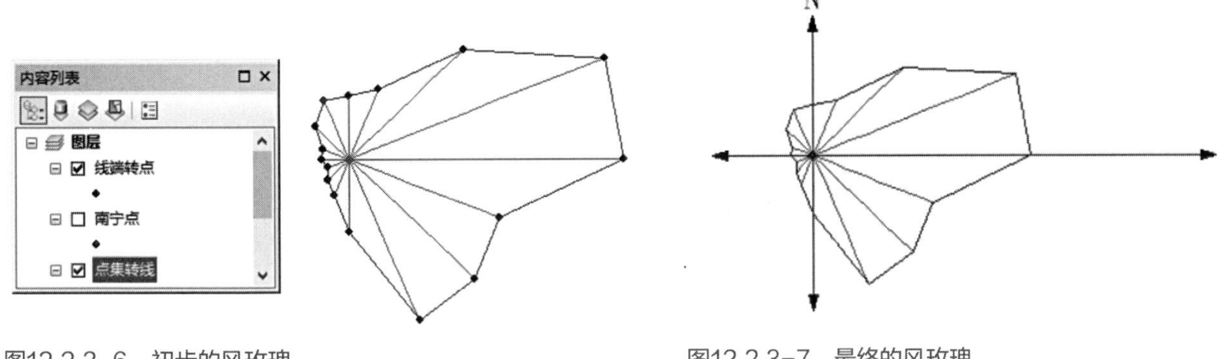

图12.2.3-6　初步的风玫瑰　　　　图12.2.3-7　最终的风玫瑰

打开【编辑器】，给初步的风玫瑰添加坐标轴，然后保存，退出编辑器。插入“N”标注，得到最终的风玫瑰。图12.2.3-7是在【符号系统】里把坐标轴换为双箭头线后得到的风玫瑰。

最后把风玫瑰图层转为所需要的坐标系，当然一开始就转也可以。还可以把风玫瑰由线要素图层转为面要素图层，然后黑白相间上色。

第三节
插入地图元素

ArcMap有两种编辑地图的视图：数据视图和布局视图。编辑和绘制地图是在数据视图里进行，前面章节中的绘图就是如此。地图绘制完成后要打印，打印前要给地图插入或添加很多元素，对于国土空间规划来说，这些元素主要有图框、标题、风玫瑰、比例尺、图例、编制单位等，添加这些元素的操作需要在布局视图里进行。

在【内容列表】中关闭不需要打印的图层，只打开要打印的图层。

打开【布局视图】，有两种方法。一是点击菜单栏上的【视图】-【布局视图】，二是点击软件界面左下角两个小按钮中右边的那个【布局视图】按钮，即可进入【布局视图】。

一、设置页面和图面

打印地图首先要先进行页面设置，也就是要确定打印什么幅面的地图，是纵向还是横向，例如确定要打印A3横向地图。在主菜单上点击【文件】，打开【页面和打印设置】进行设置（图12.3.1-1），得到图12.3.1-2。

图12.3.1-2中，外面最大的矩形就是A3页面，里面边框带有编辑点的是数据框，可以调整它的位置和大小。

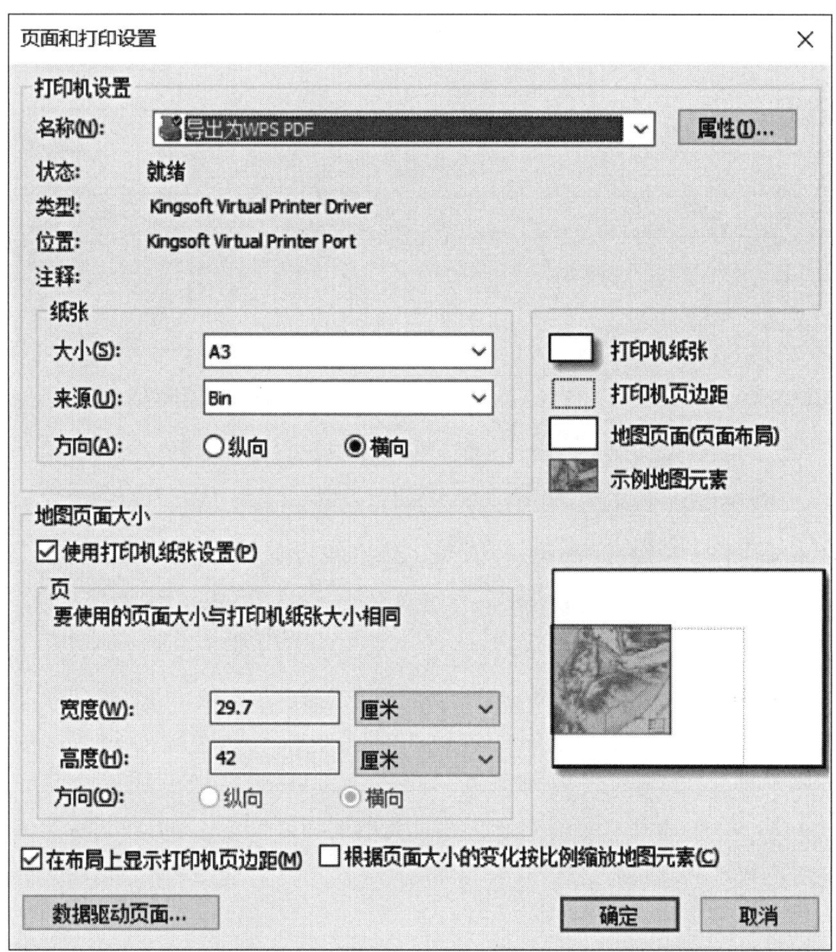

图12.3.1-1　打印页面的设置

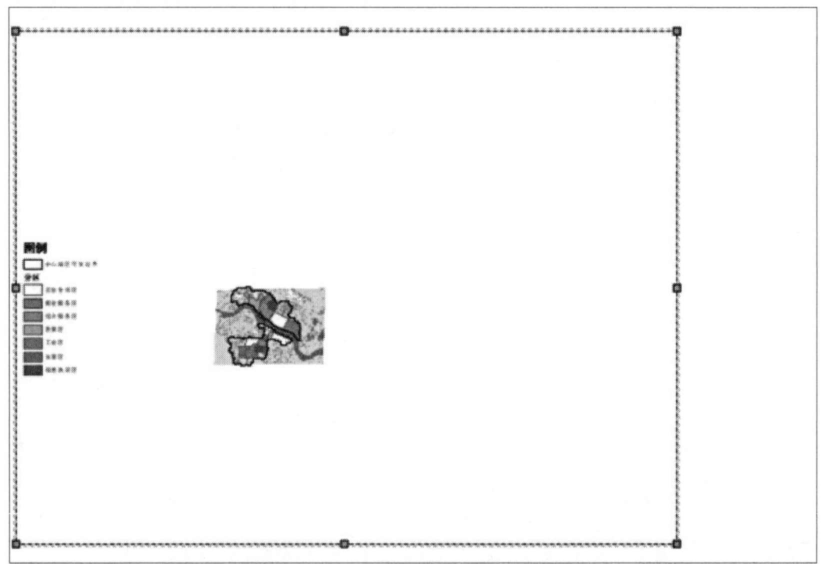

图12.3.1-2　初始页面和图面

现在要进行A3页面内容的放置，即地图页面的上下左右中放什么内容，例如图本身的内容在页面中间靠左，靠右的地方用来放风玫瑰、比例尺、图例，上部放标题，下部放编制机关和单位等。把光标放到有边框编辑点的数据框里，光标上出现十字形的箭头，按住左键，把数据框拉到页面中间靠左处，拉动它来调整数据框大小，也就是调整它与A3页面的上下左右四条边沿的距离（图12.3.1-3）。

以常用工具条中的放大（图12.3.1-4）、缩小、移动等功能来对地图本身进行各种操作。注意，ArcMap有两套视图工具条（另一套是布局视图里用的），功能不一样。

点击放大按钮，把需要打印的图放大，充满数据框（图12.3.1-5）。如果放大或缩小无法达到想要的效果，则可以微调比例，例如把图12.3.1-4中的45000改为46000或44000。在数据框外点击一下，结束对数据框的编辑。

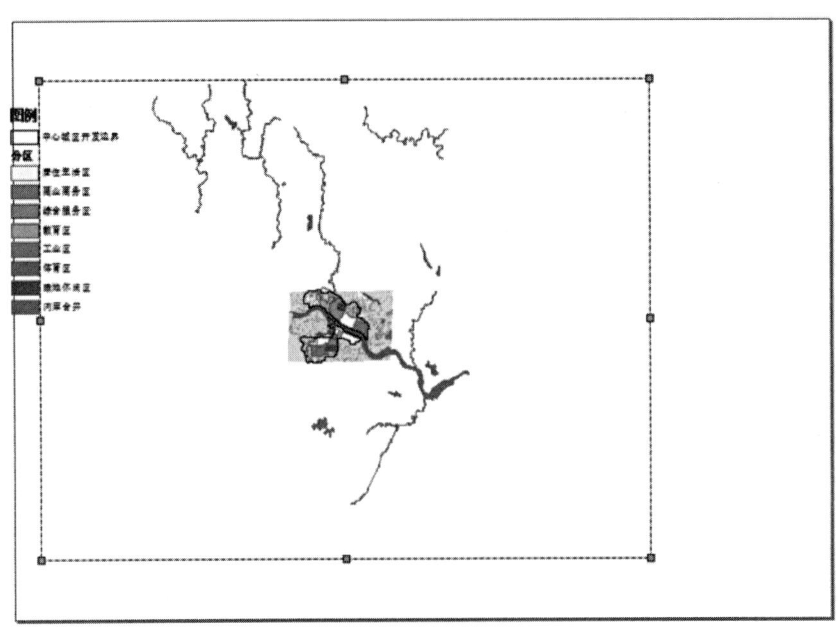

图12.3.1-3　把数据框拉到页面靠左处

图12.3.1-4　常用工具条中的放大按钮

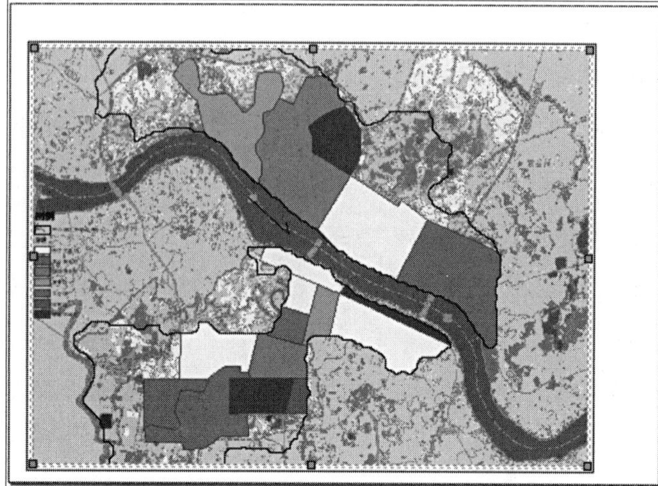

图12.3.1-5　图充满数据框

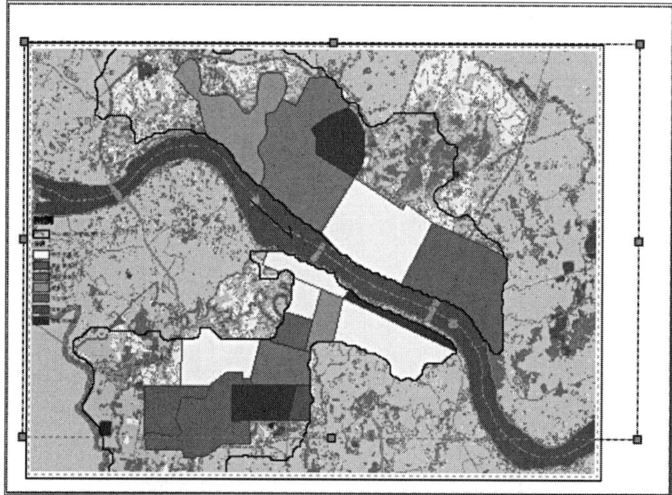

图12.3.2-1　插入内图廓线

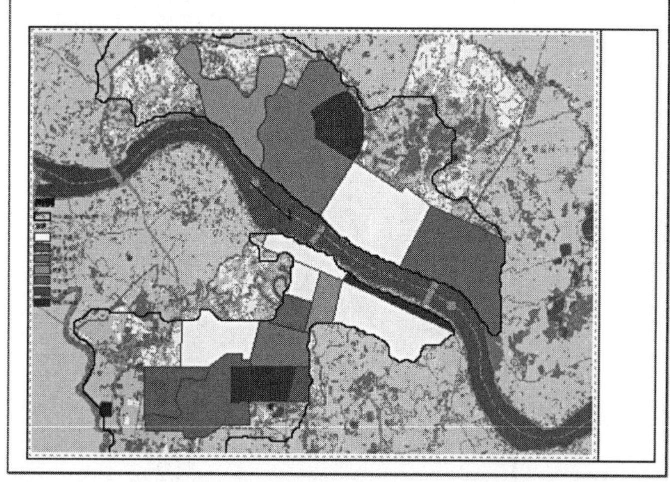

图12.3.2-2　调整内图廓线，地图本身的数据框也可以再调整

二、插入内图廓线

按照《市级国土空间总体规划制图规范（试行）》，需要有一条轮廓线把主要的地图元素框起来，但顶部的标题和底部的编制机关不框在内。点击菜单栏上的【插入】-【内图廓线】，在【内图廓线】对话框中把【背景】选为无，布局视图里出现了矩形的内图廓线（图12.3.2-1），它的作用是把一组地图元素框起来。

调整内图廓线的大小、位置、与A3页面上下左右的间距。然后点击地图内容所在的地方，其数据框出现编辑点，微调其大小（图12.3.2-2）。

三、插入文本

文本包括标题、编制机关、地图上的注记或标注等。先在常用工具条中选定大的字号，例如选48（图12.3.3-1），以免插入文本时因为太小而找不到。

点击【插入】-【文本】（图12.3.3-2），在出现的文本框外点击一下，再双击文本框，在弹出的对话框中输入“某县国土空间总体规划（20**—20##年）”，点击【更改符号】可以修改字体和字号（图12.3.3-3）。然后把文本框挪到顶部，作为图集的主标题。

再插入文本，输入“中心城区分区规划图”，把它挪到顶部作为副标题（图12.3.3-4）。

在图的底部插入“某县人民政府 20**年**月 编制”“某县**局、**单位 制图”“30”（图12.3.3-5），其中30表示图号。

图12.3.3-1　选择大的字号

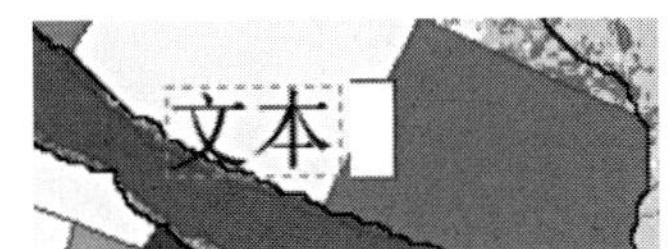

图12.3.3-2　插入文本

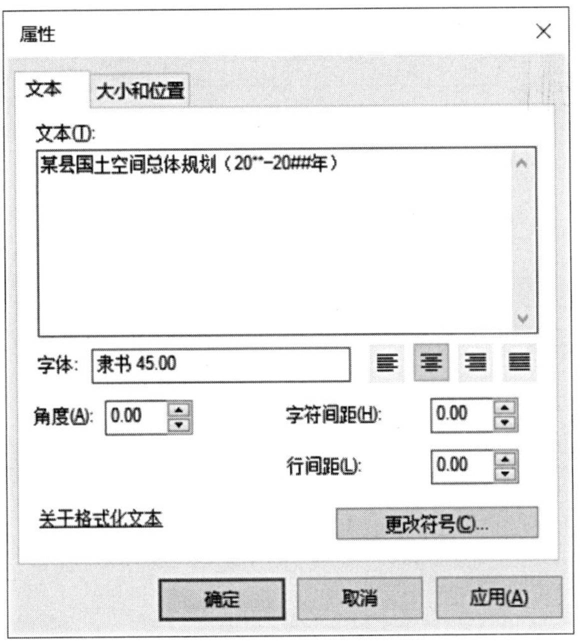

图12.3.3-3　输入文本内容

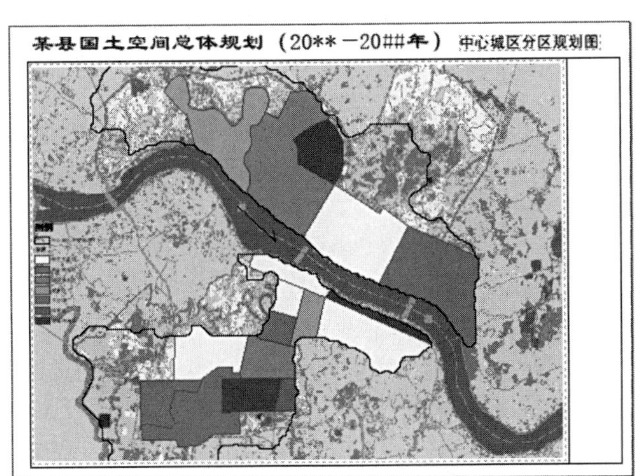

图12.3.3-4　主标题和副标题

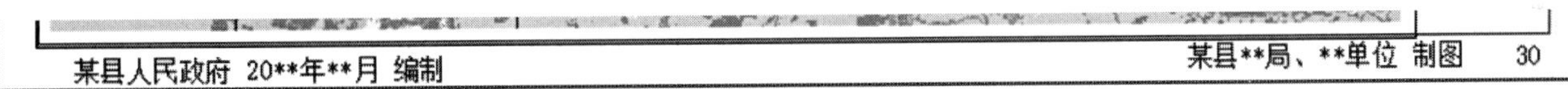

图12.3.3-5　插入组织规划编制的机关、具体负责的部门及设计单位、图号

四、插入风玫瑰

点击【插入】-【图片】，找到风玫瑰所在位置，点击它，即可把风玫瑰显示在图上，再把它拉到右上角，调整其大小（图12.3.4-1）。

如果风玫瑰是矢量图层，则点击【插入】-【数据框】，把风玫瑰图层拉进这个数据框，再把数据框拉到放置风玫瑰的位置，调整其大小（图12.3.4-2）。

插入数据框有很多作用，例如开鹰眼，即把地图的某一局部进行放大显示。可以插入多个数据框。

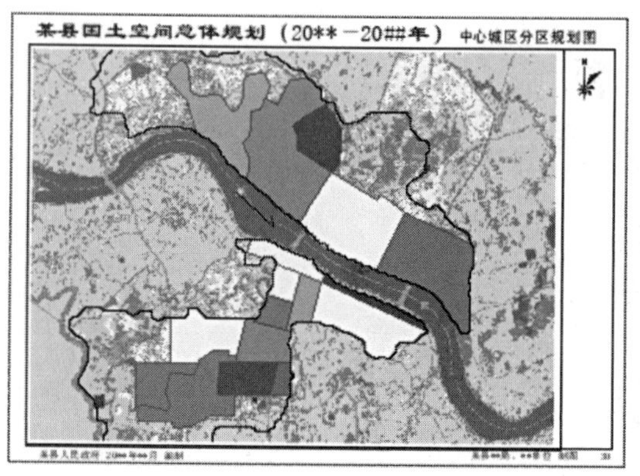

图12.3.4-1　插入风玫瑰图片

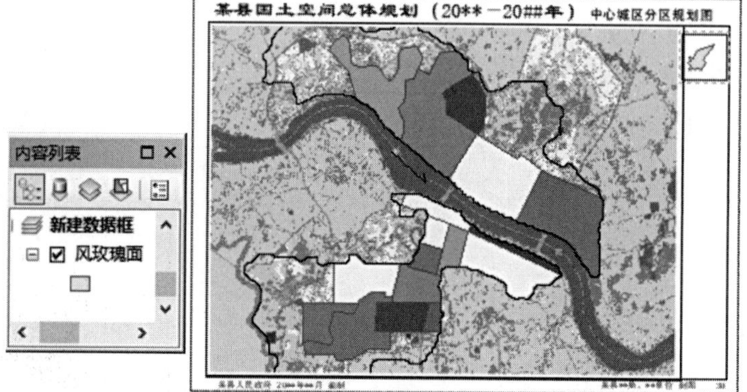

图12.3.4-2　插入风玫瑰数据框并调整其位置和大小（风玫瑰图层未绘制完毕）

五、插入比例尺

点击【插入】-【比例尺】，选择公制黑白相间比例尺1（图12.3.5-1）。

把比例尺拉到风玫瑰下方，双击它，选择主刻度单位为米，可以修改主刻度数和分刻度数，然后拉动它，不断调整，让它的数字最右边的一位甚至两位数为0（图12.3.5-2），比例尺的数值一般以容易理解和心算的整数倍来表示。

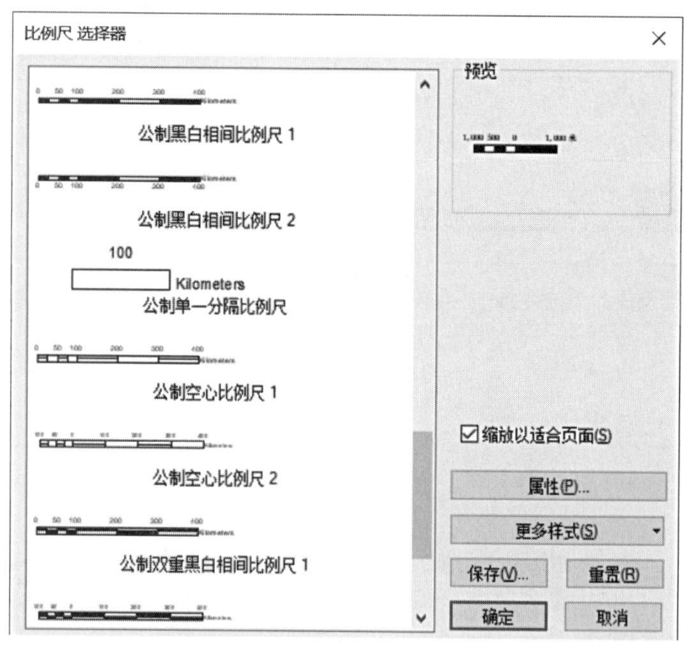

图12.3.5-1　选择比例尺

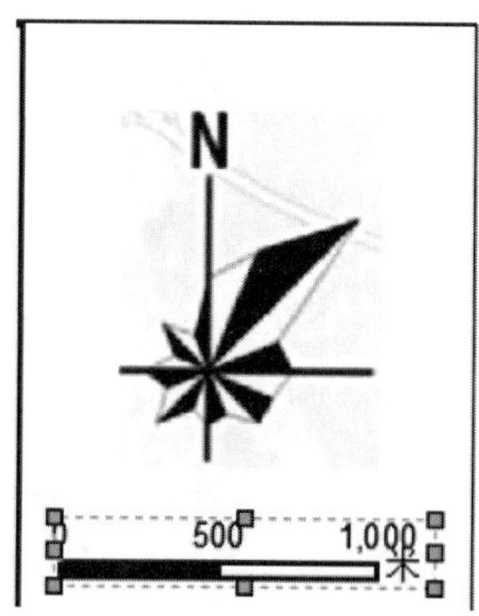

图12.3.5-2　调整比例尺

六、插入或调整图例

图例已经显示，把它拉到比例尺下方即可（图12.3.6-1）。拉动它可以调整大小，双击打开【图例属性】可以进行一系列的设置、修改和调整。

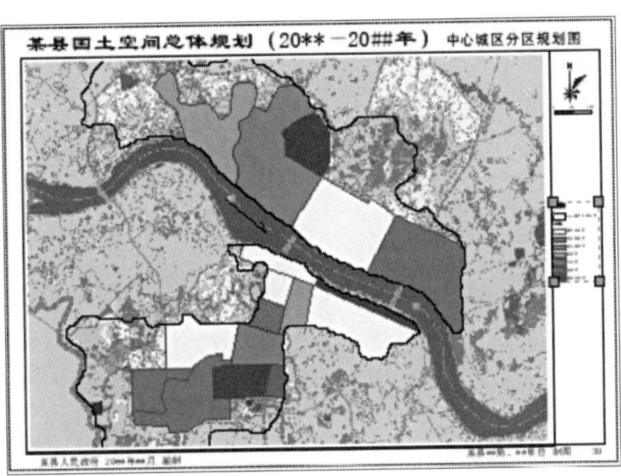

图12.3.6-1　图例的设置

七、导出和打印地图

点击【文件】-【导出地图】，选择好选项，即可把要打印的地图导出。

点击【文件】-【打印预览】，可以查看地图打印的效果。

点击【文件】-【打印】，即可打印出图。

第四节
制作和使用地图模版

一、制作地图模版

县域国土空间总体规划的地图模版一般有两个，县域和中心城区各一个。现以中心城区为例说明地图布局模版的制作和使用。

地图布局的制作过程上一节已经详细说明，现在把图12.3.6-1中的图层删掉，得到只有图框的空白地图（图12.4.1-1），它就是地图模版（俗称图框）。把它保存为另一个地图文档，假定文件名为“图框”。

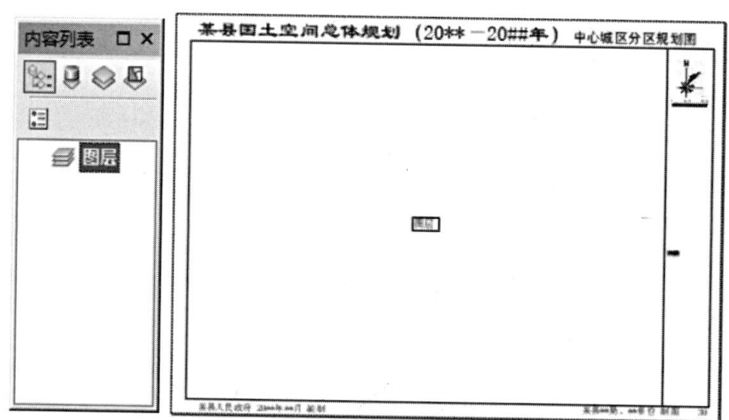

图12.4.1-1　地图模版

二、保存地图模版

在操作系统的资源管理器中，把“图框”地图文档复制粘贴到ArcGIS安装目录中的MapTemplates目录下，文件名可为“中心城区模版”，粘贴时需要管理员身份。粘贴好后就得到了地图模版。上述的“图框”地图文档便可以删除了。

三、调用地图模版

在布局视图中，点击布局视图工具条中的【更改布局】按钮（图12.4.3-1），点击【选择模版】下面的目录，找到“中心城区模版”，把它打开即可。

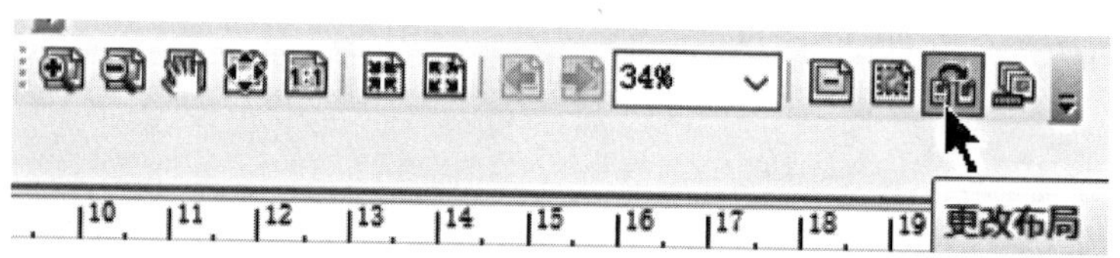

图12.4.3-1　点击【更改布局】按钮

参考文献

[1] 张强. 福建省地表水体信息的自动提取与更新研究[D]. 福州：福州大学，2017.

[2] 朱雷洲，黄亚平，谢来荣，等. 国土空间总体规划中的城市性质、发展目标及战略理论溯源与分析方法[J]. 规划师，2022，38（10）：80-87.

[3] 周一星，R.布雷德肖. 中国城市（包括辖县）的工业职能分类——理论、方法和结果[J]. 地理学报，1988，43（4）：287-298.

[4] 周一星，孙则昕. 再论中国城市的职能分类[J]. 地理研究，1997，16（1）：11-22.

[5] 周一星，张勤. 关于我国城市规划中确定城市性质问题[J]. 地理科学，1984（1）：29-37.

[6] 周一星. 确定城市性质需要解决的几个问题[J]. 经济地理，1987（3）：222-225+233.

[7] 张复明. 城市定位问题的理论思考[J]. 城市规划，2000，24（3）：54-57.

[8] 仇保兴. 城市定位理论与城市核心竞争力[J]. 城市规划，2002（7）：11-13+53.

[9] 倪鹏飞，侯庆虎，江明清，等. 中国城市竞争力（2003 年）述评定位：让中国城市共赢[J]. 中国城市经济，2004（4）：4-10.

[10] 林琳，于伟，陈烈. 基于城市竞争力分析的城市定位——以青岛市为例[J]. 经济地理，2007，27（5）：763-767.

[11] 唐子来，李粲，李涛. 全球资本体系视角下的中国城市层级体系[J]. 城市规划学刊，2016，229（3）：11-20.

[12] 唐子来，李涛，李粲. 中国主要城市关联网络研究[J]. 城市规划，2017，41（1）：28-38+82.

[13] Taylor, P.J. Specification of the World City Network[J]. Geographical Analysis, 2001,33: 181-194.

[14] Taylor, P.J. A Research Odyssey: From Interlocking Network Model to Extraordinary Cities[J]. Tijdschrift voor Economische en Sociale Geografie, 2014, 105: 387-397.

[15] 吴宇华. 我国城市战略定位理论的问题与改进[J]. 城镇化与集约用地，2019，7（3）：67-75.

[16] 吴宇华. 基于行业关系的城市战略定位研究——以南宁市为例[J]. 城镇化与集约用地，2020，8（4）：169-176.

[17] 张美英，何杰. 时间序列预测模型研究简介[J]. 江西科学，2009，27（5）：697-701.

[18] 黄宝中. 科技指标预测方法探讨[J]. 统计与决策，2008（2）：159-160.

[19] 韩君. 能源需求分析方法述析[J]. 经济研究导刊，2008（18）：280-281.

[20] 许晴，谭鹏，张成，等. 秦皇岛煤炭价格预测研究——基于因素分析法和支持向量机模型[J]. 价格理论与实践，2014，No. 356（2）：79-81.

[21] 罗绍荣，甄峰，魏宗财. 城市发展战略规划中情景分析方法的运用——以临汾市为例[J]. 城市问题，2008（9）：29-34.

[22] 俞孔坚. 生物保护的景观生态安全格局[J]. 生态学报，1999（1）：10-17.

[23] 徐德琳，邹长新，徐梦佳，等. 基于生态保护红线的生态安全格局构建[J]. 生物多样性，2015，23（6）：740-746.

[24] 陆大道. 论区域的最佳结构与最佳发展——提出“点-轴系统”和“T”型结构以来的回顾与再分析[J]. 地理学报，2001（2）：127-135.

[25] 郑度，欧阳，周成虎. 对自然地理区划方法的认识与思考[J]. 地理学报，2008（6）：563-573.

[26] 朱佩娟，谢雨欣，周国华，等. 基于CiteSpace的国土空间用途分区研究进展[J]. 热带地理，2022，42（4）.

[27] 罗庆，杨慧敏，李小建. 快速城镇化下欠发达平原农区的聚落规模变化[J]. 经济地理，2018，38（10）：170-179.

[28] 黄新明，李志刚.西部地区县域人口规划分析与预测——以甘肃省成县为例[J]. 开发研究，2011（6）：9-14.

[29] 濮蕾，张源. 基于“生活圈”的城乡公共服务体系构建理念与实践[C]//中国城市规划学会. 城乡治理与规划改革——2014中国城市规划年会论文集（11规划实施与管理）北京：中国建筑工业出版社，2014：643-653.

[30] 殷亚平. 县域城乡生活圈的规划策略研究——以高唐县为例[C]//中国城市规划学会，成都市人民政府. 面向高质量发展的空间治理——2020中国城市规划年会论文集（11城乡治理与政策研究）. 北京：中国建筑工业出版社，2021：1246-1254.

[31] 程功，吴左宾. 县域国土综合整治与生态修复框架及实践[J]. 规划师，2020，36（17）：35-40.

[32] 段进，殷铭，兰文龙. 中国城市设计发展与《国土空间规划城市设计指南》的制定[J]. 城市规划学刊，2022（5）：24-28.

[33] 廖雪萍，凌卫宁，凌洪，等. 南宁市适应风气候环境总体规划的建议[J]. 气象研究与应用，2007（2）：57-59.